Grundlagen des Marketing
Das Übungsbuch

Prof. Dr. Ralf Schellhase
Prof. Dr. Birgit Franken
Stephan Franken

Grundlagen des Marketing

Das Übungsbuch

PEARSON

Higher Education
München • Harlow • Amsterdam • Madrid • Boston
San Francisco • Don Mills • Mexico City • Sydney
a part of Pearson plc worldwide

Bibliografische Information der Deutschen Nationalbibliothek

Die Deutsche Nationalbibliothek verzeichnet diese Publikation in der Deutschen Nationalbibliografie; detaillierte bibliografische Daten sind im Internet über *http://dnb.dnb.de* abrufbar.

10 9 8 7 6 5 4 3 2 1

14 13 12

ISBN 978-3-86894-096-1

www.pearson.de
A part of Pearson plc worldwide

Fachlektorat: Prof. Dr. Ralf Schellhase, Prof. Dr. Birgit Franken
Lektorat: Martin Milbradt, mmilbradt@pearson.de
Alice Kachnij, akachnij@pearson.de
Korrektorat: Birgit Mühlbauer, München
Einbandgestaltung: Thomas Arlt, tarlt@adesso21.net
Herstellung: Elisabeth Prümm, epruemm@pearson.de
Satz: mediaService, Siegen (www.mediaservice.tv)
Druck und Verarbeitung: GraphyCems, Villatuerta

Printed in Spain

Inhaltsverzeichnis

Vorwort

Das von uns für den deutschen Markt bearbeitete Werk „Grundlagen des Marketing" von Kotler et al. hat sich im deutschsprachigen Raum in den letzten Jahren zu einem der meistgenutzten Standardwerke des Marketing entwickelt. Von Studierenden erhalten wir regelmäßig eine Vielzahl von positiven Rückmeldungen und Anregungen. Vielfach wurde ein Übungsbuch gewünscht, mit dem sich die im Lehrbuch vermittelten Inhalte vertiefen und festigen lassen.

Hierzu greifen wir den Stoff des Buches kapitelweise auf und regen Studierende zu einer aktiven Auseinandersetzung mit Fragestellungen aus dem Marketing an. Am Anfang eines jeden Kapitels steht eine Zusammenfassung, es folgen unterschiedliche Übungsaufgaben und Lösungshinweise. Für einen optimalen Lernerfolg empfehlen wir, die Aufgaben zunächst selbstständig zu lösen und daraufhin mit den Musterlösungen abzugleichen. Das eigene Wissen wird somit jederzeit überprüfbar und lässt sich gegebenenfalls ergänzen.

Für Dozenten bietet das Buch einen reichhaltigen Fundus an Aufgaben, die sich in der Unterrichtspraxis bewährt haben, und unterstützt sie bei der Konzeption von Lehrveranstaltungen und Übungen.

Für die engagierte Unterstützung bei der Erstellung des Manuskripts danken wir Dr. Stefanie Wannow und Dr. Lena Weick.

Das vorliegende Übungsbuch bietet eine ideale Ergänzung zum Lehrbuch, doch lässt es sich auch unabhängig von diesem in Kombination mit anderen Werken nutzbringend verwenden. Über Rückmeldungen und Anregungen aus dem Leserkreis würden wir uns sehr freuen und wünschen Ihnen viel Spaß und Erfolg beim Üben.

Ralf Schellhase

Birgit Franken

Stephan Franken

Die Autoren

Die Autoren des Übungsbuchs „*Grundlagen des Marketing*“ sind:

Ralf Schellhase Professor Dr. Ralf Schellhase ist Inhaber der Professur für Marketing und Mitglied des Vorstands des Zentrums für Betriebswirtschaft an der Hochschule Darmstadt, Honorarprofessor an der XUPT, Xi´an, China, sowie Vorsitzender des wissenschaftlichen Beirats der Prof. Schellhase Consulting GmbH. Er promovierte als Stipendiat der Alfried Krupp von Bohlen und Halbach-Stiftung an der Universität Mannheim. Seit 1990 berät er eine Vielzahl namhafter Unternehmen und Kommunen in den Bereichen Strategie-Entwicklung, Marktforschung, Präferenzanalyse und Produktentwicklung sowie Kundenzufriedenheit und -bindung. Zahlreiche wissenschaftliche und praxisorientierte Vorträge und Gastvorlesungen führen ihn regelmäßig in die USA, nach Südamerika und nach Asien. Ralf Schellhase ist Mitglied des Executive Board of Directors der Korean Academy of Marketing Science, der Academy of Marketing Science und der Society of Marketing Advances. Er veröffentlichte über 40 wissenschaftliche und managementorientierte Artikel in renommierten nationalen und internationalen Fachzeitschriften.

Birgit Franken Professor Dr. Birgit Franken lehrt an der Dualen Hochschule Baden-Württemberg Karlsruhe in den Bereichen Marketing und Marktforschung. Nach dem BWL-Studium an der Universität Mannheim arbeitete sie als Produktmanagerin für die Marke Landliebe bei der Campina GmbH & Co. KG. Danach leitete sie ein vom Hessischen Ministerium für Wissenschaft und Kunst gefördertes Forschungsprojekt im Bereich des Business-to-Business-Marketing und promovierte zum Themenfeld Dienstleistungen im Industriegüter-Marketing. Beratungserfahrung sammelte sie durch eine Vielzahl von Kunden-, Besucher- und Patientenzufriedenheitsstudien. Birgit Franken ist Mitglied der Academy of Marketing Science. Verschiedene Veröffentlichungen in internationalen Fachzeitschriften behandeln die Themenfelder Marketing-Controlling, Kundenzufriedenheit und Kundenbindung.

Stephan Franken Stephan Franken ist seit rund 20 Jahren auf verschiedenen Positionen in internationalen Unternehmen tätig. Aus unterschiedlichen Tätigkeiten im In- und Ausland greift er auf eine langjährige Erfahrung und profunde Kenntnisse im internationalen Marketing zurück. Nach dem Studium der Wirtschafts- und Sozialwissenschaften an den Universitäten Hagen und Dortmund sowie der Ecole Supérieure de Commerce in Amiens/Frankreich war er zunächst als Produktmanager in Frankreich für eine namhafte deutsche Unternehmensgruppe der Konsumgüterbranche tätig, bevor er für einen französischen Konzern in europäischen Investitionsgütermärkten Marktbearbeitungskonzepte entwickelte. Seine Tätigkeitsschwerpunkte liegen in der Marktbearbeitung nach geozentrischem Marketing-Konzept sowie im Bereich internationaler Pricing-Strategien.

1 Die Bedeutung und Aufgaben des Marketing im 21. Jahrhundert

Erfolgreiche Unternehmen haben heute eines gemeinsam: Sie haben den Weg einer konsequenten Marketingorientierung eingeschlagen. Mithilfe von Marketingmaßnahmen versucht man, neue Kunden anzuwerben und vorhandene an sich zu binden, indem man ihnen den höchstmöglichen Gegenwert bietet und sie konsequent zufriedenstellt.

Wir definieren Marketing als einen Prozess im Wirtschafts- und Sozialgefüge, durch den Einzelpersonen und Gruppen ihre Bedürfnisse und Wünsche befriedigen, indem sie Produkte und andere Dinge von Wert erzeugen, anbieten und miteinander austauschen.

Ein einfaches **Modell des Marketingprozesses** besteht aus fünf Stufen:

- Das Verstehen von Märkten und Kundenwünschen
- Das Entwerfen einer kundenorientierten Marketingstrategie
- Die Entwicklung eines integrierten Marketingprogramms
- Der Aufbau von profitablen Kundenbeziehungen
- Die Erlangung eines Gegenwerts von den Kunden

Während der ersten vier Schritte arbeitet ein Unternehmen daran, die Bedürfnisse und Wünsche der Kunden zu verstehen, einen Nutzen für sie zu schaffen und stabile Beziehungen zu ihnen aufzubauen. Im letzten Schritt erlangen Unternehmen den Lohn für ihre Bemühungen, welcher in Umsatzerlösen, Gewinn und langfristigem Kundenwert besteht.

Unter dem Begriff „**Marketing-Management**" versteht man die Durchführung des Marketing, welche aus der Analyse, der Planung, der Umsetzung sowie der Steuerung und der Kontrolle von Marketingmaßnahmen besteht. Ziel dieser Maßnahmen ist es, mit den Teilnehmern auf den Zielmärkten für beide Seiten vorteilhafte Austauschprozesse in Gang zu bringen, diese auszubauen und zu pflegen, um die Ziele der eigenen Organisation erreichen zu können.

Bei der Entwicklung einer erfolgreichen **Marketingstrategie** gilt es zunächst zu entscheiden, welche Zielgruppen man bedienen will. Darauf aufbauend ist zu überlegen, auf welche Weise man die unterschiedlichen Zielgruppen bedienen möchte. Hier geht es darum, sich klar im Markt zu positionieren und sich von den Mitbewerbern zu differenzieren. Zur Umsetzung der Marketingstrategie ist ein **Marketingprogramm** zu entwickeln.

Fragen und Aufgaben

1. Definieren Sie den Begriff „Marketing".

2. Beschreiben Sie die Bausteine des Marketingkonzeptes.

3. Nennen Sie zentrale Anspruchsgruppen eines Marketingsystems.

4. Was versteht man unter „Marketing-Management" und welche zwei grundlegenden Fragen gilt es zur Entwicklung einer erfolgreichen Marketingstrategie zu beantworten?

5. Erläutern Sie die Basiskonzepte des Marketing-Managements.

6. McDonald's gilt als sehr erfolgreiches Unternehmen. Bitte beschaffen Sie sich Informationen über das Unternehmen. Wie gelingt es McDonald's, seinen Erfolg in einem sich wandelnden Umfeld zu sichern?[1]

7. Besuchen Sie einen dm-drogerie markt und einen Markt einer konkurrierenden Drogeriemarktkette. Wie unterscheiden sie sich bezüglich Gestaltung, Sortiment und Service? Wie versucht man bei dm, Kundenzufriedenheit zu erreichen?[2]

8. Was versteht man unter „Kundenbeziehungsmanagement"?

9. Nahezu alle großen Fluggesellschaften gehören heute einer strategischen Allianz an. Warum sind solche Partnerschaften für Fluggesellschaften so wichtig? Welche Vorteile ergeben sich daraus für die Kunden?[3]

10. Welche der folgenden Aussagen ist richtig, welche falsch?

a) Ein Markt besteht aus allen potenziellen und tatsächlichen Kunden mit einem bestimmten Bedürfnis oder Wunsch, die willens und fähig sind, diesen durch einen Austauschprozess zu befriedigen.

b) Bei der Marketingorientierung bildet die bestehende Produktion den Ausganspunkt aller Aktivitäten eines Unternehmens.

c) Marketing mit sozialer Orientierung berücksichtigt die Interessen von Gesellschaft, Konsumenten und Unternehmen.

d) Kundenbindung ist eine wichtige Voraussetzung für Kundenzufriedenheit.

---

1 Siehe P. Kotler, G. Armstrong, V. Wong und J. Saunders: Grundlagen des Marketing. München: Pearson 2011, Marketing-Highlight „McDonald's – ein Beispiel für erfolgreiche Marketingorientierung", S. 60f.

2 Siehe ebd., Marketing-Highlight „dm-drogerie markt – Erfolgreiches Marketing mit sozialer Orientierung", S. 65ff.

3 Siehe ebd., Marketing-Highlight „The Star Alliance Network – The way the earth connects", S. 79f.

Lösungshinweise

1. Den Begriff „Marketing“ definieren wir wie folgt:

Marketing ist ein Prozess im Wirtschafts- und Sozialgefüge, durch den Einzelpersonen und Gruppen ihre Bedürfnisse und Wünsche befriedigen, indem sie Produkte und andere Dinge von Wert erzeugen, anbieten und miteinander austauschen.

In einem engeren betriebswirtschaftlichen Kontext umfasst das Marketing den Aufbau ertragreicher, wert- beziehungsweise nutzenbehafteter Austauschbeziehungen mit Konsumenten. Demzufolge lässt sich Marketing als ein Prozess definieren, bei dem Unternehmen einen Wert für die Kunden schaffen und starke Kundenbeziehungen aufbauen, um im Gegenzug einen Wert von den Konsumenten abzuschöpfen.

2. Marketing ist ein Management-Prozess, der von Unternehmen geplant und durchgeführt wird. Ziel ist es dabei, die Bedürfnisse und Wünsche der Konsumenten zu identifizieren und diese durch das Angebot und den Austausch von Produkten, Dienstleistungen und Erlebnissen auf den Zielmärkten zu befriedigen. Dadurch erreicht ein Unternehmen sein eigentliches Ziel, die Maximierung seines wirtschaftlichen Erfolges (Umsatz, Marktanteil, Gewinn etc.).

Das Marketingkonzept besteht aus den Bausteinen *Bedürfnisse, Wünsche und Nachfrage, Produkte, Dienstleistungen und Erlebnisse, Kundennutzen und -zufriedenheit, Austausch, Transaktion und Handelsbeziehungen* und *Märkte*. Diese Bausteine des Marketingkonzeptes sind miteinander verknüpft und bauen logisch aufeinander auf.

Ein menschliches **Bedürfnis** ist ein Zustand, in dem ein Mangel empfunden wird. Man unterscheidet zwischen physischen Grundbedürfnissen (z. B. Essen, Bekleidung, Wärme und relative Sicherheit), sozialen Bedürfnissen (z. B. Zugehörigkeitsgefühl und Zuneigung) und individuellen Bedürfnissen (z. B. Lernen, Wissenserwerb und Selbstverwirklichung). Wenn ein Bedürfnis nicht befriedigt ist, wird man nach einer Möglichkeit suchen, es zu befriedigen oder zu reduzieren.

Wünsche sind die Form der menschlichen Bedürfnisse, die sich aus den eigenen Lebensumständen – beispielsweise aus der vorherrschenden Kultur und der Erziehung – ergeben. Die geäußerten Wünsche beschreiben diejenigen Objekte, die geeignet sind, die Bedürfnisse zu befriedigen. Wenn jemand in Bahrain Hunger als Bedürfnis hat, wird er sich vielleicht ein Hähnchencurry wünschen, in Hongkong eine Schale Glasnudeln und scharf gebratenes Schweinefleisch und in München einen Leberkäse mit den passenden Beilagen und ein Bier dazu. Existieren neben den Wünschen auch entsprechende Bezahlungsmöglichkeiten – wenn also Kaufkraft vorhanden ist –, werden die Wünsche konkret zur **Nachfrage**.

Das Marketing sollte sich ein genaues Bild über die Bedürfnisse und Wünsche (potenzieller) Kunden verschaffen, da dies die Basis für die Erarbeitung erfolgreicher Marketingstrategien bildet.

Produkte können ein Sachgut sein oder aber eine Kombination aus **Sachgütern**, **Dienstleistungen**, **Informationen** oder **Erlebnissen**. Alles, was geeignet ist, ein Bedürfnis zu befriedigen, kann als Produkt bezeichnet werden. Im Marketing werden häufig die Begriffe „Güter“ und „Dienstleistungen“ verwendet, um eine Abgrenzung zwischen materiellen und immateriellen Leistungen zu ziehen. Aus Konsumentensicht kann auch der Nutzen aus ganz anderen Quellen (z. B. Personen, Orten, Organisationen, Tätigkeiten oder Ideen) ein Produkt darstellen. Eine zusätzliche Komponente eines modernen Leistungsspektrums stellt das Erlebnis dar.

Oftmals liegt die Bedeutung realer Güter weniger darin, sie zu besitzen, sondern in dem Nutzen, den sie stiften. Wir kaufen eine Bohrmaschine nicht, um sie anzuschauen, sondern weil wir ein Loch in der Wand haben wollen.

Unter **Kundennutzen (customer value)** versteht man den Nutzen, den ein Kunde aus den Eigenschaften eines Produktes in Relation zu seinen damit verbundenen Aufwendungen zieht, also die Differenz zwischen dem Nutzen, den Kunden durch den Besitz und den Gebrauch eines Produktes gewinnen und den Kosten zu dessen Erlangung. Die Beurteilung eines Produktes beziehungsweise einer Produktalternative und somit der davon ausgehende Kundennutzen ist jedoch immer subjektiv. Damit ist auch die Bedürfnisbefriedigung abhängig von der wahrgenommenen Leistung eines Produktes in Relation zu den Erwartungen des Kunden. **Kundenzufriedenheit** beschreibt das Ausmaß, in dem die empfundene Leistung eines Produktes mit der vom Kunden erwarteten Leistung übereinstimmt. Erfüllt ein Produkt die Erwartungen des Käufers nicht, entsteht Unzufriedenheit. Erfüllt oder übersteigt das Produkt die Erwartungen, führt dies zu Zufriedenheit oder Begeisterung. Kundennutzen und Kundenzufriedenheit sind die entscheidenden Bausteine zur Entwicklung und zum Management von Kundenbeziehungen.

Austausch ist eine der zentralen Vorbedingungen für die Anwendung von Marketingmaßnahmen. Während eines Austausches erwirbt man ein gewünschtes Objekt von jemandem, dem man dafür etwas anderes gibt. Hierbei kann es sich um Geld, um eine andere Ware oder um einen Dienst handeln. Damit Austausch stattfinden kann, müssen mindestens zwei Partner beteiligt sein und jeder der beiden sollte etwas von Wert anzubieten haben. Zudem muss jede der beiden Parteien willig sein, in den Handel mit der anderen Partei einzutreten, und jede muss die Freiheit haben, das Angebot der anderen Seite zu akzeptieren oder nicht darauf einzugehen. Beide Parteien sollten in der Lage sein, sich mitzuteilen und das Austauschobjekt zu liefern und zu übergeben.

Eine **Transaktion** stellt die Maßeinheit des Marketing dar. Marketing besteht aus Handlungen, die ausgeführt werden, um wünschenswerte Austauschbeziehungen mit den anvisierten Zielgruppen aufzubauen und aufrechtzuerhalten. Eine Transaktion ist derart definiert, dass zwei Parteien Werte austauschen. Eine Partei gibt einer anderen Partei den Wert X und erhält dafür den Wert Y zurück.

Um langfristige Kundenbeziehungen zu ermöglichen, müssen Marketing-Manager auch daran arbeiten, **Handelsbeziehungen** mit Großhändlern, Einzelhändlern und Lieferanten aufzubauen und zu pflegen.

Ein **Markt** besteht aus allen potenziellen und tatsächlichen Kunden mit einem bestimmten Bedürfnis oder Wunsch, die willens und fähig sind, diesen durch einen Austauschprozess zu befriedigen. Die Größe eines Marktes hängt von der Anzahl der Personen ab, die dieses Bedürfnis besitzen, die die Mittel haben, um an dem Austausch teilzunehmen und die bereit sind, diese Ressourcen im Tausch mit dem, was sie möchten, anzubieten. Aus Sicht des Marketing bilden die Anbieter der jeweiligen Güter oder Dienstleistungen eine Branche (oder eine Industrie) und die Kaufinteressenten und Käufer stellen für sie den Markt dar. Ein Markt kann für ein Produkt, für eine Dienstleistung oder für jede andere Sache von Wert entstehen.

Märkte können entsprechend der auf ihnen herrschenden Machtverhältnisse charakterisiert werden. Bei einem Markt, auf dem die Verkäufer eine bessere Position haben als die Käufer, handelt es sich um einen Verkäufermarkt. Hier müssen die Käufer aktives Beschaffungs-Marketing betreiben. Als Käufermarkt bezeichnen wir einen Markt, auf dem die Käufer mehr Macht haben und die Verkäufer aktives Marketing betreiben müssen. In den vergangenen Jahrzehnten wuchs das Angebot an Gütern schneller als die Nachfrage nach ihnen. Heute sind die meisten Märkte deshalb Käufermärkte.

3. Innerhalb eines Marketingsystems können verschiedene Anspruchsgruppen unterschieden werden.

Die Gruppe der **Nachfrager** möchte Produkte in guter Qualität zu fairen Preisen in leicht erreichbaren Örtlichkeiten erwerben. Nachfrager wünschen sich ein breites Sortiment, freundliches und ehrliches Verkaufspersonal und einen guten Kundendienst – letzteren auch dann noch, wenn der Kauf schon länger zurückliegt.

Die **Anbieter** müssen eine Vielzahl an Entscheidungen treffen, wenn sie ein Angebot für einen Markt vorbereiten. Sie sollten alle Möglichkeiten des Marketing anwenden, um ein Angebot zu entwickeln, das Kunden anzieht und langfristig zufriedenstellt.

Die **Politik** und die **Öffentlichkeit** haben starke Interessen an den Marketingaktivitäten der Unternehmen, denn in einer Marktwirtschaft haben diese einen sehr großen Einfluss auf unsere Lebensqualität. Zahlreiche Gruppen vertreten Verbraucherinteressen und fordern Information, Aufklärung und Schutz der Verbraucher.

4. Als **Marketing-Management** bezeichnen wir die Kunst und die Wissenschaft der Auswahl von Zielmärkten und den Aufbau von profitablen Beziehungen mit diesen. Marketing-Management lässt sich mit der „Durchführung des Marketing" gleichsetzen: Es geht darum, Maßnahmen auszuführen, um angestrebte Austauschbeziehungen auf Zielmärkten zu erreichen. Dies beinhaltet die Analyse,

Planung, Einführung und Durchführung sowie die Überwachung von Programmen, die dazu entworfen wurden, gegenseitig vorteilhafte Austauschbeziehungen mit Zielgruppen zu schaffen, auszubauen und zu pflegen, mit dem übergeordneten Zweck, die Zielvorgaben der betreffenden Organisation zu erfüllen.

Für die Entwicklung einer erfolgreichen Marketingstrategie gilt es, zwei grundlegende Fragen zu beantworten:

– Was ist unser Zielmarkt und welche Kunden wollen wir bedienen?

  Zunächst muss ein Unternehmen entscheiden, welche Zielgruppen es bedienen will. Dies erfolgt, indem der Markt in Segmente (Marktsegmentierung) aufgeteilt wird und entschieden wird, welche Segmente das Unternehmen bearbeiten will (Zielgruppenmarketing).

– Worin liegt unser Nutzenversprechen für die Kunden?

  Ein Unternehmen muss auch entscheiden, wie es seine Zielgruppe bedienen möchte – wie es sich im Markt differenzieren und positionieren will. Das Nutzenversprechen eines Unternehmens beschreibt das Bündel von Nutzenbestandteilen oder Werten, die Konsumenten versprochen werden, um deren Bedürfnisse zu befriedigen.

5. Sechs unterschiedliche Konzepte können den Rahmen bilden, wenn Unternehmen Marketingstrategien entwickeln und umsetzen: Die Produktionsorientierung, die Produktorientierung, die Verkaufsorientierung, die Marketingorientierung im eigentlichen Sinne, die soziale Orientierung und die Nachhaltigkeitsorientierung.

Da die **Produktionsorientierung** des Marketing besagt, dass Verbraucher Produkte bevorzugen, die schnell lieferbar und zu niedrigen Preisen erhältlich sind, sollte sich die Unternehmensleitung darauf konzentrieren, die Produktionsmethoden zu optimieren. Dieses Konzept ist einer der ältesten Ansätze, von denen Anbieter geleitet werden. Die Produktionsorientierung bildet eine sehr nützliche Grundlage in zwei typischen Nachfragesituationen. Wenn die Nachfrage das mögliche Angebot übersteigt, sollte man Wege suchen, die Produktion zu erhöhen. Sind die Produktionskosten zu hoch, ist alles daran zu setzen, die Produktivität zu steigern beziehungsweise die Kosten zu senken. Obwohl die Produktionsorientierung in manchen Fällen hilfreich ist, kann sie zu einer gewissen Marketing-Kurzsichtigkeit führen. Unternehmen laufen dann Gefahr, sich zu sehr auf ihre internen Prozesse zu fokussieren und die Sicht für das eigentliche Ziel zu verlieren – nämlich Kundenbedürfnisse zu befriedigen und Kundenbeziehungen aufzubauen.

Die **Produktorientierung** des Marketing besagt, dass die Käufer diejenigen Produkte bevorzugen, welche die beste Qualität, die höchste Leistungsfähigkeit und die meisten technologischen Innovationen beinhalten. Die kontinuierliche Verbesserung von Produkten und deren Qualität bilden die Basis dieses Konzepts. Werden jedoch lediglich die Technologien und Produkte eines Unternehmens fokussiert, so kann auch dies zu einer Kurzsichtigkeit im Marketing führen. Das Angebot bleibt zu sehr am Produkt orientiert und wird nicht weiterentwickelt.

Bei der **Verkaufsorientierung** des Marketing geht man davon aus, dass Verbraucher nur dann kaufen, wenn ein großer Werbeaufwand und Verkaufssonderaktionen betrieben werden. Eine derartige Einstellung findet sich häufig bei Überkapazitäten oder nicht wirklich dringend benötigten Gütern, beispielsweise bei großen Enzyklopädien oder im Bereich von Versicherungen und Kapitalanlagen. Die Verkaufsorientierung des Marketing legt ihren Schwerpunkt auf kurzfristige Ergebnisse. Langfristige Erfolge und Gewinne durch zufriedene Kunden, die Güter oder Dienstleistungen wiederholt und regelmäßig kaufen wollen, spielen eine untergeordnete Rolle. Diese Einstellung birgt jedoch Risiken, da sie unterstellt, dass die Kunden in der Regel mit dem Produkt zufrieden sind. Des Weiteren wird angenommen, dass unzufriedene Kunden keine negativen Auswirkungen auf das Unternehmen haben und selbst ein schlechtes Produkt zu einem späteren Zeitpunkt erneut kaufen werden.

Die **Marketingorientierung im eigentlichen Sinne** geht davon aus, dass die Ziele einer Organisation nur dann erreicht werden können, wenn es gelingt, die Bedürfnisse und Wünsche der Zielmärkte zu erfassen und sie schneller und wirkungsvoller als die Konkurrenz zu bedienen und zu befriedigen. Der Fokus auf die Konsumenten und auf deren Nutzen bildet den Weg zum Erfolg. Im Gegensatz zu einer produktorientierten „herstellen und verkaufen"-Philosophie, verfolgt man hier eine konsumentenorientierte „wahrnehmen und reagieren"-Philosophie.

Das **Marketing mit sozialer Orientierung (societal marketing)** beinhaltet, dass die reine Zweckorientierung ausschließlich an den Zielen des Marketing hinterfragt wird und geht davon aus, dass in einem Zeitalter von Umweltproblemen, Ressourcenknappheit, weltweiter wirtschaftlicher Unsicherheit und der Vernachlässigung der sozialen Systeme die Umsetzung „reiner Marketingkonzepte" verantwortungslos wäre. Marketing sollte nicht nur das Wohl des Käufers, sondern auch das Wohl der Gesellschaft im Auge behalten.

In diesem Zusammenhang wird auch das Konzept der Corporate Social Responsibility diskutiert, welches besagt, dass ein Unternehmen freiwillig bereit ist, gesellschaftliche Verantwortung zu übernehmen: Das Unternehmen erbringt Leistungen im Umwelt- und Sozialbereich, die zu einer Verbesserung der Lebensqualität und damit zu einer nachhaltigen Entwicklung der Gesellschaft beitragen.

Das **Konzept des nachhaltigen Marketing** bedeutet, dass ein Unternehmen die Bedürfnisse seiner derzeitigen Kunden befriedigen sollte, ohne die Möglichkeit zukünftiger Generationen zu schmälern, ihre eigenen Bedürfnisse befriedigen zu können. Nachhaltiges Marketing zielt somit auf das langfristige Wohlergehen der Gesellschaft ab.

6. Die folgenden Faktoren begründen den Erfolg von McDonald's:

- Starke Marketingorientierung
- Schnelles Wachstum durch Franchise-System
- Fokus auf Qualität, Service und Sauberkeit
- Ausbildung und Motivation der Mitarbeiter
- Produktinnovationen unter dem Motto „Balanced Lifestyle"
- Standardisierte Produktion bei gleichzeitiger Anpassung des Sortiments an lokale Gegebenheiten
- Neue und innovative Inneneinrichtung mit eigenständigem Designkonzept ermöglicht Wachstum auf bestehenden Flächen
- Neues Konzept McCafé schafft Coffeeshop-Erlebnis und damit Zusatzgeschäft
- Regelmäßige Anpassung und Überarbeitung des Kommunikationskonzeptes
- Weltweit einheitlicher Markenauftritt
- Etablierung strategischer Einkaufs- und Werbepartnerschaften

7. Entwickeln Sie einen Kriterienkatalog und bewerten Sie die besuchten Drogeriemärkte anhand dieser Kriterien. Diskutieren Sie die Maßnahmen des dm-Drogeriemarkts im Vergleich zu den anderen Drogeriemarktketten.

8. **Kundenbeziehungsmanagement** (Customer Relationship Management; CRM) bezeichnet eine kundenorientierte Unternehmensphilosophie und umfasst alle Aktivitäten, die der Planung, Konzeption, Durchführung, Kontrolle und Analyse von Geschäftsbeziehungen zu Kunden dienen. Ziel ist es, den Nutzen für beide Seiten zu steigern und eine langfristige und profitable Beziehung zu den Kunden aufzubauen. CRM basiert auf der Speicherung sämtlicher Daten und Transkationen mit Kunden in einem elektronischen Informationssystem. Gutem Kundenbeziehungsmanagement gelingt es, die Konsumenten zu begeistern und an das Unternehmen zu binden.

9. Um Erfolg zu haben, benötigen Unternehmen heute in vielen Branchen strategische Partner. In einer globalen Wirtschaft mit einem intensiven Wettbewerb und einer stetig wachsenden Zahl von Produkten und Auswahlmöglichkeiten schaffen es nur wenige Unternehmen, sich ganz allein am Markt zu halten. Flexible Unternehmen gehen mit Kunden, Lieferanten und anderen Partnern strategische Allianzen ein, um durch die gemeinsame Nutzung von Potenzialen mehr für alle beteiligten Partner zu erreichen.

Viele bedeutende Fluggesellschaften gehören einer der großen Luftfahrtallianzen (z. B. Star Alliance, Oneworld, Sky Team) an. In einer solchen Allianz bleiben die Unternehmen zwar rechtlich selbständig, doch stimmen sie beispielsweise ihre Buchungssysteme, Vielfliegerprogramme oder Flugpläne aufeinander ab und vermieten sich gegenseitig Sitzplätze in ihren Flugzeugen. Hierdurch lassen sich Kostensenkungen erzielen und gleichzeitig das Angebot für die Passagiere ausweiten.

Aus Sicht der Kunden ergeben sich folgende Vorteile:

- Optimiertes Angebot durch aufeinander abgestimmte Flugpläne, kurze Umsteigzeiten, erweitertes Streckennetz etc.
- Angleichung von Qualitätsstandards der beteiligten Airlines
- Teilnehmer am Vielfliegerprogramm einer Airline können in der Regel bei allen Fluggesellschafen im Netzwerk Meilen sammeln und einlösen
- Einheitliche Tickets bei Flügen mit mehreren Gesellschaften
- Erleichterte Nutzung von Lounges

10. a) Richtig.

b) Falsch: Die Märkte bilden den Ausgangspunkt.

c) Richtig.

d) Falsch: Kundenzufriedenheit ist in der Regel eine wichtige Voraussetzung für Kundenbindung.

2 Marketing und Gesellschaft: Gesellschaftliche Verantwortung und Ethik im Marketing

Die Herausforderung für das Marketing besteht darin, die Bedürfnisse der Konsumenten zu erkennen, diese mit den richtigen Produkten zu fairen Preisen zu befriedigen und dabei einen angemessenen Gewinn für das Unternehmen zu erzielen. Damit basiert die Philosophie des Marketing auf Kunden(mehr)wert und auf beiderseitigem Nutzen.

Die gesellschaftliche Verantwortung und die Berücksichtigung ethisch-moralischer Aspekte im Marketing werden von den Konsumenten heute als unerlässlich betrachtet. Das Marketing steht vor diesem Hintergrund in einem besonderen Bezugsrahmen von Gewinnerzielungsabsicht einerseits und gesellschaftlicher Akzeptanz durch gelebte soziale Verantwortung und ethische Verhaltensweisen andererseits. Der Marketingverantwortliche sollte sich der grundsätzlichen Kritikpunkte am Marketingkonzept bewusst sein.

An der Wirkungsweise des Marketing auf den **Verbraucher** werden häufig folgende Punkte kritisiert: Höhere Preise, Irreführung, aggressive Verkaufspraktiken, unsichere Produkte oder solche minderer Qualität, geplante vorzeitige Alterung und Benachteiligung sozial schwacher Käufergruppen.

Als nachteilige Auswirkungen auf die **Gesellschaft** werden oft angeführt: Das Wecken neuer Bedürfnisse, die Fokussierung auf materialistische Motive, die nicht ausreichende Bereitstellung sozialer Güter, die Verwässerung beziehungsweise die Störung kultureller Wertvorstellungen und eine zu starke politische Einflussnahme.

Auch **andere Unternehmen** können durch Marketingaktivitäten negativ beeinflusst werden. Hier werden vor allem die mögliche Wettbewerbsverzerrung durch Unternehmensaufkäufe, die Marktdominanz und daraus resultierende Marktzugangsbeschränkungen sowie unlautere Werbung genannt.

Als eine Art Gegengewicht zu den Marketingaktivitäten der Anbieter entstanden **Verbraucherorganisationen**, die im Wesentlichen die Rechte des Kunden stärken wollen. Viele Unternehmen begegnen heute Forderungen nach erhöhtem Verbraucherschutz proaktiv durch systematische Einbindung dieser Gruppen in ihr Marketingkonzept, um so grundsätzlich bestehende Zielkonflikte von vornherein zu minimieren oder auszuräumen. Die **Umweltbewegung** besteht aus gesellschaftlichen Gruppen, die das Bewusstsein für die Auswirkungen unternehmerischer Aktivitäten auf die Umwelt schärfen wollen und für eine stärkere Berücksichtigung der anfallenden externen Kosten im Produktions- und Verkaufsprozess beziehungsweise deren Minimierung eintreten.

Diese ursprünglich bürgerinitiierten Bewegungen haben inzwischen weitreichende Auswirkungen auf den Verbraucher- und Umweltschutz, zum Beispiel durch Gesetzesinitiativen in den Bereichen Produktsicherheit, Verpackung und deren Entsorgung sowie in der Werbung. Standen viele Unternehmen diesen Organisationen zunächst kritisch und ablehnend gegenüber, akzeptieren sie heute quasi selbstverständlich ihre Verantwortung gegenüber der Umwelt und definieren auf Nachhaltigkeit abzielende Strategien.

Über die öffentliche Diskussion erreichen die angeführten Belange die Politik und das Gesetzgebungsverfahren: Einige erlangen schließlich durch Gesetze, Richtlinien oder Verordnungen Allgemeingültigkeit und definieren so neue Standards.

Die von einigen Unternehmen verfolgte **Strategie des aufgeklärten Marketing** orientiert sich an folgenden Eckpfeilern:

- Kundenorientierung
- Innovation als Angebotsprinzip
- Dauerhafte Wertsteigerung als Ziel des Marketing
- Marketing mittels einer Unternehmensmission
- Wohlfahrtsbedachtes Marketing

Jedes Unternehmen sollte für sich eine Philosophie gesellschaftlich verantwortbaren und moralischen Handelns festlegen und daraus klar definierte Grundwerte ableiten. Diese helfen den Entscheidungsträgern, die ethisch-moralischen Fragestellungen des Tagesgeschäfts zu beantworten. Viele Branchen- und Berufsverbände schlagen ihren Mitarbeitern Regeln im Sinne einer „Ethik der wirtschaftlichen Betätigung“ vor, die meisten Großunternehmen haben Verhaltensrichtlinien für ihre Belegschaft. Ethisch korrektes Verhalten muss allerdings zuallererst von der Geschäftsleitung durch tägliches Agieren innerhalb des definierten Verhaltenskodex vorgelebt werden.

Das Konzept des **nachhaltigen Marketing** stellt die Langfristigkeit der Beziehung des Unternehmens zu seinen Kunden sowie des gesellschaftlichen Wohlergehens in den Mittelpunkt. Bei der Befriedigung aktueller Verbraucherwünsche muss sichergestellt sein, dass die nachfolgenden Generationen in ihrer Bedürfnisbefriedigung nicht eingeschränkt sind. Das Marketing für minderwertige oder fehlerhafte, gesundheitsschädliche oder sozial schädliche Produkte kann hingegen nicht als nachhaltig angesehen werden.

Das 21. Jahrhundert hält eine Vielzahl von Aufgaben und Herausforderungen für das Marketing bereit. Insbesondere Unternehmen, die sich an die vorgegebenen Spielregeln halten, ihrer gesellschaftlichen Verantwortung gerecht werden, ethisch-moralische Fragestellungen in ihrem Handeln berücksichtigen und ihren Kunden zugleich Produkte mit hohem Nutzen anbieten, werden langfristig erfolgreich im Wettbewerb bestehen.

Fragen und Aufgaben

1. Definieren Sie das Spannungsfeld, in dem sich das Marketing in einer zunehmend „aufgeklärten" Gesellschaft befindet.

2. Erläutern Sie die grundsätzliche Kritik am Marketing und seinen Einfluss auf die Gesellschaft. Nehmen Sie dazu Stellung.

3. Skizzieren Sie zwei Gegenbewegungen zum Marketing und ihre Auswirkungen auf die Marketingstrategien von Unternehmen.

4. Was versteht man unter dem Konzept des „aufgeklärten Marketing"?

5. Erläutern Sie vor dem Hintergrund des wohlfahrtsbedachten Marketing die Produktklassifizierung nach Bedürfnisbefriedigung und Kundennutzen. Geben Sie Beispiele aus Ihrem Umfeld.

6. Recherchieren Sie zum Unternehmen Hipp auf der Unternehmenswebsite *www.hipp.de*, im Internet und, falls möglich, in Datenbanken.

Welche Gründe haben Ihrer Meinung nach zu dem konsequenten Bekenntnis von Hipp zu Nachhaltigkeit und ethischem Handeln geführt? Welche Ziele werden damit verfolgt?[1]

7. Grenzen Sie den Begriff des nachhaltigen Marketing vom klassischen Marketingkonzept ab. Worin liegen Gemeinsamkeiten, worin Unterschiede?

8. Warum ist Verbraucherschutz wichtig?

9. Erklären Sie mögliche Zielkonflikte und das Prinzip der Nachhaltigkeit am Beispiel eines Stromversorgers.

10. Welche der folgenden Aussagen sind richtig, welche falsch?

a) Idealprodukte zeichnen sich durch einen sofort wirksamen Anreiz und einen geringen langfristigen Kundennutzen aus.

b) Alkohol, Zigaretten und Pralinen sind typische Genussprodukte.

c) Ein leckeres und gesundes Müsli zählt zu den nützlichen Produkten.

---

1 Siehe P. Kotler, G. Armstrong, V. Wong und J. Saunders: Grundlagen des Marketing. München: Pearson 2011, Marketing-Highlight „Hipp – Das Beste aus der Natur, das Beste für die Natur", S. 128-131.

Lösungshinweise

1. Ziel des Marketing als ein von Unternehmen geplanter und durchgeführter Management-Prozess ist die Identifizierung von Konsumentenbedürfnissen und deren Befriedigung durch Angebot und Austausch von Produkten, Dienstleistungen und Erlebnissen. Hierdurch wird das eigentliche Unternehmensziel, nämlich die Maximierung des wirtschaftlichen Erfolgs, erreicht.

In der heutigen Gesellschaft, die sich zunehmend als aufgeklärt betrachtet, spielen weitere Faktoren eine Rolle: So ist beispielsweise die hohe Sensibilisierung für bestimmte gesellschaftliche Themenkomplexe wie Umweltschutz, Knappheit von Ressourcen oder moralische Standards eine wichtige Determinante, die der Ausgestaltung des Marketing Grenzen setzen kann oder diese zumindest beeinflusst. Im Sinne eines nachhaltigen Marketing darf die Befriedigung von heutigen Konsumentenbedürfnissen die Kunden, Unternehmen oder Ressourcen von morgen nicht schädigen.

Zwei Beispiele für Spannungsfelder im Marketing:

- Die **Tabakindustrie**, die durch den Verkauf ihrer Produkte ihr Unternehmensziel (z. B. Maximierung des wirtschaftlichen Erfolgs) erreichen möchte, sieht sich gesellschaftlicher Kritik an den eigenen Produkten beziehungsweise deren Auswirkungen (negative gesundheitliche Folgen, Passivrauchen etc.) ausgesetzt.
- Das **holzverarbeitende Gewerbe** befriedigt seit mehreren Jahren die steigende Nachfrage nach kostbaren Tropenhölzern (Gartenmöbel, Innenausstattung etc.). Die zum Teil massive und unkontrollierte Rodung von (langsam wachsenden) Tropenwäldern in oft weit entfernten Regionen stellt eine Ausbeutung kostbarer Ressourcen des jeweiligen Landes dar und kann zudem deutliche Klimaveränderungen zur Folge haben. Hier kollidiert die kurzfristige Gewinnerzielungsabsicht mit langfristigen Überlegungen zur schonenden Ressourcenverwendung.

Die zunehmende Sensibilisierung der Konsumenten durch Verbraucher- und Umweltbewegungen hat hier zur Schaffung gesamtgesellschaftlicher Vereinbarungen sowie tatsächlicher oder moralischer Verbote geführt mit dem Ziel, sozial verantwortlich zu agieren. Als Beispiele hierfür seien Werbeverbote beziehungsweise Werbeeinschränkungen für Produkte der Tabakindustrie oder die Schaffung des FSC-Labels zur Förderung einer umweltfreundlichen, sozialförderlichen und ökonomisch tragfähigen Bewirtschaftung von Wäldern genannt.

2. Der (negative) Einfluss des Marketing auf die Gesellschaft wird oft an folgenden Vorwürfen festgemacht: Neue Bedürfnisse zu wecken, auf materialistische Motive zu fokussieren, soziale Güter nur unzureichend bereitzustellen, kulturelle Wertvorstellungen zu verwässern oder zu stören und die Politik zu stark zu beeinflussen.

Kritiker führen an, dass das Marketing **neue Bedürfnisse** schafft und die Interessen der Verbraucher auf **materielle Dinge** lenkt. Statusdenken und Außenwirkung materiellen Besitzes werden oft zu handlungsbestimmenden Parametern. Geld und materielle Dinge werden als Maß für den persönlichen Erfolg gesehen, hervorgerufen vom Marketing. Zur Entkräftung dieser Kritik ist sicherlich anzuführen, dass Marketing in der Regel nur dann erfolgreich ist, wenn es bei ohnehin bestehenden Bedürfnissen ansetzt. Neue, noch nicht vorhandene Bedürfnisse zu schaffen, ist ungleich schwerer. Des Weiteren werden unsere individuellen Wünsche und Werte auch durch das Unterbewusstsein gesteuert, in das die Einflüsse unserer grundlegenden Sozialisation (Herkunft, Familie, Leitbilder etc.) hineinspielen.

Die Verbreitung **privater Güter** zieht oft **soziale Kosten** nach sich. Der zunehmenden Anzahl an Kraftfahrzeugen steht ein erhöhtes Bedürfnis nach Parkraum, Straßen oder Begrenzung der Luftverschmutzung (sog. Umweltzonen) gegenüber. Diese sozialen Kosten werden nicht immer vom Anbieter übernommen. Eine Lösungsmöglichkeit bestünde beispielsweise darin, durch gesetzliche Regelungen die Abgasreinigung von Fahrzeugen zu verbessern, wie dies in zunehmendem Maße auch geschieht.

3. Die bedeutendsten Gegenbewegungen als Gegenpol zu den Großunternehmen stellen die **Verbraucherbewegung** und die **Umweltbewegung** dar. Diese bürgerinitiierten Organisationen haben es sich zur Aufgabe gemacht, Rechte und Machtpositionen der Kunden gegenüber den Anbietern zu stärken.

Die **Verbraucherbewegung**, von Bürgern und mittlerweile auch von Regierungsstellen getragen, sieht ihre vordringliche Aufgabe im Verbraucherschutz. Hierzu zählen vor allem objektive und detaillierte Information sowie Schutz vor Betrug, irreführender Werbung und unsicheren oder gefährlichen Produkten.

Die **Umweltbewegung** besteht aus Organisationen innerhalb der Gesellschaft, die die allgemeine Sensibilität für die Belange des Umweltschutzes stärken wollen und dafür eintreten, die Schäden an der Umwelt zu minimieren.

Der zunächst erfolgten Verweigerung der Argumente dieser Gegenbewegungen durch die Unternehmen folgte später die Akzeptanz ihrer Anliegen – nicht zuletzt auch deswegen, weil viele ihrer Forderungen den Weg durch die Gesetzgebungsverfahren gefunden haben und von den Anbietern umzusetzen sind. So sind mittlerweile detaillierte Angaben von Inhaltsstoffen auf Lebensmitteln oder Hinweise auf potenziell gesundheitsschädliche Wirkungen (z. B. bei Farben oder Zigaretten) vorgeschrieben. Als Konsequenz muss der Marketingverantwortliche unter Umständen Produktzusammensetzungen anpassen. Der Umweltbewegung ist sicherlich zu einem großen Teil das gestiegene Umweltbewusstsein und die erhöhte Sensibilität der Verbraucher zu verdanken, welche letztendlich zu einem grundlegenden Wandel in verschiedenen Industriezweigen geführt hat. Als Beispiele seien hier die chemische Industrie, die Schwerindustrie (neue Reinigungstechnologien), aber auch die Autoindustrie (immer restriktivere Grenzwerte für den Schadstoffausstoß) genannt.

4. Als aufgeklärtes Marketing bezeichnen wir eine Strategie, die die langfristig erbrachte Leistung eines Unternehmens als zentrales Erfolgskriterium betrachtet. Sie stützt sich auf fünf Eckpfeiler:

- **Kundenorientierung:** Die Bedürfnisse einer Kundengruppe werden möglichst genau ermittelt, um in der Folge befriedigt werden zu können. Ziel ist die Schaffung eines größtmöglichen Werts für den Kunden.
- **Innovation als Angebotsprinzip:** Durch eine substantielle Verbesserung am Produkt und im Marketing wird kontinuierlich Kunden(mehr)wert mit dem Ziel einer Langzeitkundenbindung geschaffen.
- **Dauerhafte Wertsteigerung als Ziel des Marketing:** Durch echte Nutzenverbesserungen eines Produktes (z. B. Komfortsteigerung, Zusatznutzengenerierung) wird langfristige Kundentreue aufgebaut.
- **Marketing mittels einer Unternehmensmission:** Eine Unternehmensmission definiert den Unternehmenszweck und erleichtert den Mitarbeitern, aber auch weiteren Anspruchsgruppen, die Identifikation mit dem Unternehmen.
- **Wohlfahrtsbedachtes Marketing:** Nach diesem Konzept werden Marketingentscheidungen unter Berücksichtigung der langfristigen Interessen der Konsumenten, der Unternehmensziele und der langfristigen gesellschaftlichen Interessen allgemein getroffen. Nicht immer werden von den Kunden die richtigen Entscheidungen im Hinblick auf ihre langfristigen Interessen getroffen (z. B. Tabakgenuss, übermäßiger Alkoholkonsum). Auch gibt es Fälle, in denen Individualwünsche im Konflikt zu gesellschaftlichen Interessen stehen. Ein Beispiel für dieses Spannungsfeld ist die steigende Nachfrage nach Klimaanlagen (individuelle Komfortsteigerung) vor dem Hintergrund ihres hohen Energiebedarfs und ihrer Auswirkungen auf die Ozonschicht. Hier muss das Marketing der Zukunft sorgfältig auf Käuferwünsche auf der einen Seite und Gemeinwohl auf der anderen Seite achten.

5. Im Rahmen des wohlfahrtsbedachten Marketing werden Marketingentscheidungen unter Berücksichtigung der langfristigen Interessen der Konsumenten, der Unternehmensziele und der langfristigen Interessen der Gesellschaft getroffen. Innerhalb dieses Bezugsrahmens wird sich ein verantwortungsvoll handelndes Unternehmen nicht auf kurzfristige Kaufanreize konzentrieren, sondern wird versuchen, dem Käufer langfristigen Nutzen zu bieten.

Anhand der Kriterien Bedürfnisbefriedigung und langfristiger Kundennutzen lässt sich die folgende Matrix bilden und das Produktangebot in vier Kategorien segmentieren:

Idealprodukte sind Produkte mit sofort wirksamen Anreizen und langfristigem Nutzen. Als Beispiele hierfür sind mobile Navigationssysteme und wohlschmeckendes, vitaminreiches Obst zu nennen.

Genussprodukte verschaffen schnelle Befriedigung, können jedoch dem Käufer langfristig gesundheitlichen Schaden zufügen, beispielsweise fettreiches Essen, Fast Food oder übermäßiger Alkoholgenuss. Für denjenigen, der ein Genussprodukt zu vermarkten hat, ist die Versuchung groß, das Produkt mit aller Kraft zu verkaufen (kurzfristige Orientierung). In Wirklichkeit liegt in einem derartigen Produkt eine riesige Chance: Es gilt, den Kaufanreiz zu wahren, auf lange Sicht die schädigenden Effekte zu eliminieren und echten Produktnutzen zu generieren.

Nützliche Produkte strahlen einen geringen sofortigen Anreiz aus, haben jedoch auf Dauer großen Nutzen für den Käufer. Als Beispiel lassen sich Abgasreinigungssysteme für Autos (Rußpartikelfilter), die private Rentenversicherung oder sicherheitsrelevante Produkte wie etwa Helme für Ski- oder Radfahrer anführen.

Unzulängliche Produkte sind Produkte, deren Nutzenversprechen nicht beziehungsweise nicht ausreichend erfüllt wird und für die kein Kaufanreiz besteht. Für solche Produkte gibt es nur wenige Beispiele, da sie sich in der Regel nicht lange am Markt halten können. Denkbar wäre eine schlecht schmeckende Medizin, die zudem keine Wirkung zeigt.

6. Die Einführung eines internen Ethik-Managements bei Hipp im Jahre 1999 erfolgte vor dem Hintergrund der Diskussion um allgemeinen Werteverfall in der Gesellschaft, kurzfristiger Kapitalorientierung des globalen Wirtschaftens sowie fehlender Verantwortung für Mitarbeiter und Gesellschaft. Das Ethik-Management dient dem Unternehmen und seinen Mitarbeitern als Basis ihres Handelns und hilft, die Identifikation mit dem Unternehmen zu fördern. Mitarbeitern und Geschäftspartnern hilft es zudem, gemeinsames unternehmerisches Handeln zu reflektieren und langfristige Geschäftsbeziehungen zu pflegen.

Durch die ausdrückliche Verpflichtung auf Nachhaltigkeit, auf ethische Werte und gesellschaftliche Verantwortung macht das Unternehmen seine langfristige Handlungsorientierung auch nach außen deutlich und positioniert sich klar. Durch die breite Kommunikation dieser Werte (TV-Spots, Einführung des HIPP-Bio-Siegels etc.) vermittelt die Marke Sicherheit und Vertrauen und spricht eine hoch sensibilisierte Käuferschicht an – die der werdenden oder jungen Eltern.

7. Das **klassische Marketingkonzept** wird als Prozess definiert, durch den Einzelpersonen und Gruppen ihre Bedürfnisse und Wünsche befriedigen, indem sie Produkte und andere Dinge von Wert erzeugen, anbieten und miteinander austauschen. Es geht um den Aufbau wert- beziehungsweise nutzenbehafteter Austauschbeziehungen. Nach dem klassischen Marketingkonzept wachsen Unternehmen, indem sie aktuelle Kundenwünsche und Bedürfnisse aufspüren und befriedigen und darin besser sind als ihre Mitbewerber.

In Abgrenzung dazu steht beim Konzept des **nachhaltigen Marketing** das langfristige Wohlergehen der Gesellschaft im Mittelpunkt. Aktuelle Bedürfnisbefriedigung darf nicht die Möglichkeit zukünftiger Generationen beeinflussen, ihre Bedürfnisse zu befriedigen. Abgrenzungskriterium zum klassischen Marketing ist also die Dimension „Zeit". Gemeinsam ist beiden Konzepten Bedürfnisermittlung und Bedürfnisbefriedigung. Dies jedoch mit minderwertigen, fehlerhaften oder schädlichen Produkten zu tun, widerspricht dem Prinzip der langfristig angelegten Kundenbeziehung. Negative externe Effekte – also unkompensierte negative Auswirkungen ökonomischer Entscheidungen auf unbeteiligte Marktteilnehmer – stellen ein weiteres Beispiel dar, wie die Befriedigung von Bedürfnissen der Kunden von heute die Kunden von morgen oder aber die Kunden anderer schädigen kann. Günstige Flüge, die kaum mehr kostendeckend sind, bilden ein Beispiel für langfristig schädliches Verhalten für nachfolgende Generationen. Eine Investition in Klimaprojekte zur Neutralisierung der Auswirkungen der hohen CO_2-Emissionen von Flugzeugen ist eine (noch freiwillige) Möglichkeit zur Kompensation der erzeugten negativen externen Effekte und wird sicherlich in Zukunft in den Marketingüberlegungen der Fluggesellschaften zunehmend eine Rolle im Sinne eines nachhaltigen Marketing spielen.

8. Aufgabe des Marketing ist das Erkennen von Kundenbedürfnissen und deren Befriedigung durch Bereitstellung von Produkten zu fairen Preisen und Erzielung eines wirtschaftlichen Erfolges für das Unternehmen. Grundlage ist in diesem Konzept der für den Konsumenten generierte Wert und der beiderseitige Nutzen.

Fragwürdige oder sozial unverantwortliche Praktiken im Marketing oder der Unternehmensführung allgemein können negative Effekte auf den Käufer, auf die Gesellschaft oder auf die Umwelt entfalten. Das empfundene Machtungleichgewicht zugunsten der Anbieter hat zur Bildung von bürgerinitiierten Verbraucherschutzorganisationen geführt, deren Ziele die Stärkung und Verteidigung der Rechte des Konsumenten in den Beziehungen zu den Anbietern sind.

Produkte sind häufig komplizierter geworden, manch technischer Sachverhalt deutlich komplexer als früher, sodass es dem Konsumenten oftmals kaum mehr möglich ist, Produkteigenschaften und damit verbundenen Nutzen komplett zu beurteilen. Starker Wettbewerb in umkämpften Märkten führt zudem zu einem „Druck" auf den Verbraucher, der ihn ohne die durch den Verbraucherschutz erwirkten Rahmenbedingungen (objektive Information, Möglichkeiten zur Verteidigung seiner Rechte) benachteiligen würde.

Viele der von der Verbraucherbewegung geforderten Ziele zum Verbraucherschutz haben zu Selbstverpflichtungen der Anbieter, zu moralischen Verboten, zu erhöhter Sensibilität beim Konsumenten oder gar zu gesetzlichen Vorschriften geführt, die das Wohl der Käufer, der Gesellschaft oder der Umwelt schützen.

9. Stromversorger (Elektrizitätsversorgungsunternehmen; EVU) erfüllen ihren historischen Grundauftrag, die zuverlässige Stromerzeugung zu günstigen Preisen und dessen Transport zum Verbraucher, heute unter stark geänderten ökonomischen, ökologischen und sozialen Rahmenbedingungen.

Die ursprüngliche Idee der preisgünstigen Stromerzeugung erfolgte ohne Rücksicht auf gesellschaftliche und umweltrelevante Auswirkungen. Insbesondere die Nutzung fossiler Brennstoffe stellte in den 1950er und 1960er Jahren eine ergiebige Quelle zur Produktion von Strom dar und war oftmals das einzige Geschäftsfeld der Anbieter, welche wiederum durch eigene Verteilnetze als regionale Monopolisten angesehen werden konnten. Die hohe Nachfrage nach Strom diente im Nachkriegs-Europa unter anderem der Befriedigung wachsender Komfortwünsche sowie neuer Bedürfnisse durch den Wohlstand, der langsam wieder entstand. Als Beispiel hierfür kann der elektrische Wäschetrockner angeführt werden.

Die steigende Nachfrage nach Strom führte zu steigender Elektrizitätsproduktion mit starken negativen externen Effekten (u.a. Schäden an Umwelt und Gesundheit durch hohe Emissionen) und zu einer schnell deutlich werdenden Knappheit an Ressourcen.

Nach dem tiefgreifenden Wandel des Energiemarkts der letzten Jahrzehnte (Liberalisierung des Energiemarkts, Trennung von Strom-Erzeugung und -Verteilung sowie Öffnung für mehr Wettbewerb, gesetzliche Emissionsgrenzen und Emissionsrechtehandel) spielt die besondere gesellschaftliche Verantwortung und der Klima- und Umweltschutz eine entscheidende Rolle im Geschäftsmodell der Stromversorger.

Die preisgünstige Erzeugung von Strom „um jeden Preis" ist heute nicht nur gesetzlich stark reguliert, sondern auch unter ethisch-moralischen Gesichtspunkten nicht mehr durchsetzbar. Der wachsende gesellschaftliche Druck und die öffentliche Meinung können gar ganze Technologien in die Defensive bringen oder womöglich aus dem Markt drängen. Als Beispiel kann hier die heftige Diskussion um die Erzeugung von Strom in Kernkraftwerken angeführt werden, die nach verschiedenen Störfällen – man denke an die Katastrophe von Fukushima in Japan im März 2011 – an Intensität zugenommen und schließlich in Deutschland zum Ausstieg aus der Kernenergie geführt hat. Dieser Zielkonflikt der Stromerzeuger – Stromerzeugung zu günstigen Preisen versus einer auf Nachhaltigkeit angelegten Geschäftstätigkeit – hat zu einem grundlegenden Wandel im Selbstverständnis der Unternehmen geführt. Nahezu alle Stromerzeuger bekennen sich zu ihrer besonderen Verantwortung gegenüber der Gesellschaft und den Belangen des Klima- und Umweltschutzes. Diversifizierung, das Erschließen neuer Geschäftsfelder sowie Bestrebungen zur Steigerung der Energieeffizienz sind Beispiele, wie das langfristige Überleben des Unternehmens unter geänderten Umweltbedingungen sichergestellt werden soll.

10. a) Falsch: Idealprodukte zeichnen sich zwar durch einen sofort wirksamen Anreiz aus, verfügen aber auch über einen hohen langfristigen Kundennutzen.

b) Richtig.

c) Falsch: Das leckere und gesunde Müsli zählt zu den Idealprodukten, da es sowohl eine sofortige Bedürfnisbefriedigung als auch einen langfristigen Kundennutzen bietet.

3 Strategisches Marketing

Unternehmen benötigen eine unternehmensindividuelle Strategie, um sich gegen ihre Wettbewerber durchzusetzen und um auf ihrem Markt bestehen zu können. Marketing als Teil der strategischen Planung liefert zum einen Informationen (Rückkopplung vom Markt), zum anderen stellt die Strategieplanung die erste Stufe des Marketingplans dar.

Formalisierte Planung zwingt das Management eines Unternehmens, sich strukturiert und systematisch mit Zielvorstellungen und Strategien auseinanderzusetzen, erleichtert die interne Koordination der verschiedenen Funktionsbereiche und liefert klare Leistungsvorgaben für die Steuerung und Kontrolle.

Es lassen sich **drei Arten der Planung** unterscheiden:

- Die (kurzfristige) Jahresplanung
- Die Langzeitplanung (auf die nächsten Jahre ausgerichtet)
- Die strategische Planung

Im Rahmen der strategischen Planung als übergeordnetem Prozess werden Ziele und Strategien zu Vorgaben für die nachgeordneten Planungen der Funktionsbereiche.

Erste Stufe der strategischen Planung ist die oft vernachlässigte Definition des Unternehmenszwecks, der Unternehmensmission, aus der messbare strategische Ziele abgeleitet werden können. Die **Unternehmensmission** sollte marktorientiert, realisierbar und für alle Betroffenen motivierend sein. Um erfolgreich umgesetzt werden zu können, sollte sie sich auf spezifische Stärken des Unternehmens stützen – nur so lässt sich dauerhaft eine optimale Marktposition erreichen und absichern. Ein strategisches Audit ermöglicht eine detaillierte **Umfeldanalyse (strategische Situationsanalyse)** und betrachtet sowohl die makro-ökonomische Unternehmensumgebung (externe Faktoren) als auch das Unternehmen an sich mit seiner gesamten Wertschöpfungskette (interne Faktoren). Die hieraus resultierenden Informationen werden zusammengefasst in der **SWOT-Analyse**, die den Stärken und Schwächen des Unternehmens die aus Umfeldfaktoren resultierenden Chancen und Risiken gegenüberstellt. Ein optimales Geschäftsportfolio, also die Gesamtheit der Produktlinien und Geschäftsfelder eines Unternehmens, passt die Stärken und Schwächen des Unternehmens an die Geschäftsmöglichkeiten des Umfelds an. Mithilfe einer **Portfolio-Analyse** können dann potenzialstarke Geschäftsfelder identifiziert werden, denen weitere Ressourcen gewidmet werden. Schwache Bereiche können aufgegeben oder ressourcenneutral weitergeführt werden. Zwei der bekanntesten Methoden sind die Marktwachstums-Marktanteils-Matrix der Boston Consulting Group (BCG) und die Portfolio-Matrix nach General Electric (GE). In der Praxis werden auch weitere, zum Teil detailliertere oder spezifischen Märkten angepasste Modelle verwendet.

Die angeführten Matrix-Modelle dienen als Betrachtungsgrundlage zur Entwicklung von strategischen Zielen und Wachstumschancen unter Berücksichtigung der Unternehmensmission. Vier der grundsätzlich möglichen Strategien zur Zielerreichung sind in der **Produkt-Markt-Matrix** mit den beiden Dimensionen „Markt" (bestehend/neu) und „Produkt" (bestehend/neu) dargestellt:

- Marktdurchdringung
- Marktentwicklung
- Produktentwicklung
- Diversifikation

Die strategische Planung beinhaltet neben dem Marketingplan weitere funktionale Pläne für andere Bereiche des Unternehmens (Finanz, Einkauf, Produktion etc.). Hierbei kann es durchaus zu Zielkonflikten kommen, da naturgemäß jede Abteilung ihre eigenen Ziele für prioritär halten wird. Das Marketing stellt den Konsumenten in den Vordergrund; andererseits muss sich jeder Marketing-Manager auch der Positionen der anderen Funktionsbereiche bewusst sein und mit ihnen zusammenarbeiten, um ein System von Plänen zu entwickeln, das den definierten strategischen Zielen am ehesten gerecht wird.

Nach der Definition des Geschäftsfeldportfolios und der Strategie werden auf Ebene der einzelnen Geschäftseinheiten detaillierte **Marketingpläne** entwickelt. Ein guter Marketingplan besteht aus einer kurzen (!) **Zusammenfassung der Hauptziele und Empfehlungen (Executive Summary)**, gefolgt von einem **Marketing-Audit** (interne bzw. externe Analyse) und der **SWOT-Analyse**. Hierauf aufbauend werden sowohl Ziele und Einflussfaktoren definiert als auch die **Marketingstrategie** für das jeweilige Geschäftsfeld formuliert. Da der im Mittelpunkt der Marketingstrategie stehende Konsument in der Realität aus einer Vielzahl von Käufertypen mit unterschiedlichen Wünschen und Bedürfnissen besteht, werden möglichst homogene Gruppen nach relevanten Kriterien gebildet: Der Markt wird **segmentiert**. Aus diesen Segmenten sucht sich das Unternehmen die vielversprechendsten heraus und definiert diese zu Zielmärkten, deren Kunden möglichst gewinnbringend bedient und zufrieden gestellt werden sollen. Auf diesen Zielmärkten muss sich das Unternehmen **positionieren**: Es strebt eine in der Wahrnehmung der Kunden klare, wünschenswerte und deutlich abgrenzbare Position im Hinblick auf relevante Eigenschaften sowie zum Wettbewerb an.

Für den gewählten Zielmarkt (Segment) wird zur Erzielung der gewünschten Positionierung ein **Marketingprogramm** (Marketing-Mix) entwickelt, das die Detailplanung für die als **„4 Ps"** bekannten Parameter *„Produkt" (**p**roduct)*, *„Preis" (**p**rice)*, *„Distribution" (**p**lace)* und *„Kommunikation" (**p**romotion)* enthält.

Die **Budgetplanung** liefert eine Prognose der finanziellen Ergebnisse des Marketingplans. Das Marketing sieht sich immer häufiger gezwungen, seine Maßnahmeneffizienz zu belegen. Immer mehr Unternehmen entwickeln Messverfahren, um die Rendite von **Marketinginvestitionen (Return on Marketing Investment; ROMI)** zu bestimmen. Ein einheitliches Verfahren gibt es dafür jedoch nicht, da die Marketingwirkung oft nur schwer zu quantifizieren ist. Es erfolgt daher ein Rückgriff auf Kennzahlensysteme, die die klassischen Messgrößen (Marktanteil, Um- bzw. Absatz, Markenbekanntheit etc.) abbilden. Als **Marketingkontrolle** bezeichnen wir den Prozess der Messung und Bewertung der Ergebnisse der verfolgten Marketingstrategien und die Ergreifung von Korrekturmaßnahmen, um die Erreichung der Marketingziele sicherzustellen.

Die Marketingabteilung trägt den größten Teil der Verantwortung bei der Umsetzung des Marketingplans. Je nach Unternehmensgröße und Unternehmensstruktur, Zielmarktcharakteristika und je nach Produktkomplexität bieten sich verschiedene **Organisationsformen** an: Die funktionale Marketingorganisation, die regionale Organisation, die Produkt- oder Markenmanagement-Organisation oder die markt- beziehungsweise kundenorientierte Organisation. Mischformen sind ebenfalls möglich.

Fragen und Aufgaben

1. Erklären Sie die Notwendigkeit unternehmerischer Planung und stellen Sie deren wichtigste Etappen dar.

2. Grenzen Sie die Marketingplanung von der strategischen Planung ab. Welche Rolle spielt die strategische Planung für die Marketingplanung?

3. Definieren Sie die vier Stufen im Planungsprozess.

4. Recherchieren Sie im Internet und, falls möglich, in Datenbanken zu dem spanischen Bekleidungshersteller Inditex und seiner Marke Zara.

Stellen Sie den zentralen Wettbewerbsvorteil dar, den der spanische Hersteller Inditex mit seiner Marke Zara realisiert. An welcher Stelle des strategischen Planungsprozesses stellt er die entscheidende Stärke dar?[1]

5. Erläutern Sie kurz zwei bekannte Portfoliotechniken und stellen Sie die grundsätzliche Kritik an den Matrix-Techniken als strategischen Analysemethoden dar.

6. Wie kann ein Unternehmen, das mit seiner einzigen Produktlinie in einem (nahezu) gesättigten Markt agiert, Wachstum generieren?

7. Überlegen Sie, nach welchen Kriterien eine Segmentierung im Markt für Mobiltelefone aussehen könnte. Versuchen Sie, Beispiele für verschiedene Segmente zu finden.

8. Nennen Sie Beispiele für Unternehmensleitbilder Ihnen bekannter Unternehmen.

9. Welche der folgenden Aussagen ist richtig, welche falsch?

a) Moderne Marketingorganisationen werden in der Regel nur anhand eines Kriteriums gebildet.

b) Die SWOT-Analyse ist ein zentraler Bestandteil eines Marketingplans.

c) Die Produkt-/Markt-Matrix nach Ansoff dient der Entwicklung von Wachstumsstrategien.

d) In Poor Dogs sollte man investieren, um sie zu Stars zu machen.

---

1 Siehe P. Kotler, G. Armstrong, V. Wong und J. Saunders: Grundlagen des Marketing. München: Pearson 2011, Marketing-Highlight „Zara – Fast Fashion“, S. 169ff.

Lösungshinweise

1. Ein formalisierter Unternehmensplan zwingt das Management eines Unternehmens und alle an seiner Erstellung Beteiligten zu systematischem Denken und erfordert zu seiner erfolgreichen Umsetzbarkeit die präzise Formulierung von Zielen und Strategien. Der Planungsprozess führt zu besserer interner Koordination und stellt durch die Definition klarer Leistungsvorgaben für die Steuerung eine Handlungsbasis für alle Mitarbeiter dar.

In den meisten Unternehmen ist der Planungsprozess in folgende Etappen gegliedert:

Die **kurzfristige Planung** (Jahresplanung) enthält Vorgaben für das laufende Jahr, für geplante Aktionen, Budgets und für die jeweiligen Steuerungsinstrumente.

Die **langfristige Planung** enthält einen Ausblick auf die nächsten Jahre und die das Unternehmen voraussichtlich beeinflussenden externen und internen Faktoren, langfristige Zielvorstellungen und die zu ihrer Erreichung formulierten Strategien. Zu ihrer Effizienz wird sie fortlaufend den aktuellen Bedingungen angepasst.

Sowohl die kurzfristige als auch die langfristige Planung beschäftigen sich mit aktuellen Geschäftsfeldern, mit laufender Geschäftstätigkeit und deren optimaler Ausgestaltung.

Die **strategische Planung** hingegen analysiert die Möglichkeiten des Unternehmens, in einem sich ändernden Umfeld erfolgreich zu bestehen und wacht über die Kohärenz zwischen Unternehmenszweck und Ressourcen einerseits und den Marktgegebenheiten andererseits. Sie stellt die erste Stufe des Marketingplans dar und definiert Ziele der (nachfolgenden) Marketingplanung. Ein strategischer Plan enthält regelmäßig folgende Komponenten: Den Unternehmenszweck oder die Unternehmensphilosophie, daraus abgeleitete messbare Ziele, eine Situationsanalyse und eine SWOT-Analyse. Strategische Analysemethoden, beispielsweise die Portfolio-Analyse, ermöglichen dann die optimale Definition der Geschäftsfelder, für die detaillierte Marketingpläne definiert werden.

2. Die **strategische Planung** ist ein der Marketingplanung übergeordneter Prozess und enthält neben der Definition der Unternehmensmission und daraus abgeleiteten messbaren Zielen eine objektive Situationsanalyse externer und interner Faktoren, deren Ergebnisse in einer Stärken-Schwächen- beziehungsweise Chancen-Risiken-Analyse (SWOT) dargestellt werden. Die Festlegung des für das Unternehmen optimalen Geschäftsportfolios kann mithilfe sogenannter Matrix-Techniken (z. B. die Portfolio-Analysen nach BCG oder GE) erfolgen. Auf der Basis der so definierten Geschäftsfelder werden Ziele für die verschiedenen Funktionsbereiche im Unternehmen abgeleitet, welche wiederum die Basis für den Marketingplan bilden.

Eine besondere Herausforderung ist die permanente Anpassung der strategischen Planung an sich ändernde Umfeldbedingungen. Die strategische Planung erfolgt als übergeordneter Prozess auf Unternehmensebene und ist Grundlage für alle weiteren Planungen im Unternehmen und in den Funktionsbereichen, unter anderem für die Marketingplanung. Diese erfolgt je nach Struktur des Unternehmens und je nach Marketingorganisation auf Ebene der Geschäftseinheiten *(business units)*, auf Marktebene oder auf Marken- beziehungsweise Produktebene und trägt zur Erfüllung übergeordneter Unternehmensziele bei.

Die **Marketingplanung** besteht aus einer Zusammenfassung der Hauptziele und Empfehlungen *(Executive Summary)*, gefolgt von einem Marketing-Audit interner und externer Faktoren (Ist-Zustand) und der SWOT-Analyse. Hierauf aufbauend werden Ziele und Einflussfaktoren definiert und die Marketingstrategie für das jeweilige Geschäftsfeld formuliert. Der Marketing-Mix definiert die als „4 Ps" bekannten Parameter „Produkt" *(product)*, „Preis" *(price)*, „Distribution" *(place)* und „Kommunikation" *(promotion)*, die im Rahmen der gewählten Strategie zur Erreichung der Ziele eingesetzt werden. Die Budgetplanung gibt eine Prognose der finanziellen Ergebnisse des Marketingplans und die Marketingkontrolle – als Prozess der Messung und Bewertung der Ergebnisse der verfolgten Marketingstrategien – ermöglicht das Ergreifen von Korrekturmaßnahmen, um die Erreichung der Marketingziele sicherzustellen.

3. Als Stufen im Planungsprozess lassen sich **Analyse**, **Planung**, **Implementierung** und **Kontrolle** unterscheiden:

Die **Analyse** stellt den ersten Schritt im Planungsprozess dar und entspricht einer Bestandsaufnahme der Situation des Unternehmens, des Unternehmensumfeldes und der relevanten Einflussfaktoren sowie der internen Struktur, ihrer Stärken und Schwächen. Es müssen erkennbare Risiken, aber auch Chancen aufgezeigt werden, die die optimale Ausrichtung des Unternehmens im späteren Planungsprozess ermöglichen. Die Analysephase als „Fotografie" liefert die Basisinformationen für alle weiteren Stufen der unternehmerischen Planung.

Die strategische **Planung** definiert Ziele für jede Geschäftseinheit des Unternehmens, die in der nachgelagerten Marketingplanung in Marketingstrategien umgesetzt werden. Die Gesamtheit eines Unternehmens besteht aus einer Vielzahl nachgelagerter Pläne, die zur Erreichung der Unternehmensziele innerhalb der verschiedenen Funktionsbereiche koordiniert werden müssen.

Hat die Planung das *„Was" (Was ist zu tun?)* festgelegt, so bestimmt die **Implementierung** das *„Wie" (Wie ist es zu tun?)* – und damit die Umsetzung der definierten strategischen Pläne und der Marketingpläne in konkretes Handeln zur Erreichung der Unternehmensziele.

Messbare Ziel- und Leistungsvorgaben ermöglichen eine **Kontrolle** der Ergebnisse und das Ergreifen korrigierender Maßnahmen, um die Zielerreichung zu gewährleisten. Kontrolle und die daraus resultierenden Korrekturmaßnahmen sind ein fortlaufender Prozess, der durch die Rückkopplung mit vorgelagerten Stufen den gesamten Planungsprozess beeinflusst.

4. Der Textilhersteller Zara, Tochter des spanischen Kleidungsherstellers Inditex, verdankt seinen großen Erfolg seinem Geschäftsmodell. Anders als seine Konkurrenten hat Zara die gesamte Wertschöpfungskette von der Produktion bis zum Verkauf unter Kontrolle. Diese hohe **vertikale Integration** der vor- und nachgelagerten Wirtschaftsstufen stellt für den Hersteller den zentralen Wettbewerbsvorteil dar, da sie ein schnelles Aufgreifen von Modetrends und kurzfristige Korrekturen erlaubt. Anders als viele Konkurrenten, die in Fernost produzieren, hat Zara durch eigene Produktionsstätten in Europa kurze Distributionswege und ein hoch leistungsfähiges Logistiksystem. Hierdurch ist der Hersteller in der Lage, den Zyklus vom Entwurf über die Herstellung bis zur Auslieferung in vier bis fünf Wochen abzuschließen. In einer Branche, die Zyklen bis zu sechs Monaten kennt, bedeutet dies für Zara eine deutlich höhere Marktnähe, eine spätestmögliche Planung und eine entscheidend bessere Reaktionsfähigkeit auf neue Markt- und Designtrends. Zudem erlaubt die systematische Rückkopplung über Modelle, Farben und Designs (Verkauf als Informationsquelle) und die Einbeziehung von Trendanalysen den frühzeitigen Entwurf neuer Modelle.

Der Marketingplanungsprozess beginnt regelmäßig mit einer Situationsanalyse und der Aufnahme von Stärken und Schwächen des Unternehmens sowie Chancen und Risiken, die das Umfeld birgt. Diese sind jedoch nicht statisch, sondern sind permanenter Veränderung unterworfen. Die Stärke eines Unternehmens, kurzfristig auf sich ändernde Bedingungen zu reagieren, stellt oft den entscheidenden Wettbewerbsvorteil gegenüber der Konkurrenz dar. Im diskutierten Fall kann Zara deutlich schneller auf Trends reagieren, die für den Modemarkt bestimmend sind, diese aufnehmen und in kurzer Zeit in Produkte umsetzen, um die Kundenwünsche zu befriedigen. Der methodische Rückkopplungsprozess trägt ebenfalls zu einer hohen Marktnähe bei.

5. Zu den Portfolio-Techniken zählen die Marktwachstums-/Marktanteils-Matrix der Boston Consulting Group (BCG) und die Portfolio-Matrix nach General Electric (GE). Beide Konzerne kombinieren unternehmensbezogene und marktorientierte Kriterien zur Beurteilung strategischer Möglichkeiten.

Die **BCG-Matrix** segmentiert den Markt mittels der Kriterien Marktwachstum (niedrig/hoch) und Marktanteil (niedrig/hoch) in die vier Kategorien „Stars“, „Cash Cows“, „Question Marks“ und „Poor Dogs“ und leitet aus der Einordnung der Geschäftseinheiten eines Unternehmens in eine der Kategorien strategische Handlungsempfehlungen ab. Die **GE-Portfolio-Matrix** benutzt die Kriterien „Attraktivität der Branche“ und „relative Position des Unternehmens“ und ist umfassender und komplexer als die BCG-Matrix.

Als formale Analysemethoden bieten Portfolio-Techniken einen fundamentalen Ansatz für die strategische Planung, sind jedoch in der Praxis aufgrund der Komplexität von Märkten und Unternehmensumfeldern oft schwierig durchzuführen, sehr zeitaufwendig und kostspielig. Zudem sind sie statische Instrumente, die die Situation wie eine Fotografie zu einem gegebenen Zeitpunkt darstellen, aber künftige Entwicklungen nicht einbeziehen. Eine zu starke Fokussierung auf solche Matrix-Analysen kann zu Fehlentscheidungen führen, wenn beispielsweise neue Märkte erschlossen werden sollen, die bestenfalls nur noch entfernt einen Zusammenhang mit der Unternehmensmission aufweisen. Die von vielen Unternehmen nicht zuletzt auf Basis dieser Tools eingeschlagene Diversifizierungsstrategie ist in vielen Fällen korrigiert worden. Historische Kernkompetenzen rücken hier wieder in das Zentrum der Geschäftstätigkeit. Zudem kritisiert man an den Modellen, dass sie nur wenige Determinanten berücksichtigen, stark vereinfachen und nur eine zeitpunktbezogene Darstellung liefern. Trotz dieser Kritik helfen Matrix-Modelle, die Situation eines Unternehmens auf seinen Märkten zu verstehen und können Ausgangspunkt einer in die Zukunft gerichteten Strategieentwicklung sein.

6. Die Entwicklung von Wachstumsstrategien kann mithilfe der Produkt-/Markt-Matrix von Ansoff veranschaulicht werden, die die Kriterien „Markt“ (bestehend/neu) und „Produkt“ (bestehend/neu) zur Definition von vier grundsätzlichen Orientierungen verwendet: **Marktdurchdringung**, **Produktentwicklung**, **Marktentwicklung**, **Diversifikation**.

Unternehmen in einem gesättigten Markt sehen sich einer großen Herausforderung gegenüber, da die Bedürfnisse der Zielgruppe weitgehend befriedigt sind. Zusatzabsatz kann im Rahmen der **Strategie der Marktdurchdringung** generiert werden, indem das Unternehmen Kunden der Mitbewerber für sich gewinnt, neue Verwendungsanlässe für seine Produkte schafft oder die Verwendungsintensität erhöht.

Die **Produktentwicklungsstrategie** verfolgt das Ziel, die Position des Unternehmens auf bestehenden Märkten durch die Neuentwicklung von Produkten abzusichern oder auszuweiten. Dies setzt oft eine sehr genaue Kenntnis der Zielmärkte voraus, um auf differenzierte Bedürfnisse der Zielgruppe mit neuen Produkten zu antworten. Im Mobilfunkmarkt kann die technische Weiterentwicklung der Produkte Zusatznutzen generieren und auf bestehenden Märkten zu Nach- beziehungsweise Ersatzkäufen führen. Als Beispiel sei die Integration von Navigationslösungen in Mobiltelefonen genannt.

Die **Marktentwicklungsstrategie** bedient mit bestehenden Produkten neue Märkte zur Erschließung weiterer Zielmärkte. Als zu Beginn der 1990er Jahre in Europa der „Eiserne Vorhang“ fiel, verfolgten viele Unternehmen mit dem Eintritt in die osteuropäischen Märkte diese Wachstumsstrategie. Hier war der Wettbewerb deutlich weniger ausgeprägt (nahezu inexistent) und die Nachfrage nach Gütern aus Westeuropa sehr hoch.

Mit der **Diversifikation** betritt ein Unternehmen neue Geschäftsfelder und versucht mit neuen Produkten die Bedürfnisse neuer Zielmärkte zu befriedigen. Dies kann eine Tabakmarke sein, die in den Bekleidungsmarkt vorstößt, oder eine Bierbrauerei, die in den Markt für Säfte eintritt.

7. Als Segmentierung bezeichnet man die Aufteilung eines Marktes in homogene Käufergruppen mit ähnlichen Bedürfnissen, Eigenschaften oder Verhaltensmustern, die mit unterschiedlichen Produkten oder verschiedenen Marketingprogrammen angesprochen werden sollen. Da die Konsumenten innerhalb eines Segments typischerweise ähnlich auf Marketinginstrumente reagieren, wird eine zielgruppengerechte Ansprache durch das Unternehmen ermöglicht.

Zur Marktsegmentierung können eine Vielzahl von **Kriterien** herangezogen werden, von geografischen über demografische hin zu psychografischen Kriterien oder Verhaltensmustern, zum Beispiel:

- Staaten, Länder, Städte
- Geschlecht, Alter, Nationalität
- Ethnische Gruppe
- Nutzungshäufigkeit, Nutzenerwartung

Für einen Mobilfunkanbieter könnte beispielsweise das Kriterium *„Altersgruppe“* relevant sein: 12- bis 16-Jährige haben grundsätzlich ein anderes Telefonierverhalten (und andere Designvorstellungen!) als die Nutzergruppen der 18- bis 35-Jährigen oder die Generation der über 50-Jährigen. Über die Grundnutzenerwartung („Ich möchte mobil telefonieren können und/oder erreichbar sein“) hinaus hat jede dieser Gruppen spezifische Erwartungen, die durch unterschiedliche Produkte und Telefontarife am effektivsten befriedigt werden können.

Auch das Nutzungsverhalten ermöglicht die Bildung homogener Gruppen, was sich in der Schaffung entsprechender Produkte und Tarife für unterschiedliches Nutzungsverhalten widerspiegelt: Es gibt beispielsweise Tarife für intensive Nutzer von Sprachdiensten und/oder von Datendiensten (z. B. Telefon- und Datenflatrates).

8. Recherchieren Sie nach Leitbildern Ihnen bekannter Unternehmen im Internet oder in Geschäftsberichten. Das Leitbild der BSH Bosch und Siemens Hausgeräte GmbH ist beispielsweise in folgenden Leitsätzen zusammengefasst, die auf der Homepage des Unternehmens jeweils noch einmal erläutert werden:

- Unsere Kunden können uns vertrauen.
- Als Innovationsführer gehen wir unserer Branche voraus.
- Grundlage unseres Erfolgs sind unsere Mitarbeiter.
- Wir steigern den Wert unseres Unternehmens.
- Wir übernehmen Verantwortung für Umwelt und Gesellschaft.

Das Leitbild eines Unternehmens basiert in der Regel auf dessen Vision und Mission. Als Vision beschreibt BSH: Wir wollen Benchmark der Branche sein.

Die Mission von BSH lautet: Die BSH ist ein weltweit führender Hersteller von Hausgeräten, der für seine Kunden und Gesellschafter einen Mehrwert schafft.

Quelle: Website der BSH Bosch und Siemens Hausgeräte GmbH: *www.bsh-group.de* (Stand: 07.05.2012).

9. a) Falsch: Moderne Marketingorganisationen werden in der Regel anhand mehrerer Kriterien gebildet. Beispielsweise könnte es in einem international tätigen Konsumgüterunternehmen eine Abteilung Marktforschung/Frankreich/Kosmetik geben.

b) Richtig.

c) Richtig.

d) Falsch: Poor Dogs stehen am Ende ihres Produktlebenszyklus und sollten entweder aus dem Markt genommen oder ohne weitere Investitionen am Leben gehalten werden.

4 Das Umfeld des Marketing

Marketing agiert nicht in einem Vakuum, es interagiert mit einer komplexen, sich ständig ändernden Umwelt. Das Marketingumfeld besteht aus Akteuren außerhalb der Marketingfunktion, die die Fähigkeiten des Managements beeinflussen, erfolgreiche und dauerhafte Geschäftsbeziehungen mit den Kunden der Zielgruppen aufzubauen und aufrechtzuerhalten. Das Umfeld bietet neben Chancen, Geschäfte zu machen, auch Risiken, die diese Geschäfte beeinträchtigen können. Nur eine ständige Beobachtung und Anpassung an die Veränderungen beziehungsweise das frühe Erkennen von Trends sichert dem Unternehmen eine erfolgreiche Geschäftstätigkeit. Das Marketingumfeld besteht aus dem **Mikro-Umfeld** und dem **Makro-Umfeld**.

Das Mikro-Umfeld umfasst Akteure, zu denen das Unternehmen in direkter Beziehung steht und die gemeinsam sein Wertschöpfungsnetzwerk bilden. Es werden sechs Bereiche unterschieden: Das **interne Unternehmensumfeld**, **Lieferanten**, **Marketingmittler**, **Kunden** beziehungsweise **Märkte**, **Wettbewerber** und **Teilbereiche der Öffentlichkeit**, welche ein aktuelles oder potenzielles Interesse sowie einen Einfluss auf die Zielerreichung des Unternehmens haben.

In einem größeren gesamtwirtschaftlichen Rahmen werden alle Unternehmen von Kräften beeinflusst, die Chancen, aber auch Gefahren für die Geschäftstätigkeit darstellen können. Die sechs wichtigsten dieser Kräfte des Makro-Umfelds sind in der **Bevölkerungsdynamik**, in der **Wirtschaft**, in der **Natur**, in der **Technologie**, in der **Politik** und der **Kultur** begründet.

Bevölkerungsgröße, Zusammensetzung und Wachstumstrends können Indizien sein für neue beziehungsweise veränderte Kundenbedürfnisse, an die sich ein Unternehmen anpassen muss oder die es antizipieren sollte. So haben beispielsweise die steigende Lebenserwartung und die bessere finanzielle Ausstattung älterer Bevölkerungsschichten vielfältige Auswirkungen auf die Nachfrage: Manche Bedürfnisse ändern sich, andere entstehen neu, wiederum andere verschwinden möglicherweise. Das wirtschaftliche Umfeld beeinflusst die Kaufkraft und das Kaufverhalten der Zielgruppen, wobei Haushalte mit unterschiedlichen Einkommen naturgemäß andere Schwerpunkte setzen und bei sich ändernden Rahmenbedingungen auch anders reagieren. Zu den bedeutendsten Trends im Bereich Umwelt und Natur gehören die Verknappung der natürlichen Ressourcen, steigende Energiekosten, zunehmende Umweltverschmutzung und umweltpolitische Interventionen. Im Bereich des technologischen Umfelds steckt die wichtigste Kraft für die Gestaltung der Zukunft – im positiven (Computer, medizinischer Fortschritt etc.) wie im negativen (Kriegswaffen etc.) Sinne –, wobei neue Technologien neue Märkte und damit Absatzmöglichkeiten schaffen. Unternehmerisches Handeln muss sich immer auch am gesetzlichen Rahmen orientieren, der vom politischen Umfeld definiert wird. Im kulturellen Umfeld trifft das Marketing schließlich auf Institutionen und Kräfte, die die Grundwerte der Gesellschaft, Präferenzen und Verhalten prägen.

Fragen und Aufgaben

1. Beschreiben Sie das Mikro-Umfeld des Marketing.

2. Erläutern Sie, welche Märkte im Mikro-Umfeld eines Unternehmens nach Art der Kunden unterschieden werden können.

3. Erläutern Sie, inwieweit Teilbereiche der Öffentlichkeit Einfluss auf die Tätigkeit eines Unternehmens haben können.

4. Definieren Sie den Begriff „Wertschöpfungsnetzwerk" eines Unternehmens.

5. Beschreiben Sie die Auswirkungen steigender Käufe über Internetplattformen auf Marketingmittler im Mikro-Umfeld eines Unternehmens anhand eines Beispiels.

6. Welche der folgenden Aussagen sind richtig, welche falsch?

a) Die Marketingfunktion ist frei in ihren Entscheidungen am Markt und unterliegt keinen externen Einflüssen.

b) Das Marketingumfeld besteht aus Kräften außerhalb der Marketingfunktion, welche direkt oder indirekt Einfluss auf die Fähigkeit des Managements haben, Geschäftsbeziehungen mit Kunden aufzubauen und aufrechtzuerhalten.

c) Das Mikro-Umfeld des Marketing besteht aus Kräften innerhalb des Unternehmens sowie seinen Partnern am Markt.

d) Die Öffentlichkeit ist nicht dem Mikro-Umfeld des Marketing zuzurechnen.

e) Lieferanten übernehmen für einen Anbieter auf dem Weg zum Kunden eine wichtige Funktion.

7. Aus welchen Kräften setzt sich das Makro-Umfeld des Marketing zusammen?

8. Illustrieren Sie anhand von Beispielen die hohe Bedeutung wirtschaftsrelevanter Gesetzgebung.

9. Welche der folgenden Aussagen sind richtig, welche falsch?

a) Aus dem Makro-Umfeld des Marketing können Chancen und Risiken für die unternehmerische Tätigkeit erwachsen.

b) Wirtschaftsrelevante Gesetzgebung wirkt wegen der Beschränkung der unternehmerischen Freiheit negativ auf den Erfolg der Unternehmen am Markt.

c) Kürzere Entwicklungszyklen und schnelle technologische Fortschritte bergen für viele Unternehmen zunehmend Risiken, was zur Bildung strategischer Allianzen führen kann.

d) Technologiesprünge können auch Verwerfungen in anderen, nicht verwandten Branchen auslösen.

Lösungshinweise

1. Das Marketingumfeld besteht aus Akteuren außerhalb der Marketingfunktion, die die Fähigkeiten des Managements beeinflussen, erfolgreiche und dauerhafte Geschäftsbeziehungen mit den Kunden der Zielgruppen aufzubauen und aufrechtzuerhalten. Es werden zwei Bereiche unterschieden: Neben den gesellschaftlichen Kräften des Makro-Umfelds steht das **Mikro-Umfeld**.

Die wesentliche Aufgabe des Marketing besteht in der Bedürfnisbefriedigung der Konsumenten, in der Schaffung von Kundennutzen sowie in dem Aufbau und in der Pflege stabiler Kundenbeziehungen. Der Erfolg eines Unternehmens hängt jedoch nicht nur von den Aktivitäten des Marketing ab, sondern auch von weiteren Akteuren seines Mikro-Umfelds, die gemeinsam das Wertschöpfungsnetzwerk eines Anbieters bilden. Hierbei handelt es sich um die **anderen Abteilungen des Unternehmens**, um seine **Lieferanten**, um die **Marketingmittler**, um die **Kunden** beziehungsweise **Märkte**, um die **Mitbewerber** sowie **Teilbereiche der Öffentlichkeit**.

Bereits bei der Erstellung der Marketingpläne beginnt die Zusammenarbeit des Marketing mit **anderen Abteilungen und Funktionen** im Unternehmen. Die Geschäftsleitung hat die Unternehmensmission und die Globalziele festgelegt, an denen sich der Marketingplan orientiert. Die Finanzabteilung legt Budgets fest, die Entwicklung muss sichere und ansprechende Produkte entwickeln, der Einkauf beschafft notwendiges Material und Vorprodukte. Durch dieses Zusammenwirken haben alle beteiligten Funktionsbereiche des Unternehmens Einfluss auf den Marketingplan und auf seine erfolgreiche Umsetzung zur Schaffung von Kundenzufriedenheit.

Lieferanten liefern Waren oder Dienste, mit denen ein Unternehmen seine Güter oder Dienstleistungen erstellt. Durch Lieferverzug oder Qualitätsschwankungen können sie die Fähigkeit des Anbieters, Kundenbedürfnisse zu befriedigen, erheblich beeinflussen. Auch steigende Preise beschaffter Waren wie etwa Rohstoffe oder Halbfertigprodukte können das Unternehmen zu Preiserhöhungen zwingen beziehungsweise Gewinneinbußen verursachen und damit Einfluss auf die unternehmerische Tätigkeit haben.

Häufig werden Unternehmen bei Werbung, Verkauf, Auslieferung und Finanzierung unterstützt durch **Marketingmittler** wie etwa den Groß- und Einzelhandel, Logistikdienstleister, Beratungs- und Serviceunternehmen sowie Finanzinstitutionen. Der Handel ist inzwischen zu einem wichtigen Akteur auf dem Weg des Produktes vom Hersteller zum Kunden geworden. Durch steigende Konzentration in dieser Branche ist hier eine große Marktmacht entstanden, die es dem Handel erlaubt mitzubestimmen, ob und wie Güter zum Kunden gelangen und Einfluss auf Preise und Einkaufskonditionen zu nehmen. Für Lagerung und Versand bedienen sich Unternehmen zunehmend der Dienstleister, anstatt diese Leistung selbst zu erbringen, da spezialisierte Firmen dies zu deutlich geringeren Kosten anbieten können. Der Transport kann auf vielfältige Weise erfolgen (auf der Straße, der Schiene, auf dem Wasser, in der Luft), abhängig von der Art des Gutes, seiner Größe, der Entfernung zum Lieferort sowie der Geschwindigkeit und Sicherheit der Auslieferung. Beratung und Serviceleistungen kaufen Unternehmen beispielsweise bei Werbeagenturen, bei Marketingberatungen oder bei Marktforschungsinstituten ein, welche helfen, Zielmärkte genau zu definieren oder anzusprechen. Banken, Versicherungen und Leasing-Gesellschaften finanzieren und versichern schließlich die Transaktionen rund um Kauf und Verkauf von Produkten. Dies gilt für das Einräumen einer Kreditlinie für das Unternehmen ebenso wie für den kreditfinanzierten Kauf der Güter durch den Kunden. Zinserhöhungen oder -senkungen haben so direkte Auswirkungen auf die Geschäftstätigkeit des Unternehmens.

Ein Unternehmen muss seine **Märkte** und die auf ihnen herrschenden Regeln sehr gut kennen. Für die verschiedenen Typen (z. B. Endverbraucher- oder Industriegütermärkte) gelten unterschiedliche Rahmenbedingungen für die Absatzkanäle, die der Anbieter berücksichtigen muss, wenn er mit seinem Produkt bis zum jeweiligen Kunden durchdringen will.

Es reicht in der Regel nicht aus, wenn ein Unternehmen seine Produkte denen der **Mitbewerber** anpasst. Das Konzept des Marketing besagt, dass ein Unternehmen dann einen Wettbewerbsvorteil für sich generiert, wenn es die Wünsche und Bedürfnisse seiner Kunden besser als die Konkurrenten befriedigt und auf diese Weise einen höheren Kundennutzen erzielt. Um einen strategischen Vorteil zu erzielen, muss ein Unternehmen das eigene Angebot so positionieren, dass es sich klar von der Konkurrenz abhebt, sich also differenziert.

Auch Teile der **Öffentlichkeit** können das Handeln eines Unternehmens beeinflussen. Einzelne Gruppierungen, denen sich ein Unternehmen gegenüber sieht und die ein aktuelles oder potenzielles Interesse an oder Einfluss auf dessen Handeln und Fähigkeit zur Zielerreichung haben, sind in diesem Sinne als Teilöffentlichkeit Bestandteil des Mikro-Umfelds eines am Markt agierenden Anbieters.

2. Ein Unternehmen muss seine Märkte und die auf ihnen herrschenden Regeln sehr gut kennen. Für die verschiedenen Typen (z. B. Endverbraucher-, Industriegütermärkte) gelten unterschiedliche Rahmenbedingungen für die Absatzkanäle, die der Anbieter berücksichtigen muss. Nach Art der Kunden können sechs unterschiedliche Markttypen unterschieden werden.

Haushalte und Einzelpersonen bilden die **Endverbrauchermärkte**: Sie erwerben Güter und Dienstleistungen für den privaten Verbrauch. Der Einzelhandel spielt auf diesen Märkten als Absatzmittler eine wesentliche Rolle, da der Hersteller auf Endverbrauchermärkten in der Regel keinen direkten Kontakt zum Verbraucher hat. Der Handel hat durch Konzentration in der Branche inzwischen eine große Marktmacht erlangt. Oft wird durch eine zentrale Listung die Präsenz in einer Vielzahl von Geschäften gesteuert. Auf **Industriegütermärkten** werden Güter und Dienstleistungen angeboten und nachgefragt, die wiederum als Investitionsgut zur Herstellung von anderen Produkten dienen oder als Vorprodukt in den Produktionsprozess einfließen. Je nach Beschaffenheit kann das Unternehmen wiederum direkt nachfragen oder seine Industriegüter bei Zwischenhändlern beziehen. Auf **Handelsmärkten** werden Produkte ein- und ohne weitergehende Transformation weiterverkauft. Ein Unternehmen kann beispielsweise Fertigprodukte hinzukaufen und unverändert weiterverkaufen, wenn es dadurch sein Portfolio vervollständigen kann. Auch im Falle einer klassischen **„Make-or-Buy"-Entscheidung** kann sich ein Anbieter für den Zukauf von Fertigwaren entscheiden, wenn er beispielsweise selbst nicht in der Lage ist, zu marktgerechten Preisen zu fertigen und anzubieten.

Auf **Märkten öffentlicher Institutionen** fragen Einrichtungen wie Altenheime, Krankenhäuser, Kindergärten oder Schulen Güter und Dienstleistungen nach, die sie für ihre Aufgabenerfüllung benötigen, beispielsweise Betten für Alten- oder Pflegeheime beziehungsweise für Krankenhäuser oder Mobiliar für Kindergärten und Schulen. Der **Staat tritt ebenfalls als Nachfrager** auf, wenn er die zur Erstellung öffentlicher Güter benötigten (Vor-)Produkte oder Leistungen einkauft. Dies kann beispielsweise Sicherheitsausrüstung für Polizei oder Militär sein oder auch Bauleistungen zur Erstellung von Infrastruktur oder öffentlichen Gebäuden. Auf **internationalen Märkten** schließlich fragen Abnehmer in anderen Ländern Produkte und Dienstleistungen nach; auch hier lassen sich Verbraucher, Industrie, Handel und staatliche Stellen und damit entsprechende Märkte unterscheiden.

3. Auch außerhalb seiner Organisationsstruktur besteht das Unternehmensumfeld aus Akteuren, die die Fähigkeiten des Managements beeinflussen, erfolgreiche und dauerhafte Geschäftsbeziehungen mit den Kunden der Zielgruppen aufzubauen und aufrechtzuerhalten. Zum Mikro-Umfeld gehören neben weiteren Gruppen auch Teile der Öffentlichkeit, die ein aktuelles oder potenzielles Interesse an oder einen Einfluss auf das Handeln und die Zielerreichung des Unternehmens haben. Im Folgenden werden sieben Teilöffentlichkeiten unterschieden.

Aus dem **Finanzsektor** beeinflussen unter anderem Banken und Aktionäre die Möglichkeiten für ein Unternehmen, sich Finanzmittel zu beschaffen. Mittelbar steuern sie damit – etwa über Risikoeinschätzungen – die Fähigkeit des Anbieters, Investitionen zu tätigen oder beeinflussen die Rentabilität geplanter Maßnahmen. Zum **Mediensektor** gehören vor allem Zeitungen und Zeitschriften, Hörfunk und Fernsehen und das Internet, letzteres mit einer in den vergangenen Jahren sprunghaft gestiegenen Bedeutung. In den Medien werden Nachrichten sowie alle Arten von Informationen, aber auch Meinungen veröffentlicht, die durch ihre Breitenwirkung meinungsbildend beim Adressaten wirken und damit Einstellungen zur Branche oder zum Unternehmen bilden und verändern können. Der **Staat** bildet durch den von ihm vorgegebenen Rechtsrahmen eine weitere Teilöffentlichkeit, mit der der Anbieter interagiert. Zum einen muss er die vorgegebenen Rahmenbedingungen, beispielsweise in Bezug auf Produktsicherheit und Verbraucherschutz, einhalten, zum anderen kann er auch über Lobbyarbeit versuchen, gestaltend bei der Richtliniengebung mitzuwirken. **Bürgerinitiativen** können Marketingentscheidungen eines Unternehmens beeinflussen oder angreifen. Aus diesem Grund sollte das Unternehmen den Kontakt zu Verbrauchergruppen, Umweltschützern, Minderheitenvertretungen und zu weiteren relevanten Gruppierungen suchen und pflegen, um einen Teil potenzieller Konflikte bereits im Vorfeld zu entschärfen.

Lokale Interessengruppen können kommunale Organisationen oder die Anwohner sein. Mit wachsender Unternehmensgröße wird in der Regel auch die Nachbarschaft eines Unternehmens stärker von der unternehmerischen Tätigkeit betroffen sein, sei es durch erhöhten Lieferverkehr, durch ausgeweitete Produktionszeiten oder durch allgemeine Lärmbelästigung. Mit zunehmender Urbanisierung befinden sich Unternehmen, die sich zum Zeitpunkt ihrer Gründung in Randlagen oder an entlegenen Standorten angesiedelt haben, oft nahe an oder mitten in Wohngebieten – mit allem Konfliktpotenzial, das eine solche Nähe birgt. Anbieter sollten daher eine Stelle einrichten, die als Ansprechpartner für solche lokale Interessenlagen fungiert. Das Bild eines Unternehmens in der **allgemeinen Öffentlichkeit** beeinflusst in starker Weise das Kaufentscheidungsverhalten der aktuellen und potenziellen Kunden. Unternehmen sollten daher ihren Auftritt in der Öffentlichkeit professionell steuern – etwa durch eine Abteilung Öffentlichkeitsarbeit –, um nicht nur über das eigene Angebot, sondern auch über gesellschaftspolitisches, umweltrelevantes oder lokales Engagement zu informieren. Die solchermaßen erzeugte Aufmerksamkeit kann die Wahrnehmung eines Unternehmens in der öffentlichen Meinung entscheidend prägen. Zur **unternehmensinternen Öffentlichkeit** gehören die Mitarbeiter und ihre Vertretung (Betriebsrat), das Management und leitende Angestellte. In vielen Unternehmen werden diese Gruppen durch Mitarbeiterzeitschriften über Produkte, Aktionen, Engagements und Einstellungen des eigenen Arbeitgebers informiert. Auf diese Weise soll die Motivation gesteigert und eine positive Einstellung nach außen in die externe Öffentlichkeit getragen werden.

Alle genannten Teilöffentlichkeiten können gezielt und mit eigenen Marketingplänen bearbeitet werden. In manchen Fällen geht es darum, eine positive Grundeinstellung zu erzeugen, manchmal jedoch auch um ein konkretes soziales Engagement.

4. Die Marketingfunktion in einem Unternehmen kann nicht losgelöst von anderen Abteilungen oder von externen Akteuren agieren. Sie befindet sich in einem komplexen, von ständigen Veränderungen geprägten Umfeld, das in der Lage ist, die Zielerreichung des Unternehmens und speziell des Marketing zu beeinflussen, nämlich Zielgruppen zu identifizieren, Kontakt aufzunehmen und diesen durch Schaffung von Kundennutzen zu Geschäftsbeziehungen auszubauen. Der Erfolg eines Unternehmens hängt jedoch nicht nur von den Aktivitäten des Marketing ab, sondern auch von weiteren Akteuren seines Mikro-Umfelds. Dies sind die anderen Abteilungen des Unternehmens, seine Lieferanten, die Marketingmittler, die Kunden beziehungsweise Märkte, die Mitbewerber sowie die Teilbereiche der Öffentlichkeit. Alle diese Gruppen sind direkt oder indirekt in der Lage, die unternehmerische Tätigkeit und ihren Erfolg zu beeinflussen und bilden gemeinsam das Wertschöpfungsnetzwerk eines Anbieters.

5. Veränderungen eines oder weniger Parameter, beispielsweise das Bestellverhalten der Kunden, können oft Auswirkungen auf alle anderen Bereiche im Mikro-Umfeld eines Unternehmens haben. Dies sei am Beispiel eines Bekleidungsherstellers illustriert.

In den vergangenen Jahren hat das Internet in vielen Bereichen des Lebens einen wichtigen Platz errungen. Es wird viel über elektronische Medien kommuniziert, soziale Netzwerke erfreuen sich größter Popularität und vor vielen Kaufentscheidungen kann im Internet eine Preisrecherche durchgeführt werden, was zu erhöhter Markttransparenz geführt hat. Bestellungen über Internet-Plattformen steigen stark an und beeinflussen damit das gesamte Wertschöpfungsnetzwerk eines Herstellers, insbesondere die Marketingmittler (Handel, Logistikbranche, Dienstleistungsunternehmen und Finanzinstitutionen).

Im Falle eines Bekleidungsherstellers ist der klassische Absatzmittler, also der Handel, bei steigenden Bestellungen über das Medium Internet von sinkender Kundenfrequenz in seinen Geschäften betroffen. Bestellungen über Internet-Plattformen gehen an ihm vorbei, entweder direkt zu den Online-Shops der Hersteller (die damit einen neuen Absatzkanal eröffnen) oder aber zu spezialisierten Online-Händlern. Im Flächengeschäft macht sich diese Entwicklung somit unmittelbar bemerkbar.

Mit der steigenden Zahl der Online-Käufe verzeichnet auch die Logistikbranche ein überdurchschnittliches Wachstum; doch nicht nur die Auslieferungsaufträge steigen, auch die Abwicklung im Falle von Rücksendungen verursacht tiefgreifende interne Veränderungen in anderen Unternehmensbereichen (interne Logistik, Auftragsabwicklung). Der Kunde hat die Möglichkeit, das Bekleidungsstück bei Nichtgefallen oder bei falscher Größe binnen vierzehn Tagen zurückzusenden. Hat er bei Unsicherheit gleich zwei verschiedene Größen bestellt, wird er mit Sicherheit mindestens ein Stück retournieren. Hier sieht sich der Bekleidungshersteller mit neuen Anforderungen konfrontiert. Gab es im klassischen Handelsgeschäft Retouren lediglich durch Kollektionswechsel oder Reklamationen, so wird das Retourenhandling nunmehr zum Teil der normalen Geschäftstätigkeit. Rücksendungen müssen erfasst und Kunden zugeordnet werden, sie müssen auf Vollständigkeit und Unversehrtheit geprüft, neu verpackt und wieder eingelagert werden. Das Rechnungswesen muss unmittelbar auf kunden- und artikelbezogene Änderungen reagieren und Kundenkonten kurzfristig aktualisieren.

Werbeagenturen müssen neue Wege zum Kunden finden, um dem geänderten Kaufverhalten Rechnung zu tragen. Die klassische Werbung für hochwertige Herrenbekleidung – etwa im Bekleidungshaus oder im regionalen Umfeld mit Bezug zu einem Handelshaus – muss durch eine auf den Internetkäufer abgestimmte Ansprache ergänzt werden.

Aus finanzieller Hinsicht steigt durch eine erhöhte Versandaktivität in Folge steigender Bestellungen über Internetplattformen das Risiko von Zahlungsausfällen, was wiederum Banken oder Versicherungen aufmerksam verfolgen und in ihrer Risikobewertung berücksichtigen werden. Bei Geschäften über den traditionellen Handel sind die Geschäftspartner des Herstellers in der Regel bekannt. Es handelt sich um eine begrenzte Zahl an Einkaufsverbänden oder Bekleidungshäusern, die im Falle von Zahlungsverzug schnell identifiziert und erinnert werden können. Im Falle einer Onlineversand-Aktivität durch den Hersteller selbst steigt – anders als bei der „Zug-um-Zug"-Abwicklung am **Point of Sale (PoS)** – das Risiko beträchtlich. Zwar ist jeder einzelne Zahlungsausfall in der Höhe begrenzt, doch das Unternehmen sieht sich einer sehr großen Zahl an Endkunden gegenüber, die in der Regel unbekannt sind und potenziell ausfallen könnten.

6. a) Falsch: Das Marketing interagiert in einem komplexen Umfeld, welches ständigen Veränderungen unterworfen ist, die berücksichtigt werden müssen.

b) Richtig.

c) Richtig.

d) Falsch: Zum Mikro-Umfeld gehören auch Teile der Öffentlichkeit, die Einfluss auf das unternehmerische Handeln haben können, zum Beispiel Banken, Medien, lokale Interessengruppen oder die Öffentlichkeit ganz allgemein.

e) Falsch: Auf dem Weg zum Kunden bedient sich ein Anbieter der Absatz- oder Marketingmittler, beispielsweise des Handels, nicht aber seiner Lieferanten.

7. Das Handeln aller Unternehmen und Organisationen findet in einem großen gesamtwirtschaftlichen Zusammenhang statt, der einerseits Chancen bietet, aber auch Risiken birgt. Aufgabe des Marketing ist es, die Veränderungen in diesem Makro-Umfeld zu erkennen und weitgehend zu antizipieren. Die wesentlichen Kräfte des Makro-Umfelds werden im Folgenden beschrieben.

Für die Aufgaben und Ziele des Marketing ist die **demografische Entwicklung** von größter Bedeutung. Sie stellt bevölkerungsrelevante Daten und deren Veränderungen wie Bevölkerungsgröße und -dichte, Struktur, Alter und Geschlecht, ethnische Gruppen und berufsgruppenbezogene Daten dar. Aus der Größe, Veränderung und Struktur einer Bevölkerung lassen sich wichtige Prognosen und Trends im Kaufverhalten oder allgemein in Lebensstilen und Verhaltensmustern ableiten. Die steigende Lebenserwartung und eine sinkende Geburtenrate in vielen Industrienationen führt beispielsweise in absehbarer Zeit zu einem Anstieg der „50 +"-genannten Bevölkerungsgruppe. Die zukünftigen Senioren werden in der Regel rüstiger, wohlhabender und mobiler sein als noch vor wenigen Jahrzehnten. Hieraus erwachsen neue Märkte, etwa für zielgruppengerechte Reisen, Outdoor-Kleidung oder für Wohnbedürfnisse. Auch ein sich änderndes Familienverständnis und ein höheres Bildungsniveau in der Bevölkerung sind Umfeldänderungen, die das marketinggesteuerte Unternehmen erkennen und berücksichtigen muss.

Der **ökonomische Rahmen** als weitere Komponente des Makro-Umfelds beeinflusst Kaufkraft und Verbrauchsgewohnheiten der Kunden. Einkommenshöhe und -verteilung innerhalb der relevanten Zielgruppen sind für den Marketingverantwortlichen wichtige Kennzahlen, die die Marketingpläne beeinflussen können. Auch die unterschiedlichen Reaktionen im Kaufverhalten bei Änderungen der Rahmenbedingungen (z. B. einer globalen Wirtschaftskrise) sind wichtige Parameter für den wirtschaftlichen Erfolg des Unternehmens.

Der Schutz von **Natur und Umwelt** wird auf lange Sicht eines der wichtigsten Themen für Unternehmen und Öffentlichkeit bleiben. Im Fokus stehen vor allem die immer knapper werdenden natürlichen Rohstoffvorräte, die steigenden Energiekosten, die zunehmende Umweltverschmutzung sowie die umweltpolitischen Eingriffe durch Staaten oder supranationale Institutionen mit Richtlinienkompetenz. Das Bewusstsein, dass selbst Wasser und Luft keine unerschöpflichen Ressourcen sind, ist mittlerweile in den Köpfen und im Handeln der Verantwortlichen angekommen. Allgemein führt die Verknappung natürlicher Ressourcen zu steigenden Preisen. Unternehmen müssen Ersatzstoffe finden oder Technologiewechsel vorantreiben, um in dieser Situation nicht von der Entwicklung überrollt zu werden und schließlich unterzugehen, denn nicht immer können steigende Preise an den Markt weitergegeben werden. Auch der Anstieg der Energiekosten führt zu einer stärkeren Suche nach neuen Technologien; als Beispiel sei hier der Automobilsektor genannt. Rohöl als nicht erneuerbarer Rohstoff stellt hier und für das Wirtschaftswachstum allgemein den größten Engpass dar. Automobilkonzerne und private Initiativen arbeiten vor diesem Hintergrund verstärkt an der Erforschung alternativer Antriebstechnologien wie dem Auto mit Elektroantrieb[1], was gleichzeitig auch den nächsten Punkt berührt: Die steigende Umweltverschmutzung. Da den Konsumenten beim Kauf eines Autos immer noch andere Eigenschaften als etwa der CO_2-Ausstoß wichtig sind, greifen Auflagen oder Gesetze steuernd ein. Auch die Industrie muss mit immer strengeren Umweltauflagen leben (z. B. der Begrenzung des Schadstoffausstoßes für Produktionsanlagen), was neben Belastungen für die Unternehmen andererseits auch neue Märkte (Beratungsleistungen, Umwelt-Management etc.) entstehen lässt. Staatliche oder supranationale Regelungen, beispielsweise EU-Richtlinien, sollen helfen, die Umwelt-

1 Siehe P. Kotler, G. Armstrong, V. Wong und J. Saunders: Grundlagen des Marketing. München: Pearson 2011, Marketing-Highlight „Elektro-Autos auf dem Vormarsch", S. 235-239.

verschmutzung zu kontrollieren und einzudämmen. Die unterstellte soziale Verantwortung allein reicht bei den meisten Unternehmen nicht aus.

Im **technologischen Umfeld** liegt die wahrscheinlich stärkste gestalterische Kraft für die Zukunft, im positiven (Computer, medizinischer Fortschritt etc.) und im negativen (Kriegswaffen etc.) Sinne. Neue Technologien schaffen neue Märkte und damit Absatzmöglichkeiten; ebenso können sie bestehende Technologien ablösen und tief greifende branchenweite Veränderungen hervorrufen, wie es beispielsweise bei der Digitalfotografie der Fall war. Da Entwicklungszyklen immer kürzer werden, wird es für viele Branchen schwieriger, mit der Entwicklung Schritt zu halten. Branchenübergreifende Anwendungen bestimmter Technologien und ein hoher Kapitalbedarf für Forschung und Entwicklung führen zum Teil zur Bildung strategischer Allianzen zwischen Unternehmen, die so mit der gestiegenen Dynamik des technologischen Umfelds Schritt zu halten versuchen.

Eine Wirtschaft kann ohne ein Mindestmaß an Gesetzen und Regularien nicht auskommen. Oft dienen diese Vorschriften der Stärkung des Wettbewerbs und der Schaffung fairer Marktrahmenbedingungen. Neben der wirtschaftsrelevanten Gesetzgebung gehören auch Behörden und politische Gruppen, die den Bürger oder Organisationen in einer Gesellschaft in ihren Entscheidungen beeinflussen oder einschränken können, zum **politischen Umfeld** ebenso wie Interessenverbände, zum Beispiel Verbraucherschutzorganisationen.

Im **kulturellen Umfeld** steht das Unternehmen Institutionen und anderen die Grundwerte der Gesellschaft prägenden Kräften gegenüber. Es muss verstehen, wie Wahrnehmungen und Präferenzen das Verhalten prägen. Besonders groß können diese Unterschiede etwa zwischen Bewohnern verschiedener Länder oder zwischen unterschiedlichen ethnischen Gruppen sein. Grundüberzeugungen und Werte, die von Eltern an ihre Kinder weitergegeben werden, festigen sich mit fortschreitender Sozialisation, beispielsweise durch die Schule, das Berufsleben oder durch den Staat. Für ein einzelnes Unternehmen ist es sehr schwer, diese Wertvorstellungen zu ändern, da sie in der Regel einen langen Zeitraum überdauern. Ändern sie sich jedoch im Laufe der Zeit, ist es Aufgabe des Marketingexperten, dies so früh wie möglich zu erkennen und entsprechend zu reagieren.

Für jedes Unternehmen gilt es, einen eigenen Weg zu finden, mit dem Marketingumfeld umzugehen. Manche nehmen Veränderungen als unvermeidlich wahr und stellen sich entsprechend darauf ein; andere Firmen werden versuchen, proaktiv an bestimmten Trends oder Veränderungen mitzuwirken und diese in ihrem Sinne zu beeinflussen.

8. Die wirtschaftsrelevante Gesetzgebung gehört zum politischen Rahmen, innerhalb dessen sich ein Unternehmen bewegt, und ist damit ein wichtiger Teil des Makro-Umfelds des Marketing. Da eine Gesellschaft ohne ein Minimum an gesetzlichen Regelungen nicht funktionieren kann, dienen die meisten der wirtschaftsrelevanten Gesetze und Vorschriften in erster Linie der Stärkung des Wettbewerbs, der Schaffung fairer Marktbedingungen oder dem Verbraucherschutz (z. B. das Produktsicherheitsgesetz). Das Regelwerk der Wirtschaftsgesetze ist deswegen so komplex, weil es zum einen auf verschiedenen Ebenen erlassen werden kann (kommunale Vorschriften, Landesgesetze, Bundesrecht, EU-Richtlinien), zum anderen einem permanenten Wandel durch Änderungen oder aktuelle Rechtsprechung unterworfen ist. Es gibt mehrere Gründe, warum die Regelungen in diesem Bereich so wichtig sind. Es geht um den **Schutz der Unternehmen untereinander**, um den **Schutz der Verbraucher vor unfairen Geschäftspraktiken** und um den **Schutz der Interessen der Gesellschaft**.

Unternehmen versuchen manchmal, den Wettbewerb, zu dem sie sich grundsätzlich bekennen, untereinander auszuschalten, wenn dieser aus ihrer Sicht unerwünschte Effekte, beispielsweise einen Preisverfall, mit sich bringen würde. Hier wachen staatliche Stellen und ähnliche Einrichtungen (in Deutschland z. B. das Bundeskartellamt, im Bereich der EU der zuständige Wettbewerbskommissar) über das **uneingeschränkte Funktionieren von Angebot und Nachfrage**. Eine mögliche Behinderung des Wettbewerbs wäre etwa die Ausnutzung von Marktmacht eines großen Anbieters oder geheime Preisabsprachen mehrerer Anbieter untereinander. Würden sich in einem Stadtgebiet drei Großbäckereien, die gemeinsam 80 Prozent Marktanteil auf sich vereinen, verbotenerweise darauf einigen, Brot nicht unter einem bestimmten Preis an den Verbraucher zu verkaufen, würden sie in unzulässiger Weise den Markt abschöpfen und den Wettbewerb ausschalten. Würden sie umgekehrt einen oder mehrere kleinere Wettbewerber gezielt aus dem Markt drängen wollen, weil diese sich immer wieder durch innovative Aktionen oder durch neue Brotvarianten positionieren, könnten die Großbäckereien Höchstpreise für ihr Brot festlegen und durch Ausnutzung ihrer Marktmacht versuchen, den oder die kleineren Konkurrenten zum Aufgeben zu zwingen.

Ein weiterer Grund für wirtschaftsrelevante Regulierung ist **der Schutz der Verbraucher vor unlauteren Geschäftspraktiken**. Dies könnte etwa der Verkauf fehlerhafter oder gar gefährlicher Elektronikprodukte oder irreführende Werbung mit falschen Nutzenversprechen sein. Dieser Eingriff in die freie und ungehinderte Geschäftsausübung der Anbieter erfolgt nach einer Abwägung mit dem Interesse des Verbrauchers beziehungsweise der Gesellschaft allgemein an sicheren Produkten oder an wahren Werbeaussagen, wobei letztere Werte als prioritär eingestuft werden. Wenn etwa die Produkte eines Herstellers von Elektroinstallationszubehör (Lichtschalter, Dimmer, Steckdosen etc.) nicht mehr den für das Inverkehrbringen in Deutschland erforderlichen Vorschriften (wie etwa VDE-Normen) entsprechen, der Anbieter seinen Kunden aber weiterhin durch Verwendung entsprechender Prüfzeichen Konformität suggeriert, so drohen ihm durch entsprechende Gesetze Konsequenzen, die etwa im Produktsicherheitsgesetz (ProdSG) in Bußgeld- und Strafvorschriften geregelt sind.

Schließlich ist auch das **schutzbedürftige Interesse des Gemeinwohls** ein Grund für Gesetze und Vorschriften, die das unternehmerische Handeln beschränken können, nämlich immer dann, wenn Unternehmenstätigkeit (z. B. Produktion von Gütern) die Lebensqualität Dritter einschränkt, ohne dass die so entstehenden sozialen Kosten vom Unternehmen getragen oder an seine Kunden weitergegeben werden. Ein Industriebetrieb, der schädliche Emissionen verursacht, beeinträchtigt die Lebensqualität der von der Luftverschmutzung betroffenen Menschen, ohne dass diese negativen externen Effekte in der Vergangenheit vom Unternehmen berücksichtigt (internalisiert) worden wären. Eine Reaktion zur Einschränkung dieser unerwünschten Auswirkungen ist zum Beispiel die Einführung des Emissionsrechtehandelssystems in der EU im Jahre 2005 gewesen, durch das den Unternehmen Emissionsberechtigungen („Recht zur Umweltverschmutzung") zugeteilt werden, deren Gesamtsumme ein definiertes, für die Allgemeinheit erträgliches Niveau nicht überschreitet. Benötigt das Unternehmen mehr Emissionsrechte, kann es diese hinzukaufen, nicht benötigte Rechte können wiederum verkauft werden. Eine solche Regelung dient durch die Festlegung einer Gesamtausstoßmenge dem Gemeinwohl und soll gleichzeitig diejenigen Unternehmen belohnen, die weniger Schadstoffe ausstoßen, etwa weil sie Filter eingebaut haben. Wenn ein Landwirt in der Nähe einer Trinkwassertalsperre Pestizide auf seinen Feldern zur Schädlingsbekämpfung ausbringt und in Folge eine erhöhte Pestizidbelastung im Trinkwasser der durch die Talsperre versorgten Städte auftritt, so wiegt das Interesse der Allgemeinheit an sauberem Trinkwasser höher als der Erfolg der Schädlingsbekämpfung für den Landwirt (Allgemeininteresse > Individualinteresse).

9. a) Richtig.

b) Falsch: Durch regulierende Vorschriften soll in aller Regel der freie Marktzugang garantiert, soll starker Wettbewerb ermöglicht und sollen faire Marktbedingungen geschaffen werden, in denen sich jedes Unternehmen durch Generierung strategischer Vorteile erfolgreich betätigen kann.

c) Richtig.

d) Richtig.

5 Das Kaufverhalten der Konsumenten

Ein **Konsumgütermarkt** besteht aus Gütern und Dienstleistungen für den persönlichen Ge- und Verbrauch. Um erfolgreiche Marketingstrategien und -maßnahmen entwickeln zu können, müssen Unternehmen zunächst das Konsumentenverhalten in ihrem Markt verstehen. Wie Konsumenten Marketingreize und andere Stimuli in konkretes Kaufverhalten umwandeln, ist zentrales Erkenntnisziel der Konsumentenverhaltensforschung.

Die Reaktion von Konsumenten auf die Produkte und das Marketing eines bestimmten Anbieters hängt von diversen **käuferbezogenen Einflussfaktoren** ab:

- Kulturelle Faktoren: Kultur, Subkultur und soziale Schicht
- Soziale Faktoren: (Referenz-)Gruppen, Familie, Rolle und Status
- Persönliche Faktoren: Alter und Lebensphase, Beruf, finanzielle Situation, Lebensstil, Persönlichkeit und Selbstbild
- Psychologische Faktoren: Motivation, Wahrnehmung, Lernen und Einstellungen

Diese Faktoren bestimmen zusammen mit den Marketingreizen und weiteren Stimuli aus dem Umfeld den Kaufentscheidungsprozess eines Verbrauchers. Grundsätzlich lassen sich vier **Arten von Kaufentscheidungen** differenzieren, die zunächst nach dem Grad des Involvements zu unterscheiden sind. Low Involvement-Entscheidungen in Kategorien mit geringen Markenunterschieden führen zu einem habitualisierten Kaufverhalten; liegen größere Unterschiede zwischen den Angeboten vor, kommt es in der Regel zu Variety Seeking. Bei wichtigen, komplexeren Kaufentscheidungen – sprich in High Involvement-Situationen – unterscheidet man zudem zwischen Dissonanz reduzierendem (bei geringen Markenunterschieden) und komplexem Kaufverhalten (bei großen Markenunterschieden).

Die Art der Kaufentscheidung bestimmt zudem, ob und wie intensiv die folgenden **Stufen des Kaufentscheidungsprozesses** durchlaufen werden:

- Wahrnehmung des Bedarfs
- Informationssuche
- Bewertung der Alternativen
- Kaufentscheidung
- Verhalten in der Nachkaufphase

Bei **Neuprodukten** gibt es ebenfalls einen **typischen Prozess**, der sich in die Phasen Kenntnis, Interesse, Bewertung, Test und Adoption unterteilt. Auch dieser Prozess hängt stark von persönlichen, sozialen und produktbezogenen Einflussgrößen ab.

International tätige Unternehmen müssen nicht nur die Konsumenten in einem Markt, sondern in vielen unterschiedlichen Märkten verstehen. Trotz der Globalisierung können sich die Werte, Einstellungen und Verhaltensweisen international stark voneinander unterscheiden. Diese Unterschiede gilt es im internationalen Marketing bestmöglich zu berücksichtigen.

Fragen und Aufgaben

1. Geben Sie eine kurze Definition des Begriffs „Konsumentenverhalten". Warum ist es für Unternehmen wichtig, das Kaufverhalten ihrer Zielgruppen zu verstehen?

2. Bitte erläutern Sie kurz das Modell des Konsumentenverhaltens. Stellen Sie sich dabei vor, Sie möchten ein Auto kaufen.

3. Welche der folgenden Aussagen zu den Begriffen „Kultur" und „Subkultur" ist richtig, welche falsch?

a) Kulturelle Werte und Einstellungen sind weitgehend angeboren.

b) Kulturelle Werte sind relativ stabil.

c) Subkulturen stellen immer sehr kleine Zielgruppen dar.

d) Die Begriffe „Subkultur" und „soziale Schicht" sind Synonyme.

4. Sie sind Marketingverantwortlicher für High End-Tablet-Computer. Wie schätzen Sie die Bedeutung von Meinungsführern in Ihrer Produktkategorie ein und wie können Sie diese im Rahmen Ihres Marketing nutzen?

5. Ist die folgende Aussage richtig oder falsch?

Ein zentraler Unterschied zwischen Konsumenten- und Business-to-Business-Märkten ist, dass in ersteren immer nur eine Person an einer Kaufentscheidung beteiligt ist, wohingegen bei organisationalen Kaufentscheidungen in der Regel mehrere Personen Mitspracherecht besitzen.

6. Bitte erläutern Sie kurz die Sinus-Milieus®. In welches Milieu würden Sie sich selbst einordnen?

7. Stellen Sie sich vor, Sie möchten sich eine neue Armbanduhr kaufen. Bitte erklären Sie den Zusammenhang zwischen Persönlichkeit, Selbstkonzept und Markenpersönlichkeit an diesem Beispiel. Welche Potenziale ergeben sich für das Marketing?

8. Sie absolvieren ein Praktikum bei einem großen Hersteller von Milchprodukten, der aufgrund der starken Konkurrenz mit stagnierenden Umsätzen zu kämpfen hat. Welche Art von Kaufentscheidungen vermuten Sie bei Milchprodukten? Welche Marketingmaßnahmen schlagen Sie vor, um den Umsatz wieder zu steigern?

9. Sie möchten sich ein neues Smartphone kaufen.

a) Welche Phasen des Kaufentscheidungsprozesses werden Sie typischerweise durchlaufen?

b) Die Attribute „Preis“, „Akkulaufzeit“, „Display-Größe“ und „Speicherplatz“ sind Ihnen bei einem Smartphone besonders wichtig. Die folgende Tabelle zeigt diese Eigenschaften sowie Ihre Bewertung für die engere Auswahl, die aus jeweils einem Modell von Apple, Samsung, Nokia und HTC besteht (1 = niedrigste Merkmalsausprägung, 10 = höchste Merkmalsausprägung). Zudem geht aus der Tabelle die Wichtigkeit der vier Merkmale hervor. Welches Modell würden Sie wählen, wenn das Erwartungswertmodell Ihrer Entscheidung zugrunde liegt?

	Attribute (Wichtigkeit)			
Smartphone	Preis (0,1)	Akkulaufzeit (0,2)	Display-Größe (0,4)	Speicherplatz (0,3)
Apple	2	6	8	9
Samsung	4	6	10	8
Nokia	6	7	7	5
HTC	10	6	4	4

c) Würden Sie anders entscheiden, wenn Sie das disjunktive Modell für Ihre Entscheidungsfindung anwenden würden? (Annahme: Bewertung des Preises mit Mindestwert von 6 und der Akkulaufzeit mit Mindestwert von 7).

10. Welche zentralen Einflussfaktoren auf den Kaufentscheidungsprozess bei neuen Produkten kennen Sie?

Lösungshinweise

1. Der Begriff „Konsumentenverhalten“ bezieht sich auf das **Kaufverhalten der Endverbraucher**. Bei Endverbrauchern handelt es sich um Einzelpersonen und Haushalte, die Güter und Dienstleistungen **zum persönlichen Ver- oder Gebrauch** kaufen. Das Kaufverhalten von Organisationen (Unternehmen, öffentliche Institutionen, Vereine etc.) fällt nicht unter den Begriff des Konsumentenverhaltens. Der **Konsumentenmarkt** besteht aus der Gesamtheit dieser Endverbraucher.

Ziel jeglicher Marketingaktionen ist die **Beeinflussung** des Konsumentenverhaltens. Die Käufer können aber nur dann gezielt beeinflusst werden, wenn das Unternehmen versteht, wie und aus welchen Gründen seine Zielgruppe auf Marketingmaßnahmen, wie die Produktgestaltung, die Kommunikation oder die

Preissetzung, reagiert. Für ein zielgerichtetes erfolgreiches Marketing ist es daher unabdingbar, über ein Grundverständnis der Bedürfnisse, Einstellungen, Werte und typischen Verhaltensweisen der Zielgruppe zu verfügen.

2. In der Marketingforschung wird häufig auf das **Stimulus-Response-Modell** zurückgegriffen, um das Konsumentenverhalten zu erklären. Der **Stimulus** bildet dabei die Marketingmaßnahmen sowie weitere Stimuli beziehungsweise Reize aus dem Umfeld des Käufers ab.

Wenn Sie ein Auto kaufen möchten, wirkt der Marketing-Mix verschiedener Automobilhersteller auf Sie ein. Dazu gehören die verschiedenen Automodelle an sich, die Werbung der Hersteller, Preisaktionen sowie gegebenenfalls die Verfügbarkeit der Modelle in Ihrem näheren Umfeld. Zudem können Stimuli aus dem Makro-Umfeld (Politik, Wirtschaft, Technologie und Kultur) Ihre Kaufentscheidung beeinflussen. Steueranreize oder hohe Benzinpreise können Sie beispielsweise dazu bewegen, ein Modell mit niedrigem Verbrauch zu wählen.

Wie und aus welchen Gründen Sie auf die Stimuli reagieren, hängt von psychografischen Merkmalen (wie Persönlichkeit und Einstellungen) und der Entscheidungsfindung des Käufers ab. Normalerweise kann das Unternehmen nur erkennen, wie sich die Konsumenten verhalten, zum Beispiel ob sie nach einer Preissenkung mehr Automobile kaufen. Die Gründe für ein bestimmtes Verhalten bleiben im Verborgenen. Für das Marketing ist es aber enorm wichtig zu verstehen, wie Stimuli in den Köpfen der Konsumenten in Verhalten umgesetzt werden, da sie nur dann optimale Marketingmaßnahmen entwickeln können. Es werden daher häufig entsprechende Marktforschungen durchgeführt, um die Konsumentenreaktionen besser prognostizieren zu können.

Beim Autokauf spielt es beispielsweise eine Rolle, ob Autos für Sie ein Statussymbol darstellen, ob Sie sehr preisorientiert, umweltbewusst oder hedonistisch veranlagt sind oder ob Sie mehr Wert auf Fahrspaß oder Bequemlichkeit legen. Eigene Produkterfahrungen oder Erfahrungen von Familie und Freunden fließen ebenfalls in Ihren Entscheidungsprozess ein.

Nachdem die Stimuli vom Konsumenten verarbeitet wurden, steht am Ende der Reaktionskette das **beobachtbare Verhalten**, also die **messbare Reaktion** des Käufers. Hierzu zählen die Wahl eines Produktes, einer Marke oder eines Händlers sowie der Zeitpunkt des Kaufs und die Kaufmenge.

Im Falle des Autokaufs werden Sie also letztendlich von einer bestimmten Marke ein bestimmtes Modell bei einem bestimmten Händler kaufen. Der Zeitpunkt des Kaufs wird gegebenenfalls noch von Faktoren wie bestimmten Verkaufsförderungsaktionen oder der Budgetverfügbarkeit abhängen. Die Frage der Kaufmenge stellt sich beim „normalen" Autokauf nicht wirklich – in anderen Kategorien kann es aber zum Beispiel zu Vorrats- beziehungsweise zu „Hamsterkäufen" kommen.

3. a) Falsch: **Kultur ist nicht angeboren**, sondern wird **erlernt**, sprich von der Familie und anderen wichtigen Bezugsgruppen an die Kinder weitergegeben.

b) Richtig.

c) Falsch: **Subkulturen** sind zwar Gruppen von Menschen innerhalb einer Kultur, doch können diese durchaus sehr groß sein. Subkulturen werden durch ein auf **gemeinsamen Lebenserfahrungen** und -situationen basierendes Wertesystem charakterisiert. Subkulturen sind zum Beispiel unterschiedliche Nationalitäten, Religionen, ethnische Gruppen oder geografische Regionen. In Deutschland leben zum Beispiel 2,5 Millionen Menschen mit türkischen Wurzeln und stellen damit eine signifikant große Bevölkerungsgruppe dar. Subkulturen können aber auch unabhängig von der Nationalität oder ethnischen Zugehörigkeit entstehen. Ein Beispiel sind die sogenannten LOHAS (Lifestyle of Health and Sustainability), deren Konsum und Lebensstil durch Gesundheit, Nachhaltigkeit und Verantwortungsbewusstsein, jedoch auch durch Genussorientierung, Individualität und Qualitätsorientierung geprägt sind.

d) Falsch: Auch die Mitglieder einer **sozialen Schicht** oder einer Klasse teilen gemeinsame Werte, Interessen und Verhaltensweisen. Diese werden aber vor allem durch die **Kriterien „Einkommen“**, **„Beruf“**, **„Ausbildung“** und/oder **„Vermögen“** determiniert. Zur oberen Mittelschicht gehören zum Beispiel nach der sozioökonomischen Gruppierung der Gesellschaft Großbritanniens unter anderem Mitarbeiter im höheren Management und Unternehmenseigner; zur unteren Mittelschicht Meister und qualifizierte Bürokräfte. Soziale Schicht und Subkultur sind folglich nicht gleichzusetzen.

4. Referenzgruppen dienen Konsumenten als **Bezugspunkt** für ihre **Einstellungs-, Werte-** und **Verhaltensbildung**. Im Unterschied zur Zugehörigkeitsgruppe gehört die betreffende Person der Referenzgruppe gar nicht selbst an. Referenzgruppen fungieren vielmehr als **Vorbilder**, mit denen sich Individuen identifizieren und deren Verhaltensweisen und Lebensstile nachgeahmt werden. Häufig werden auch Einstellungen und Meinungen der Referenzgruppe(n) übernommen. Dies beeinflusst das Konsumentenverhalten, da Konsumenten versuchen, über ihre Produkt- und Markenwahl ihre **Zugehörigkeit zur Referenzgruppe** zu signalisieren.

Der Einfluss von Referenzgruppen variiert allerdings erheblich in Abhängigkeit von der **Produktkategorie**. Der Kauf von notwendigen Gütern, die privat konsumiert oder genutzt werden (z. B. Lebensmittel und Haushaltswaren), ist selten Referenzgruppen-Einflüssen ausgesetzt. Je luxuriöser ein Gut ist und je öffentlicher es konsumiert wird, sprich je auffälliger der Ver- beziehungsweise Gebrauch ist, desto stärker wird die Produkt- und Markenwahl durch relevante Dritte beeinflusst.

Diese Aspekte müssen Sie bei der Konzeption Ihrer Marketingstrategie berücksichtigen. Da Tablet-Computer auch in der Öffentlichkeit genutzt werden und sich nicht jeder solch ein modernes Gerät leisten kann, ist von einem **hohen Referenzgruppeneinfluss** bei der Kaufentscheidung Ihrer Zielgruppe auszugehen. Sie müssen daher versuchen, insbesondere die Meinungsführer der Referenzgruppe gezielt anzusprechen und für Ihre Marke zu gewinnen. **Meinungsführer** sind Personen innerhalb einer Referenzgruppe, die aufgrund besonderer Fähigkeiten, ihres Wissens, ihrer Persönlichkeit oder anderer Eigenschaften einen besonders starken Einfluss auf die anderen Gruppenmitglieder ausüben. Wenn es Ihnen also gelingt, diese – in der Regel sehr anspruchsvollen – Meinungsführer für Tablets zu identifizieren und durch besondere Marketingmaßnahmen für Ihr Produkt zu begeistern, können Sie einen Multiplikator-Effekt in der Zielgruppe erreichen. Dies können zum Beispiel berühmte Technik-Blogger oder „hippe" Zielgruppen wie Werber, Medienleute und Designer sein, die ihre Tablets als Statussymbole und Lifestyle-Produkte nutzen. Geeignete Maßnahmen könnten exklusive Szene-Events oder persönliche, hochwertige Mailings sein.

Auch das **Internet** bietet vielfältige Möglichkeiten für ein gezieltes Meinungsführer-Marketing. In **sozialen Netzwerken** wie Facebook können besonders schnell virale Effekte entstehen. Wenn zum Beispiel ein Meinungsführer durch einen Klick auf den „I like"-Button signalisiert, dass ihm der Tablet-Computer gefällt, erhalten all seine Freunde eine entsprechende Benachrichtigung in ihrem sogenannten News Feed. Es kann daher sehr effizient sein, gezielt Personen mit Produktinteresse, großem Freundeskreis und weiteren Meinungsführereigenschaften in sozialen Netzwerken mit besonderen Aktionen anzusprechen, um von der „kostenlosen" Weiterempfehlung zu profitieren. Die Erzielung solcher **viraler Effekte** ist aber kein Automatismus oder Selbstläufer, sie erfordert Kampagnen mit einem gewissen „Aha-Effekt", der sich vorab nur eingeschränkt planen lässt.

5. Falsch: Auch bei privaten Kaufentscheidungen üben häufig mehrere Personen einen mehr oder weniger starken Einfluss aus. Diese Personen können unterschiedliche **Rollen** einnehmen, die stark an das Buying Center in Unternehmen erinnern. Sie können den Kaufentscheidungsprozess als **Initiator** anstoßen oder die Produktauswahl als **Influencer (Beeinflusser)** durch ihr Fachwissen oder ihre Produkterfahrung beeinflussen. Der **Decider (Entscheider)** trifft die finale Entscheidung. Dieser muss nicht deckungsgleich mit dem tatsächlichen **Buyer (Käufer)**, der den Kauf vornimmt, oder dem **User (Nutzer)** des Produktes beziehungsweise der Dienstleistung sein. Solch multipersonelle Entscheidungsprozesse kommen häufig vor, wenn es sich um teure beziehungsweise besonders wichtige Produkte handelt (z. B. Autos, Unterhaltungselektronik), sprich wenn das wahrgenommene Risiko des Kaufs hoch ist. Beim Kauf von Gütern des täglichen Bedarfs spielen Kinder häufig die Rolle von Beeinflussern oder Initiatoren.

Auch wenn es zutrifft, dass in **Organisationen** meist mehrere Personen in einen Beschaffungsprozess eingebunden sind (Buying Center), gibt es auch dort Kaufentscheidungen, die nur von einer Person verantwortet werden. Dies ist der Fall bei stark habitualisierten Käufen, die immer wieder getätigt werden (z.B. Druckerpapier für den Bürobedarf).

6. Die Sinus-Milieus® wurden vom Heidelberger Milieu- und Trendforschungsinstitut SINUS Sociovision als ganzheitliches Lebensstil-Modell entwickelt und basieren auf einer repräsentativen Befragung von jährlich 100.000 Personen. Die Sinus-Milieus zeigen Basis-Zielgruppen auf und dienen Marketingentscheidern damit als Grundlage zur differenzierten Beschreibung von Kundengruppen, zur gezielten Positionierung von Marken, Produkten und Dienstleistungen, zur Definition von Marktsegmenten für neue Produkte und Relaunches. Aufgrund des ganzheitlichen Ansatzes, ihrer umfassenden Einsatzmöglichkeiten sowie der jährlichen Aktualisierungen findet der Ansatz **breite Anwendung** – insbesondere bei Markenartiklern und in der Medien- und Werbebranche, aber auch in der Politik sowie bei Vereinen und Verbänden.

Grundsätzlich sind **Lebensstile** als gewisses Lebensschema und Verhaltensmuster, welche durch die Aktivitäten, Interessen und Meinungen einer Person zum Ausdruck kommen, definiert. Die Sinus-Milieus basieren auf diesem Grundkonzept, ergänzen es aber um weitere Dimensionen und Facetten, insbesondere um die soziale Lage sowie neben dem Lebensstil um die Wertorientierung und ästhetische Präferenzen. Grundlegende Werte gehen dabei ebenso in die umfassende Analyse ein wie Einstellungen zur Arbeit, zur Familie, zur Freizeit, zu Medien und zu Geld und Konsum.

Entlang der Hauptdimensionen „soziale Lage“ (Schichtachse) und „Grundorientierung“ (Werteachse) konnten auf Basis der Befragungsdaten in Deutschland **zehn Milieus** als „Gruppen Gleichgesinnter“ identifiziert werden. Diese Milieus beziehungsweise Segmente sind allerdings nicht vollkommen überschneidungsfrei, ihre Grenzen sind fließend. Zudem bedingen Wertewandel und soziökonomische Entwicklungen, dass die Milieus dynamisch sind: Milieus können sich im Zeitverlauf verändern, es können neue Milieus entstehen.

Die **soziale Lage** unterteilt sich in die Kategorien „Untere Mittelschicht/Unterschicht“, „Mittlere Mittelschicht“ und „Oberschicht/obere Mittelschicht“. Die **Grundorientierungen** sind nach SINUS Sociovision „Traditionelle Werte“ (Pflichterfüllung, Ordnung), „Modernisierung“ (Individualisierung, Selbstverwirklichung, Genuss) und „Neuorientierung“ (Multi-Optionalität, Experimentierfreude, Leben in Paradoxien). Je nachdem, in welche soziale Lage man fällt und wie modern die eigenen Werte sind, kann man sich einem der zehn Milieus zuordnen. Circa 15 Prozent der Deutschen gehören dem Milieu der „Traditionsverwurzelten“ an, sind also Bürger der Mittelschicht, die nach Sicherheit und Ordnung und nach traditionellen Werten streben. Dieses Milieu wird auch als Kleinbürgertum bezeichnet. Studierende sind überproportional in den Segmenten „Postmaterielle“, „Moderne Performer“ und „Experimentalisten“ vertreten. Sie entstammen häufig der Mittel- bis Oberschicht und teilen moderne bis postmoderne Werte.

7. Unter **Persönlichkeit** versteht man die einzigartigen psychologischen Eigenschaften eines Menschen, die zu relativ stabilen und vorhersehbaren Reaktionen auf das Umfeld beziehungsweise auf Reize aus dem Umfeld führen. Die verbreitete „Big Five“-Theorie der Persönlichkeit geht von fünf Hauptdimensionen der Persönlichkeit aus: Neurotizismus, Extraversion, Offenheit für Erfahrungen, Verträglichkeit und Gewissenhaftigkeit. Zudem wird die Persönlichkeit häufig mit Charakteristika wie Selbstvertrauen, Dominanz, Geselligkeit, Autonomie, Anpassungsfähigkeit, Zurückhaltung oder Aggressivität umschrieben.

Normalerweise haben Menschen ein ausgeprägtes Bild von sich selbst, das heißt unter anderem über ihre Eigenschaften, Fähigkeiten und Einstellungen. Das Wissen und die Wahrnehmung über die eigene Person werden auch als **Selbstkonzept** bezeichnet. Konsumenten versuchen sich in der Regel so zu verhalten, dass die Verhaltensweisen zu ihrem Selbstbild passen oder dieses noch verstärken. Eine besondere Rolle spielt dabei das sogenannte ideale Selbstbild, das beschreibt, wie man gerne sein möchte. Dies stimmt regelmäßig nicht mit dem aktuellen Selbstkonzept – also wie man sich selbst sieht – überein. Auch Abweichungen von der Wahrnehmung der eigenen Persönlichkeit durch Dritte sind die Regel.

Um das Konsumentenverhalten besser verstehen und prognostizieren zu können, versuchen Unternehmen die „typische" Persönlichkeit ihrer Zielgruppe zu ergründen und insbesondere auch die **Persönlichkeit ihrer Marke** entsprechend zu beeinflussen. Dahinter steht die Annahme, dass Konsumenten solche Marken wählen, die zu ihrer Persönlichkeit oder zu ihrem Selbstkonzept passen. Forscher haben herausgefunden, dass Konsumenten auch Marken menschliche Persönlichkeitsmerkmale zuschreiben. In einer Studie wurden fünf **Persönlichkeitseigenschaften** von Marken identifiziert: Aufrichtigkeit, Spannung, Kompetenz, Kultiviertheit und Rauheit. Neben der Identifikation der Persönlichkeitsmerkmale der Kunden und der eigenen Marke ist es für Unternehmen wichtig zu ergründen, ob das Kaufverhalten in der entsprechenden Produktkategorie eher vom aktuellen oder vom idealen Selbstkonzept bestimmt wird.

Nehmen wir an, Sie beschreiben Ihre Persönlichkeit als gesellig, gewissenhaft, aber auch als etwas zurückhaltend (aktuelles Selbstkonzept). Gerne würden Sie etwas selbstbewusster, lässiger und „frecher" wirken (ideales Selbstkonzept). Ihre Freundin hingegen schätzt Sie als besonders unaufdringliche, kompetente und kultivierte Person (durch Dritte wahrgenommenes Selbstkonzept). Wenn Sie sich selbst eine Uhr aussuchen, würden Sie vermutlich eine Uhr wählen, die Ihr angestrebtes Selbstkonzept unterstützt, also ein modernes Modell von Swatch oder Tommy Hilfiger. Ihre Freundin hingegen würde Ihnen vielleicht eher zu einer echten Klassiker-Uhr, von Omega oder Tag Heuer, raten, die aus ihrer Sicht Ihrer Persönlichkeit besser entspricht.

8. Kaufentscheidungen lassen sich danach kategorisieren, wie ausgeprägt die **Unterschiede zwischen den Marken** in einer Produktkategorie und das entsprechende **Involvement** bei einer Kaufentscheidung ist. Existieren große Unterschiede zwischen den verfügbaren Marken beziehungsweise Produkten – zum Beispiel hinsichtlich des Designs, Preises, der Qualität und der Ausstattung – spricht man in High Involvement-Situationen von einem komplexen Kaufverhalten. Dies liegt beim Kauf eines Automobils oder von Elektronik vor. Sind bei ebenfalls hohem Grad des Involvements die (beim Kauf sichtbaren) Unterschiede zwischen den Marken eher gering, liegt ein Dissonanz-reduzierendes Kaufverhalten vor. Dies dürfte beim Kauf von Fußbodenbelägen oder Versicherungen häufig der Fall sein.

Da Milchprodukte preisgünstige Güter des täglichen Bedarfs darstellen, kann jedoch davon ausgegangen werden, dass es sich um eine Low Involvement-Kaufentscheidung handelt: Das mit dem Kauf verbundene wahrgenommene Risiko beziehungsweise die persönliche Bedeutung des Kaufs sollte relativ gering sein. Zu differenzieren ist folglich noch danach, ob es geringe oder große Unterschiede zwischen den Marken gibt.

Betrachtet man die Milch der Molkerei, sind die Unterschiede mit Sicherheit relativ gering. Alle Anbieter haben unterschiedliche Fettgehalte und gegebenenfalls Haltbarkeitsstufen im Sortiment, doch darüber hinaus gibt es wenig Differenzierungspotenzial. So würden die meisten Verbraucher bei einer Blindverkostung wahrscheinlich keinerlei Unterschiede im Geschmack feststellen. Es liegt also eine **habitualisierte Kaufentscheidung** vor, was typisch für **alltägliche Gewohnheitskäufe** mit geringem Käuferengagement ist. Für diese Produkte scheuen Konsumenten in der Regel eine aufwendige Informationssuche und ausführliche Produktvergleiche. Häufig entscheidet man sich für Marken, die aus der Werbung bekannt sind. Die Konsumenten bilden keine explizite Markenpräferenz, sondern greifen zunächst eher zufällig (z. B. weil die Marke momentan stark beworben wird) und später aus Gewohnheit zu bestimmten Produkten.

In solchen Fällen, in denen keine ausgeprägte Markenbindung vorliegt, kann man also durch gezielte **Verkaufsförderungs-** und **Sonderangebotsaktionen** versuchen, die Kunden von der Konkurrenz wegzulocken. Zudem könnte man den **Werbedruck** erhöhen, falls die Markenbekanntheit der Molkerei in den letzten Jahren nachgelassen hat. Besonders gut eignet sich TV-Werbung, da sie schnell eine hohe Reichweite in der Zielgruppe erzielt und sehr aufmerksamkeitsstark und einprägsam ist. Vielleicht ist auch das **Branding** der Marke austauschbar und nicht eindeutig. Dann könnte das Marketing über die Einführung eines neuen Logos oder eines neuen Slogans nachdenken, um eine leichte **Wiedererkennung** zu begünstigen. Nicht zuletzt ist es wichtig, dass die Produkte im Supermarkt für den Kunden leicht auffindbar sind, da er in der Regel nicht bewusst danach suchen wird. Eine **auffällige Platzierung** ist daher ebenfalls ein Erfolgsfaktor bei habitualisierten Kaufentscheidungen.

Falls jedoch insbesondere das Joghurt- und Nachtisch-Sortiment von den Umsatzeinbußen betroffen ist, liegt vermutlich eine andere Art der Kaufentscheidung vor, nämlich das **Variety Seeking**. Beim Variety Seeking suchen die Verbraucher nach Abwechslung, die ihnen durch viele unterschiedliche Produktsorten und -varianten ermöglicht wird.

Hier sollte es Ziel der Molkerei sein, einen gewissen Habitualisierungsgrad oder sogar echte Kundenbindung herzustellen. Dies kann unter anderem durch **Treueaktionen** gelingen, bei denen regelmäßige Käufer durch Freiprodukte, Rabatte oder kleine Geschenke belohnt werden. Kundenloyalität kann auch durch besondere oder sogar **einzigartige Produkteigenschaften** erzeugt werden. Dies können exotische Geschmacksrichtungen, die ausschließliche Verwendung von Bio-Zutaten oder besondere gesundheitsfördernde Inhaltsstoffe sein. Wie auch beim habitualisierten Kauf sollte auf eine hohe Markenbekanntheit und eine auffällige Präsentation im Handel hingearbeitet werden.

9. a) Typischerweise beginnt ein Kaufentscheidungsprozess mit der **Wahrnehmung des Bedarfs**. Angenommen Sie fahren neuerdings mit öffentlichen Verkehrsmitteln zu Ihrer Arbeitsstelle und haben festgestellt, dass Sie die Fahrtzeit gerne zum mobilen Surfen nutzen würden. Da Sie bisher nur über ein älteres Mobiltelefon verfügen, wächst in Ihnen das Bedürfnis nach einem Smartphone.

Da Sie sich bisher kaum mit Smartphones beschäftigt haben, werden sie nach Feststellung Ihres Bedarfs zunächst nach **Produktinformationen suchen**. Hierfür kommen die unterschiedlichsten Quellen in Frage: Das persönliche Umfeld, Hersteller und Handel, Testberichte oder das „Ausprobieren" von Modellen im Handel oder von Freunden. In der Regel steigt der **Suchaufwand** mit Komplexität und wahrgenommenem Risiko der Kaufentscheidung. Welche Quellen tatsächlich genutzt werden und einen Einfluss auf den Kauf ausüben, unterscheidet sich von Person zu Person und von Produkt zu Produkt. Im Ergebnis werden Sie nach der Informationssuche über ein mehr oder weniger umfassendes Bild der verfügbaren Modelle und relevanten **Entscheidungskriterien** verfügen sowie eine erste **Vorauswahl** getroffen haben.

Anschließend werden Sie die übrigen Alternativen **bewerten**. Dabei beurteilen Sie Produkteigenschaften, indem Sie ihnen einen **Nutzen** zuweisen. Zudem werden Sie die Produktattribute **priorisieren**, da Ihnen nicht alle Eigenschaften gleichermaßen wichtig sind. So ist Ihnen ein großes Display besonders wichtig, da Sie das Smartphone insbesondere zum mobilen Surfen nutzen möchten. Zudem wünschen Sie sich einen großen Speicherplatz, da Sie in Ihrer Freizeit viele Fotos und Videos aufnehmen möchten. Wie Sie aus Ihren Einzelbewertungen schließlich zu einer Gesamtbewertung oder Produktwahl kommen, lässt sich nicht einfach prognostizieren, da es eine Vielzahl von **Entscheidungsmodellen** (z. B. Erwartungswertmodell, konjunktives Modell und disjunktives Modell) und **-regeln** gibt. Einfache Entscheidungsregeln sind zum Beispiel „Ich nehme einfach das billigste Smartphone" oder „Ich kaufe das Modell, das meine Freundin/mein Freund hat". Solchen Entscheidungsheuristiken geht jedoch selten eine fundierte Informationssuche und Produktbewertung voraus.

In der tatsächlichen **Kaufentscheidungsphase** werden Sie also die Marken in eine bestimmte Reihenfolge bringen und daraus Ihre **Kaufabsicht** ableiten. Normalerweise werden Sie Ihr bevorzugtes Modell dann auch erwerben, allerdings können andere Personen oder situative Faktoren dem noch entgegenstehen. Sie können im Geschäft auf einen Verkäufer treffen, der Ihnen dringend vom Kauf der eigentlich präferierten Marke abrät, oder das Smartphone Ihrer Wahl ist nicht mehr verfügbar. Denkbar ist auch ein unvorhergesehenes Ereignis (z. B. ein Wasserrohrbruch oder ein defektes TV-Gerät), das Ihre Ersparnisse aufzehrt. Dies alles kann dazu führen, dass ein Konsument seine Kaufabsicht ändert, aufschiebt oder ganz aufgibt.

Die letzte Phase wird als **Nachkaufphase** bezeichnet. Wenn Sie schließlich ein Smartphone erworben haben, werden Sie kurz nach dem Kauf erste Überlegungen anstellen, ob dieses Ihre Erwartungen erfüllt. Wenn sich die Akkulaufzeit als deutlich geringer erweist als vom Hersteller kommuniziert, entsteht eine Diskrepanz zwischen Erwartung und tatsächlicher Produktleistung, die bei Ihnen vermutlich zu **Unzufriedenheit** führen wird. Unabhängig davon erleben viele Konsumenten nach dem Kauf Zweifel oder Unsicherheit, die als **kognitive Dissonanz** bezeichnet werden. Sie fragen sich möglicherweise, ob Sie alle relevanten Produktmerkmale bei Ihrer Entscheidung berücksichtigt haben, ob ein anderes Modell nicht doch besser gewesen wäre oder ob Sie nicht zu viel Geld für das Modell ausgegeben haben. Um diese Gefühle zu mindern, werden Sie gegebenenfalls nach positiver Bestätigung für Ihre Wahl suchen. Im schlimmsten Fall werden Sie das Smartphone umtauschen wollen. Um dies weitgehend zu verhindern, sollten Unternehmen ein funktionierendes Beschwerde-Management installieren und weitere Nachkauf-Dissonanz-reduzierende Maßnahmen entwickeln.

b) Das **Erwartungswert-Modell** unterstellt einen sehr sorgfältigen, **analytischen Entscheidungsprozess**. Konkret wird die Summe aus den gewichteten Bewertungen der Einzelattribute gebildet. Die beste Bewertung erhält nach der Erwartungswert-Berechnung das Modell von **Samsung**, das Sie dementsprechend präferieren werden.

Apple: 0,1(2) + 0,2(6) + 0,4(8) + 0,3(9) = 7,3
Samsung: 0,1(4) + 0,2(6) + 0,4(10) + 0,3(8) = 8,0
Nokia: 0,1(6) + 0,2(7) + 0,4(7) + 0,3(5) = 6,3
HTC: 0,1(10) + 0,2(6) + 0,4(4) + 0,3(4) = 5,0

c) Ein etwas vereinfachtes Modell stellt das **disjunktive Entscheidungsmodell** dar. Hier werden zunächst **Mindestwerte** beziehungsweise **-ansprüche** für alle oder einige zentrale Produktmerkmale definiert. Aus dem vorliegenden Beispiel geht hervor, dass Sie die Schwellenwerte für Preis und Akkulaufzeit auf 6 beziehungsweise 7 festgelegt haben. Display-Größe und Speicherplatz sind Ihnen zwar besonders wichtig, offenbar aber nicht um jeden Preis.

Aus der Bewertungstabelle geht hervor, dass nur das **Modell von Nokia** beide Mindestanforderungen erfüllt. Sie würden also bei Anwendung der disjunktiven Regel nicht das Samsung-Modell bevorzugen, sondern das Smartphone von Nokia, das nach dem Erwartungswert-Modell nur die drittbeste Bewertung erhalten hat.

10. Ob und wie schnell ein Verbraucher den Adoptionsprozess durchläuft, hängt von **individuellen**, **sozialen** und **produktbezogenen Einflussfaktoren** ab. Als Adoptionsprozess bezeichnet man den mentalen Vorgang, den ein Individuum vom ersten Kontakt mit einem neuen Produkt bis hin zu dessen endgültiger Annahme, das heißt seiner regelmäßigen Nutzung, durchläuft.

Die **individuelle Adoptionsbereitschaft** bezieht sich auf die Bereitschaft, Neuprodukte auszuprobieren und anzunehmen. Diese variiert stark von Verbraucher zu

Verbraucher. Die sogenannte Adoptionskurve kategorisiert Konsumenten entsprechend ihres Grads an Innovationsbereitschaft und ihrer Adoptionszeiten. Die Innovatoren repräsentieren die ersten 2,5 Prozent der Verbraucher, die eine Innovation annehmen. Die nächsten 13,5 Prozent werden als frühe Adopter (oder Nachahmer) bezeichnet. Dann folgen zunächst die frühe Mehrheit (34 Prozent), dann die späte Mehrheit (34 Prozent) und letztendlich die Nachzügler (16 Prozent). Diese Gruppen lassen sich auch anhand ihrer unterschiedlichen Werte und Lebensstile differenzieren: Innovatoren sind sehr risiko- und experimentierfreudig. Frühe Adopter sind zwar auch sehr an Neuprodukten interessiert, aber insgesamt etwas vorsichtiger und gelten häufiger als Meinungsführer. Nachzügler hingegen sind sehr traditionsbewusst und warten lange ab, bis sich (einstige) Neuerungen im Markt etabliert haben. Zu beachten ist, dass eine Person in einer Produktkategorie Innovator sein kann, in einer anderen aber Nachzügler, das heißt die Adoptionsbereitschaft variiert von Produkt zu Produkt.

Wie auch beim Kaufentscheidungsprozess von etablierten Produkten spielen **soziale Einflüsse** eine erhebliche Rolle für die Adoptionsentscheidung. So kann der Austausch mit Dritten bezüglich neuer Produkte und Marken die Kaufabsicht verändern. Der Einfluss, den andere ausüben, ist nicht in jeder Entscheidungssituation gleich stark, sondern hängt zum Beispiel von der Phase im Entscheidungsprozess und der Persönlichkeit des Konsumenten ab. Grundsätzlich hat die Meinung anderer in der Bewertungsphase die größte Relevanz. Auch lassen sich „innovationsscheuere“ Gruppen wie die späte Mehrheit stärker von Meinungen und Einstellungen Dritter beeinflussen.

Nicht zuletzt hängt es stark vom **Neuprodukt selbst** ab, ob und mit welcher Geschwindigkeit Verbraucher dieses annehmen. Je größer der **wahrgenommene Vorteil** des Neuproduktes gegenüber etablierten Lösungen ausfällt und je geringer seine **Komplexität** ist, umso schneller wird die Annahme auf dem Markt stattfinden. Wirklich überlegene Produkte, die zudem für den Verbraucher leicht zu verstehen und zu nutzen sind, werden also relativ schnell akzeptiert. Hierzu trägt auch die **Vermittelbarkeit** des Produktnutzens bei. Ebenfalls wichtig ist die **Kompatibilität**, die beschreibt, inwieweit das neue Produkt mit den Werten, Einstellungen und Erfahrungen der Zielgruppe übereinstimmt. Die Kaufabsicht wird auch durch die sogenannte **Teilbarkeit** determiniert, das heißt inwiefern das neue Produkt ausprobiert oder nur in kleinen Mengen beziehungsweise teilweise gekauft werden kann. Innovationen, die nur einmalig „als Ganzes“ zu relativ hohen Kosten erworben werden können, haben es schwerer, akzeptiert zu werden.

6 Märkte für Industriegüter – Besonderheiten des Business-to-Business-Marketing

In Industriegütermärkten fragen Unternehmen, der öffentliche Sektor, staatliche Stellen und weitere Organisationen Güter und Dienstleistungen nach. Diese Industriegüter werden von den Organisationen beschafft, um weitere Leistungen für ihre Kunden zu erstellen.

Obwohl es auch Gemeinsamkeiten gibt, unterscheiden sich Industriegütermärkte in einigen wichtigen Punkten von Konsumgütermärkten. Zu nennen ist zunächst die **Konzentration der Nachfrage** auf wenige, häufig geografisch „geballte“ Kunden. Des Weiteren handelt es sich um eine **abgeleitete** und vergleichsweise **unelastische Nachfrage**, das heißt die Nachfrage nach Industriegütern hängt von der Nachfrage der Endkonsumenten ab und zeigt kurzfristig nur geringe Reaktionen auf Preisschwankungen. An den meisten Kaufentscheidungen im Business-to-Business-Kontext sind mehrere Personen beteiligt, die das sogenannte **Buying Center** bilden. Das Buying Center ist regelmäßig mit komplexeren Kaufentscheidungen konfrontiert, als es in Konsumgütermärkten üblich ist – man denke nur an den Bau eines neuen Kraftwerks oder an den Kauf von Linienflugzeugen. Solche Kaufentscheidungen erfordern in der Regel formalisierte und professionelle Prozesse. Als „weiche“ Faktoren im Entscheidungsprozedere kommen persönlichen, oft langjährigen Geschäftsbeziehungen und einer vertrauensvollen Zusammenarbeit eine besondere Bedeutung zu.

Auch innerhalb von Industriegütermärkten existieren sehr unterschiedliche **Typen von Kaufentscheidungen**, die in ihrer Komplexität und dem wahrgenommenen Risiko variieren. Die Entscheidung über die Auftragsvergabe für den Bau und Betrieb eines neuen Kraftwerks wird sich fundamental vom Kauf von Büromaterial unterscheiden. Maßgeblich ist auch, wie häufig schon eine vergleichbare Beschaffungsentscheidung getroffen wurde. In diesem Sinne kann zwischen dem **identischen** und **modifizierten Wiederkauf** sowie dem **Erstkauf** differenziert werden. Ein Anbieter im Industriegütermarkt muss also genau analysieren und verstehen, in welcher Entscheidungssituation sich seine Kunden befinden.

Mindestens genauso wichtig ist es, zu erkennen, wer die Beteiligten im Entscheidungsprozess sind und welche Rollen sie einnehmen. Das **Buying Center** kann bis zu fünf Rollen beinhalten: **Nutzer, Beeinflusser, Einkäufer, Entscheider und Informationsselektierer**. Das Buying Center ist keine fest bestehende Einheit der beschaffenden Organisation, sondern die Gesamtheit von mit dem Kaufvorgang verbundenen Aufgaben und Rollen, die von verschiedenen Personen mit verschiedenen Teilaufgaben von Kauf zu Kauf gebildet wird. So ist es auch üblich, dass eine Person mehrere Rollen oder umgekehrt mehrere Personen eine Rolle einnehmen.

Wie auch im Konsumentenmarkt gibt es eine Vielzahl von Einflussfaktoren, die das Kaufverhalten von Organisationen beeinflussen: Einflussgrößen aus dem Umfeld der Organisation, aus ihren Zielen und ihrer Struktur, aus dem Zusammenwirken zwischen Personen innerhalb der Organisation sowie aus den beteiligten Persönlichkeiten. Diese wirken auf den **Kaufentscheidungsprozess**, der – insbesondere bei Erstkäufen – bis zu acht Phasen umfassen kann. Erleichtert beziehungsweise beschleunigt werden die Beschaffungsprozesse heutzutage in vielen Industrien beziehungsweise Unternehmen durch die Nutzung elektronischer Marktplätze, die Angebot und Nachfrage unabhängig von Zeit und Ort zusammenbringen.

Fragen und Aufgaben

1. Recherchieren Sie im Internet und, falls möglich, in geeigneten Datenbanken zum Markt für Geschäftsjets. Welche Spezifika des Marktes lassen sich identifizieren? Welches sind aus Ihrer Sicht zentrale Herausforderungen für Anbieter in diesem Markt?[1]

2. Ist die folgende Aussage richtig oder falsch?

Die erzielten Umsätze in Industriegütermärkten sind ungefähr gleich hoch wie in Konsumgütermärkten.

3. Nennen Sie Spezifika beziehungsweise Charakteristika von Industriegütermärkten und erläutern Sie diese an selbstgewählten Beispielen.

4. Stellen Sie sich vor, Sie sollen als Marketing-Manager neue Werbeartikel beschaffen. Da insbesondere aus dem Vertrieb Unzufriedenheit mit den bisherigen Werbegeschenken geäußert wurde, sollen Sie auch neue Ideen und Anbieter prüfen. Welche Kaufsituation liegt hier vor? Welche anderen Typen von Kaufsituationen kennen Sie?

5. Sie arbeiten in einer Werbeagentur. Für eine große Kundenveranstaltung sollen Sie eine Event-Agentur mit der Erarbeitung eines innovativen Veranstaltungskonzepts beauftragen. Wen würden oder müssen Sie in die Entscheidung einbinden? Welche Rolle nehmen Sie selbst im Kaufentscheidungsprozess ein?

6. Welche Einflussfaktoren wirken auf das Kaufverhalten bei der Beschaffung von Industriegütern? Nennen Sie bitte die vier Hauptkategorien und gehen Sie schließlich auf die innerorganisationalen Einflussfaktoren ausführlicher ein.

7. Sie sind langjähriger Einkaufsmanager in einer Druckerei und werden beauftragt, eine innovative, leistungsfähige Druckmaschine zu kaufen. Welche Phasen werden Sie vermutlich im Rahmen des Kaufentscheidungsprozesses durchlaufen? Was ist in den jeweiligen Phasen zu tun?

1 Siehe P. Kotler, G. Armstrong, V. Wong und J. Saunders: Grundlagen des Marketing. München: Pearson 2011, Einführende Fallstudie „Geschäftsjets – Spielzeug für Manager oder sinnvolle Investition?“, S. 319-322.

8. Ihr Chef, der Marketingleiter in einem mittelständischen Chemieunternehmen, fragt Sie, was Sie von elektronischen Beschaffungssystemen halten. Welche Vor- und Nachteile sehen Sie? Welche Empfehlungen haben Sie für Ihren Chef?

9. Welche der folgenden Aussagen ist richtig, welche falsch?

a) Beim Kauf von Industriegütern handeln die Entscheider nicht rein rational.

b) Heute hat sich die Managementkultur global soweit angeglichen, dass kulturelle Unterschiede in Geschäftsbeziehungen keine Rolle mehr spielen.

c) Industriegüter-Marketing beschäftigt sich ausschließlich mit dem Verkauf von Produkten und Dienstleistungen an Unternehmen, die diese im Produktionsprozess (z. B. Vorleistungen, Hilfsstoffe, Maschinen) oder an anderer Stelle in der Wertschöpfungskette einsetzen (z. B. Büromaterial, Lagerhallen).

d) Es gibt keine nennenswerten Unterschiede zwischen dem Einkaufsverhalten des öffentlichen und dem des privatwirtschaftlichen Sektors.

Lösungshinweise

1. Zunächst handelt es sich beim Markt für Geschäftsjets trotz des großen Wachstums um einen Markt mit einer überschaubaren Kundenzahl. Zwar sind die (potenziellen) Unternehmenskunden relativ leicht zu identifizieren – es wird sich zumeist um internationale Großkonzerne handeln. Es ist jedoch deutlich schwieriger, den oder die **relevanten Entscheider** im Unternehmen auszumachen und **persönlich anzusprechen**. Häufig ist der Vorstandsvorsitzende der Hauptentscheider, in manchen Fällen sind es aber auch andere Vorstandsmitglieder oder der leitende Pilot des Unternehmens. Zudem hat in der Regel auch der Finanzbereich ein signifikantes Mitspracherecht. Die in die Entscheidung involvierten Personen bilden gemeinsam das sogenannte Buying Center. Je mehr Personen an der Kaufentscheidung beteiligt sind, desto **komplexer** wird die Marketingansprache durch den Anbieter, da die Beteiligten häufig unterschiedliche Kaufmotive und Prioritäten haben.

Grundsätzlich stellt die fundierte Analyse dieser **Motive** eine weitere große Herausforderung für den Anbieter der Geschäftsjets dar. Stehen in erster Linie wirtschaftliche Überlegungen im Vordergrund, also beispielsweise ob sich Erwerb und Unterhalt eines eigenen Jets für den Kunden lohnen? Welche Rolle spielen Qualität, Komfort und Kundendienst? Oder sind neben diesen rationalen Überlegungen auch emotionale Faktoren für die Kaufentscheidung relevant? Ein firmeneigener Jet ist nicht zuletzt auch ein Statussymbol, mit dem sich Geschäftspartner und andere Stakeholder beeindrucken lassen. Falls der oder einer der

Entscheider ein Technik-Freak oder Flugzeug-Liebhaber ist oder sogar selbst einen Pilotenschein besitzt, werden seine **Informationsbedürfnisse** sicherlich auch anders ausfallen als bei einem „Flug-Laien". Der Anbieter muss also versuchen, für alle Personen, die die Kaufentscheidung treffen oder diese maßgeblich beeinflussen, die richtigen Verkaufsargumente zu entwickeln.

Aufgrund der übersichtlichen Kundenzahl ist es noch wichtiger als in Massenmärkten, die Zielgruppe mit einem **maßgeschneiderten Angebot** und einer professionellen Ansprache zu überzeugen. Hat ein Anbieter von Geschäftsjets kein erfolgreiches Angebot bei einem potenziellen Kunden platzieren können, ist dieser Kunde in den allermeisten Fällen für die nächsten Jahre „versorgt", das heißt er wird erst nach einer sehr langen Zeit wieder einen Jet nachfragen. Dies stellt eine weitere Herausforderung für Anbieter von Geschäftsjets dar.

2. Die Aussage ist falsch: Da in der Regel **mehrere Wertschöpfungsstufen** durchschritten werden bis ein Endkonsument ein Produkt kaufen kann, bringt der **Markt für Industriegüter deutlich höhere Umsätze** als der Konsumentenmarkt hervor.

Betrachtet man den **Automobilmarkt**, so wird deutlich, dass eine Vielzahl von Bearbeitungsstufen und Unternehmen an der Produktion eines Fahrzeugs beteiligt ist. Ganz am Anfang der Wertschöpfungskette werden Rohstoffe und Halbfabrikate produziert, die dann an Hersteller von Einzelteilen verkauft werden. Auf der nächsten Stufe werden die Einzelteile zu Baugruppen oder Subsystemen zusammengesetzt. Bevor der Automobilhersteller die Endmontage übernimmt, gibt es noch weitere Lieferanten, die auf die Integration von komplexen Modul-Systemen spezialisiert sind. Die Komplexität dieser mehrstufigen Wertschöpfungskette wird noch deutlicher, wenn man sich vor Augen hält, dass für jedes einzelne komplexere System, sprich für Motor, Getriebe, Sitze, Fahrzeugelektronik ein weit verzweigtes Netzwerk aus Lieferanten und Sublieferanten besteht.

3. Industriegütermärkte unterscheiden sich von Konsumentenmärkten bezüglich der Marktstruktur und der Nachfrage sowie bezüglich des Kaufentscheidungsprozesses. Typisch für Business-to-Business-Märkte ist, dass in der Regel relativ **wenige Nachfrager** existieren, die jedoch häufig **große Mengen** abnehmen. Es gibt deutlich weniger Kunden für bestimmte Fertigungsmaschinen für Automobile als für Automobile selbst. Dementsprechend ist auch die **Verhandlungsmacht** der Nachfrager gegenüber ihren Lieferanten deutlich größer als in klassischen Endkonsumenten-Märkten.

Zudem treten Business-to-Business-Kunden regelmäßig **geografisch** sehr **konzentriert** auf. Silicon Valley als der Standort der Hightech-Industrie sei nur als ein Beispiel genannt.

Die Nachfrage nach Industriegütern wird auch als **abgeleitete Nachfrage** bezeichnet. Damit ist gemeint, dass die Nachfrage nach Industriegütern, also zum Beispiel nach Vorprodukten oder Rohstoffen, nur existiert, weil diese zur Herstellung eines Endproduktes benötigt werden, welches wiederum von Endkonsumenten nachgefragt wird. Würde von heute auf morgen niemand mehr Computer oder Notebooks kaufen, würde nicht nur der Markt für diese Produkte verschwinden, sondern auch der Markt für Halbleiter, Prozessoren oder Festplatten. Mit dem Spezifikum der abgeleiteten Nachfrage im engen Zusammenhang steht auch die stärker **schwankende Nachfrage** in Industriegütermärkten. Eine kleine prozentuale Veränderung bei der Nachfrage nach Konsumgütern kann große Änderungen bei der Nachfrage nach Industriegütern hervorrufen.

Weiterhin ist die Nachfrage auf Business-to-Business-Märkten vergleichsweise **unelastisch**. Dies bedeutet, dass Preisänderungen kurzfristig meist zu keinen großen Effekten auf die Nachfrage nach dem entsprechenden Industriegut führen. Eine Preissenkung von Mehl wird die Erzeuger von Nudeln oder Backwaren nicht unmittelbar dazu veranlassen, mit einer (stark) erhöhten Nachfrage zu reagieren. Um nicht hohe Lagerbestände aufbauen zu müssen, müsste die Nachfrage nach den Endprodukten ebenfalls steigen, das heißt die Hersteller müssten ebenfalls ihre Preise senken. Da häufige Preisänderungen aber in der Realität kaum praktikabel und aus Marketingsicht in der Regel nicht sinnvoll sind, stellt dies gewöhnlich keine realistische Option dar.

Betrachtet man den **Kaufentscheidungsprozess** in Business-to-Business-Märkten, fällt zunächst auf, dass meistens **mehrere Personen** an der Entscheidung beteiligt sind. Stellen Sie sich vor, dass die Mitarbeiter in einer Multimedia-Agentur Tablet-Computer erhalten sollen. Neben dem Budgetverantwortlichen werden sicherlich auch der Einkauf, die Finanzabteilung, die IT, die Geschäftsleitung sowie die Mitarbeiter als Nutzer an der Beschaffungsentscheidung beteiligt werden (wollen).

Industriegüter sind in vielen Fällen relativ komplexe Güter – man denke beispielsweise an Großmaschinen. Dementsprechend gestalten sich auch die **Kaufentscheidungen** sehr **komplex**, da alle relevanten Kriterien identifiziert und genau bewertet werden müssen. Solche Anschaffungen sind mit hohen Ausgaben und hohen Risiken verbunden, zum Beispiel falls es um eine Anlage geht, die Jahrzehnte lang genutzt werden soll. Dies kann in Kombination mit der Multipersonalität regelmäßig zu sehr **zeitintensiven Beschaffungsprozessen** führen.

Organisationale Kaufentscheidungen sind zudem durch einen **hohen Formalisierungsgrad** gekennzeichnet. In vielen Unternehmen existieren detaillierte Einkaufsrichtlinien, die zwingend zu beachten sind. Meistens ist auch nach Einkaufsvolumen beziehungsweise nach gewissen Budgethöhen genau geregelt, wer solche Einkäufe durchführen beziehungsweise freigeben darf. Auch langfristige Rahmenverträge mit ausgewählten Lieferanten sind in vielen Unternehmen üblich. Bei neuen Ausschreibungen ist häufig die Mindestanzahl an einzuholenden Angeboten festgelegt; des Weiteren müssen die Angebote nach detaillierten und transparenten Kriterien wie Kosten und Leistungsumfang geprüft werden.

Nicht zuletzt sind Kunden-Lieferanten-Beziehungen in Industriegütermärkten vielfach durch eine sehr **enge Zusammenarbeit** und durch ein vertrauensvolles Verhältnis gekennzeichnet. Solche Beziehungen können über viele Jahre hinweg bestehen, vor allem wenn Kunde und Lieferant stark aufeinander angewiesen sind. Dies ist in der Automobilindustrie der Fall: Lieferanten bedienen dort häufig nur ein, zwei Kunden. Würde solch eine Beziehung beendet, würde der Lieferant fast seinen kompletten Umsatz verlieren. Umgekehrt wäre es für den Automobil-Hersteller alles andere als einfach, in angemessener Zeit einen gleichwertigen Lieferanten zu finden, verfügt der bestehende Lieferant doch in der Regel über „Insider-Wissen" und hat seine Produkte genau auf die Bedürfnisse des Herstellers zugeschnitten. Auch das Marketing-Highlight IKEA[2] verdeutlicht, wie eng Hersteller und Lieferanten in anderen Branchen heutzutage zusammenarbeiten. Die Zusammenarbeit geht so weit, dass die Grenzen zwischen den Unternehmen fließend werden und die Produktentwicklung als gemeinsame Aufgabe verstanden und realisiert wird. Solche Beziehungen sind also meist sehr beständig; persönliche Beziehungen und echtes Vertrauen sind hierfür allerdings ein Muss.

Weitere Charakteristika von Industriegütermärkten sind die Dominanz von **Direktkäufen**, die ohne Einschaltung des Handels getätigt werden, und die **Gegenseitigkeit**, das heißt dass beide Unternehmen – sowohl als Lieferant als auch als Kunde – in der Geschäftsbeziehung auftreten. Ein Automobilhersteller kann die Firmenflotte für ein großes Telekommunikationsunternehmen stellen; im Gegenzug nimmt der Automobilhersteller dann Telefonverträge für seine Firmenhandys und Festnetzgeräte vom Telekommunikationsanbieter ab.

Bei großen Anlagegütern ist es heute ferner üblich, dass diese nicht vom Abnehmer gekauft, sondern **geleast** werden.

4. In dieser Situation liegt der sogenannte **modifizierte Wiederkauf** vor, da Sie vermutlich Veränderungen bei den bestellten Produkten, den Preisen und Konditionen und/oder den Lieferanten vornehmen (müssen). Sicherlich sind mehr Personen am Kaufentscheidungsprozess beteiligt, als wenn Sie einfach Werbegeschenke vom bestehenden Lieferanten nachbestellen würden. Der Vertrieb wird an der Auswahl der Artikel beteiligt sein wollen, damit Sie dieses Mal bessere beziehungsweise passendere Werbegeschenke für die Kunden aussuchen. Sind die neuen Produkte teurer als die bestehenden, so wird auch der Kostenstellenverantwortliche oder das Controlling gegebenenfalls ein Wörtchen mitreden wollen. Auch der Einkauf wird überprüfen, ob der Beschaffungsvorgang den Regeln entspricht.

Würden Sie einfach eine Nachbestellung zu (weitestgehend) unveränderten Konditionen tätigen, würde ein **identischer Wiederkauf** vorliegen. Die Bestellung muss dabei aber nicht zwingend beim gleichen Lieferanten erfolgen. Solch einfache Nachbestellungen werden heute häufig über das Internet abgewickelt.

Deutlich komplexer ist hingegen der **Erstkauf** von Industriegütern, da diese Art von Kaufentscheidung eine noch nicht dagewesene Aufgabe darstellt. In der

2 Siehe P. Kotler, G. Armstrong, V. Wong und J. Saunders: Grundlagen des Marketing. München: Pearson 2011, Marketing-Highlight „IKEA – Erfolg durch enge Zusammenarbeit mit den Lieferanten", S. 325-328.

Regel steigen wahrgenommenes Risiko und Kosten und damit die Anzahl der am Entscheidungsprozess Beteiligten sowie der Informationsbeschaffungs-, Such- und Bewertungsaufwand. Die Käufer müssen Entscheidungen bezüglich der Produktspezifikationen, Lieferanten, Preisgrenzen, Zahlungsbedingungen, Bestellmengen, Lieferzeitpunkte und der Kundendienstverpflichtungen treffen.

5. Zunächst müssen Sie bestimmen, welche Personen das Buying Center bilden sollen. Das Buying Center ist die faktische Organisationseinheit, die sich aus Individuen und Teileinheiten der Organisation zusammensetzt und über die Einzelheiten des jeweiligen Kaufvorgangs entscheidet. Das Buying Center ist keine feste und formal eingerichtete Einheit, sondern wird von Kauf zu Kauf neu gebildet. Es besteht aus allen Mitarbeitern des Unternehmens, die eine der folgenden fünf Rollen in dem jeweiligen Kaufentscheidungsprozess übernehmen:

- Die **Nutzer** repräsentieren diejenigen Mitglieder einer Organisation, die das Produkt oder die Dienstleistung nutzen oder verwenden werden. Häufig sind sie es, die den Anstoß zur Beschaffung geben. Im vorliegenden Beispiel sind die Kernnutzer im Prinzip die Gäste des Events, also die Kunden. Zum Nutzerkreis zählen aber auch die internen Gäste, zum Beispiel die Geschäftsführung und der Vertrieb, welche das Event zur Kontaktpflege und zur Geschäftsanbahnung nutzen möchten. Sie sollten den Nutzern die Möglichkeit geben, frühzeitig ihre Wünsche und Erwartungen im Hinblick auf die Eventgestaltung einzubringen.
- **Beeinflusser** sind diejenigen Organisationsmitglieder, welche die Kaufentscheidung beeinflussen können. Sie sind zum Beispiel an der Erstellung von Spezifikationen beteiligt. Bei vielen Kaufentscheidungen in Unternehmen gehören Techniker, IT-Experten oder andere Spezialisten mit Expertenwissen zu den besonders wichtigen Einflussnehmern. Ist die notwendige Expertise im Unternehmen nicht vorhanden, werden häufig externe Berater eingestellt, die diese Lücke schließen sollen. Bei der Eventplanung könnten erfahrene und angesehene Kollegen, die schon viele Kundenevents begleitet haben, relevante Beeinflusser sein. Sie können durch eine proaktive Einbindung dieser „alten Hasen" von ihren Erfahrungen profitieren. Zudem kann es für den reibungslosen Ablauf des Projekts sehr wichtig sein, diese einflussreichen Kollegen mit ins Boot zu holen. Beeinflusser können einen Entscheidungsprozess nämlich erheblich stören oder verzögern, wenn sie den formellen Entscheider in eine Richtung beeinflussen, die nicht im Sinne des Projektleiters ist.
- Diejenigen Personen, die aufgrund ihrer formalen Autorität die Lieferanten auswählen und die Kauf- und Lieferbedingungen aushandeln, übernehmen die Rolle des **Einkäufers**. Der Einkäufer gehört aber nicht zwangsweise der Einkaufsabteilung an, sondern ist diejenige Person, die die tatsächliche Auswahl der Lieferanten und die Verhandlungsführung übernimmt. Besteht das Buying Center aus vielen spezialisierten Rollen und Personen, muss der Einkäufer auch nicht unbedingt bei der Festlegung der Produktspezifikationen beteiligt sein. Im Beispiel ist anzunehmen, dass nicht die Einkaufsabteilung für die Aus-

wahl und die Verhandlung mit den Agenturen zuständig ist, sondern der leitende Event-Manager oder der Projektleiter selbst alle Aufgaben von der Erstellung der Briefings über die Bewertung der Angebote bis hin zur Beauftragung verantwortet. Der Einkauf an sich wird in erster Linie die administrative Abwicklung erledigen beziehungsweise den formellen Rahmen vorgeben.

- Personen, die die formelle oder informelle **Machtbefugnis** innehaben, über eine Anschaffung und die Beauftragung eines Lieferanten zu bestimmen, sind die **Entscheider**. Je nach Entscheidungsbefugnissen beziehungsweise Hierarchiestufe kann es der Projektleiter selbst sein, der eigenständig die bevorzugte Agentur auswählt. Handelt es sich um ein Großevent, das mit entsprechend hohen Kosten verbunden ist, kann aber auch der zuständige Bereichsleiter (z. B. der Marketing- oder Vertriebsleiter) oder sogar die Geschäftsführung die Rolle des Entscheiders übernehmen.
- **Informationsselektierer** sind diejenigen Personen, die den Informationsfluss steuern können. Sie haben in der Regel keine offiziellen Machtbefugnisse oder Mitspracherechte, können aber durch die gezielte (Nicht-)Weitergabe oder Aufbereitung von Informationen den Entscheidungsprozess beeinflussen. Als Beispiel werden häufig Sekretariatsmitarbeiter oder Assistenten der Geschäftsleitung genannt, die meist sehr gut informiert sind und die Termine der Entscheider oder des Entscheiders koordinieren.

Im vorliegenden Beispiel sind Sie ein überaus relevanter Informationsselektierer, doch Ihr Auftrag besteht in der Entscheidungsvorbereitung und damit in der Sammlung aller entscheidungsrelevanten Informationen. In dieser Funktion können Sie den Informationsfluss zu Ihrem Projektleiter und zu anderen Beteiligten steuern und gegebenenfalls auch Informationen zurückhalten, die nicht in Ihrem eigenen Interesse sind. Wichtig ist noch anzumerken, dass jede Rolle von mehreren Personen ausgeübt werden kann und umgekehrt eine Person mehrere Rollen einnehmen kann. Waren Sie beispielsweise langjähriger Werkstudent in einer bekannten Event-Agentur, kennen sich in der Branche gut aus und verfügen über relevante Kontakte, könnten Sie zudem die Rolle des Beeinflussers einnehmen.

6. Die wichtigsten Einflussfaktoren auf das Kaufverhalten in Industriegütermärkten lassen sich in folgende Kategorien einteilen:

- **Umfeldbezogene Faktoren** bezeichnen Einflüsse aus dem Umfeld der Organisation, zum Beispiel die Höhe der Nachfrage, wirtschaftliche Aussichten, Wettbewerbsaktivitäten, kulturelle Faktoren sowie Veränderungen im rechtlichen, politischen und technologischen Umfeld.
- **Innerorganisationale Faktoren** bezeichnen Einflüsse aus Zielen und der Struktur der Organisation.
- **Interpersonelle Faktoren** bezeichnen Einflüsse aus dem Zusammenwirken innerhalb der Organisation, insbesondere des Buying Centers, zum Beispiel Beziehungen zwischen den Mitgliedern des Buying Centers, Gruppendynamiken und Machtverteilung.

– **Intrapersonelle Faktoren** bezeichnen Einflüsse aus den Persönlichkeiten der Handelnden sowie Alter, Bildung, Position im Unternehmen, Risikobereitschaft und Kaufentscheidungsstil.

Zu den innerorganisationalen Faktoren gehören unter anderem die **Unternehmensziele** und die **Organisationsstruktur**. Von besonderer Bedeutung ist dabei, welchen **Stellenwert der Einkauf** im Unternehmen genießt. Traditionell ist die Einkaufsfunktion selten sehr einflussreich, aber in den letzten Jahren gab es vermehrt Bestrebungen, den Einkauf hierarchisch aufzuwerten. Eng damit in Zusammenhang stehen auch die Bemühungen vieler Unternehmen, ihren Einkauf zu **zentralisieren**. Anstatt vieler regionaler Einkaufsabteilungen gibt es zunehmend einen zentralen Einkauf, der die Verantwortung für die weltweite Leistungs- und Materialbeschaffung innehat. Diese Bündelung der Einkaufsaktivitäten führt in der Regel zu mehr Marktmacht der beschaffenden Organisation und häufig zu erheblichen Einsparungen.

Des Weiteren ist es mittlerweile in vielen Branchen üblich, **sehr langfristige** und **umfassende Verträge** zu schließen, denn zur Generierung von Wettbewerbsvorteilen werden strategische Partnerschaften zwischen Lieferanten und Herstellern immer bedeutsamer. Um effiziente Bestell- und Lieferprozesse zu ermöglichen und um auch im Rahmen der Produktentwicklung eng kooperieren zu können, siedeln sich viele Unternehmen im direkten Umfeld ihrer Kunden an. Als Risikoausgleich für die dafür notwendigen Investments sind langfristige Verträge und Kooperationsvereinbarungen notwendig. Viele Unternehmen haben dabei sogenannte **Just-in-Time**-Produktionssysteme etabliert, die die Beschaffungsprozesse und -strukturen signifikant verändert haben. Just-in-Time (JIT) bedeutet, dass die für die Produktion notwendigen Güter zeitgenau und für die Produktion vorbereitet beim Abnehmer eintreffen und dort nicht mehr eingelagert werden, bis sie weiterverarbeitet werden. Bei JIT ist eine sehr enge Abstimmung zwischen der Produktion und Logistik des Lieferanten und der Produktion des Abnehmers erforderlich. Wenn JIT erfolgreich umgesetzt wird, werden Lagerhaltung und Vorlaufzeiten minimiert und Qualität, Produktivität und Anpassungsfähigkeit an Veränderungen gleichzeitig maximiert.

Nicht zuletzt haben auch **Anreizsysteme** für die Mitarbeiter des Einkaufs einen Einfluss auf das Einkaufverhalten. Beispielsweise können Einkaufsmitarbeiter durch Boni belohnt werden, wenn sie bei konstanter Qualität der beschafften Güter oder Dienstleistungen besonders wirtschaftlich agieren.

7. Wie viele und welche Phasen des Entscheidungsprozesses in der beschaffenden Organisation durchlaufen werden, hängt vor allem von der **Komplexität** der Kaufentscheidung und dem **wahrgenommenen Risiko** ab. Handelt es sich um einen Erstkauf, wird der Prozess in der Regel weitgehend vollständig durchlaufen werden. Bei einem identischen Nachkauf hingegen werden gewöhnlich einige Phasen übersprungen.

Als langjähriger Einkaufsmanager haben Sie im Laufe Ihrer Berufstätigkeit sicher schon mindestens eine Druckmaschine beschafft. Da es sich in diesem Fall jedoch um eine innovative Maschine handelt und damit kein Modell, das bereits in der Druckerei genutzt wird, ist dieser Kauf für Sie mit einigen neuen Aspekten verbunden. Es liegt also aus Ihrer Sicht vermutlich ein **modifizierter Wiederkauf** vor. Da der Kauf mit einer hohen Investition verbunden sein sollte, werden Sie wohl sehr sorgfältig vorgehen, das heißt Ihr Entscheidungsverhalten wird dem Vorgehen bei einem Erstkauf in vielen Aspekten ähneln.

Die Art der Kaufentscheidung determiniert also wie umfassend der Kaufentscheidungsprozess ausfällt. Dieser besteht bei sehr anspruchsvollen, komplexen und neuen Entscheidungsproblemen aus bis zu acht **Phasen**, die wie folgt definiert sind:

1. Problemerkennung
2. Beschreibung des Bedarfs
3. Festlegung der Produkteigenschaften
4. Suche nach Lieferanten
5. Einholung von Angeboten
6. Auswahl und Festlegung von Lieferanten
7. Festlegung des Bestellverfahrens
8. Überprüfung von Qualität und Leistungsfähigkeit der Lieferanten

Ein Kaufvorgang wird eingeleitet, wenn jemand im Unternehmen ein Problem oder ein Bedürfnis erkennt, für das keine Lösung (mehr) im Unternehmen existiert. Die **Bedarfsfeststellung** kann durch interne (z. B. durch einen Defekt an einer Maschine) oder externe Auslöser (z. B. durch eine Marketingmaßnahme eines Anbieters) angestoßen werden.

In der zweiten Phase erstellen Sie als Einkäufer eine **erste Bedarfsbeschreibung**, die die Charakteristika und die benötigte Menge des Kaufgegenstands fixiert. Diese Phase ist bei modifizierten Wiederkäufen kein Muss. Da für Sie die Kaufentscheidung aber relativ neu ist, sollten Sie die Zusammenarbeit mit Experten sowie den Nutzern oder externen Beratern suchen, um den Bedarf genau definieren zu können. Bei allen modifizierten Wiederkäufen sollte zudem die Phase der **Festlegung der Produkteigenschaften** durchlaufen werden, in der die genaue **Produktspezifikation** erfolgt.

Bei modifizierten Wiederkäufen sind die darauf folgenden Phasen der **Lieferantensuche** und der **Angebotseinholung** nicht zwingend. Als erfahrener Einkäufer in der Druckereibranche kennen Sie vermutlich bereits die etablierten Anbieter. Falls Sie aber auch einen komplett neuen Lieferanten in Erwägung ziehen, sollten Sie prüfen, ob nicht neue Anbieter mit innovativen Lösungen und Leistungsangeboten an den Markt gekommen sind. Als Quellen kommen zum Beispiel Fachzeitschriften, Anbieterverzeichnisse und das Internet in Frage. Wenn Sie sich ein Bild über die Lieferantenlandschaft gemacht und eine Erstauswahl getroffen haben, laden Sie die qualifizierten Lieferanten ein, Angebote einzureichen. Da es sich um eine hohe Investitionssumme handelt, werden Sie genaue Projektvorschläge oder geeignete Präsentationen von den Lieferanten anfordern.

Gemeinsam mit den weiteren Mitgliedern des Buying Centers prüfen Sie anschließend die Angebote und wählen einen Lieferanten aus. Um eine **systematische Bewertung** und **Auswahl** sicherzustellen, können Sie dafür einen Kriterienkatalog beziehungsweise eine Checkliste erstellen und darauf basierend alle Lieferanten beurteilen. Mögliche Kriterien sind die Qualität der Produkte und Dienstleistungen, die Lieferbedingungen, ethische Grundsätze des Lieferanten, konkurrenzfähige Preise, eine gute Reputation, Reparatur- und Kundendienstqualität, Beratungskompetenz sowie Standort und Erreichbarkeit. Diese Kriterien können dann auch bei zukünftigen Beschaffungsvorgängen angewandt werden, um eine Vergleichbarkeit zu ermöglichen.

Anschließend wird der **Bestellvorgang** festgelegt. Hierzu gehören der gewünschte Liefertermin, Regelungen für Beanstandungen sowie Gewährleistungs- und Garantievereinbarungen. Bei Großmaschinen wie Druckmaschinen bieten viele Hersteller auch ein umfassendes Servicepaket an. Sie sollten also auch vertragliche Regelungen (z. B. einen langfristigen Rahmenvertrag) für Wartungs- und Reparaturdienstleistungen vereinbaren. Wenn es sich nicht wie im vorliegenden Beispiel um einen Einzelauftrag, sondern um wiederkehrende Bestellungen handelt, sind vorab weitere Aspekte festzulegen, beispielsweise Just-in-Time-Lieferungen.

Als letzte Phase folgt die **Überprüfung von Qualität** und **Leistungsfähigkeit** des Lieferanten. Nach Bestellung und Lieferung sollten Sie sich informieren, ob die beschafften Produkte oder Dienstleistungen den Erwartungen entsprechen. Ist dies nicht der Fall, sollten Sie versuchen, so weit wie möglich gegenzusteuern. Zudem sind diese Erfahrungen eine wertvolle Informationsgrundlage für kommende Kaufentscheidungen.

8. In der jüngeren Vergangenheit ist der Bereich der Online-Beschaffung, der auch als E-Procurement bezeichnet wird, stark gewachsen. Verbreitete Formen der Online-Beschaffung sind beispielsweise **Electronic Data Interchange (EDI)**, firmeneigene Einkaufsportale oder (offene) Marktplätze im Internet. EDI, also der elektronische Datenaustausch zwischen Geschäftspartnern, hat in vielen Branchen zu einer schnelleren, transparenteren und effizienteren Abwicklung von Geschäftsprozessen im Einkauf geführt. EDI-Systeme verbinden Anwendungssysteme von Käufern und ihren Lieferanten und ermöglichen so eine bessere Abstimmung ihrer Aktivitäten. Informationen und Geschäftsaufträge werden in Echtzeit in den Systemen zur Verfügung gestellt. Als Nachteile von EDI gelten die hohen Implementierungskosten sowie die Beschränkung auf einen relativ starren, bilateralen Datenaustausch.

In den letzten Jahren sind folglich die EDI-Systeme zunehmend flexibleren und kostengünstigeren **elektronischen Marktplätzen im Internet** gewichen, die sich über einen konventionellen Webbrowser unkompliziert nutzen lassen. Wie auch „Offline"-Marktplätze dienen elektronische Marktplätze der Zusammenführung von Angebot und Nachfrage sowie der Preisbildung, dies aber zeit- und ortsunabhängig. Im Idealfall können solche Marktplätze über alle Phasen des Beschaffungsprozesses eingesetzt werden – von der Informationsbeschaffung über die

Ausschreibung und Verhandlung bis hin zur Abwicklung und Nachkaufphase. Zudem erhoffen sich Unternehmen Vorteile wie eine globale Marktpräsenz und die Ansprache neuer Zielgruppen.

Aufgrund ihrer Vorteile nutzen immer mehr Unternehmen elektronische Bestellverfahren. Diese eignen sich besonders für standardisierte, regelmäßige Bestellungen von Gütern geringen bis mittleren Warenwerts. Bei komplexeren Industriegütern (z. B. Anlagegütern) sind der persönliche Kontakt und eine individuelle Beratung in der Regel nicht zu ersetzen.

Basierend auf Ihrer Erstanalyse raten Sie Ihrem Chef also, die Nutzung bestehender Marktplätze im Internet zu prüfen. Unternehmen wie die BASF, The Dow Chemical Corporation oder DuPont – sowie ca. 3.000 weitere Unternehmen – nutzen Elemica als elektronische Bestellplattform. Darüber hinaus könnte auch ein eigenes Einkaufsportal im Internet eine Option sein. WorldAccount ist das globale BASF-Portal für Einkaufs- und Verkaufsprozesse, das mehr als 40.000 registrierte BASF-Kunden aufweist. Für Kunden aus speziellen Industrien hat die BASF zudem die branchenbezogenen Portale PlasticsPortal, ChemicalPortal, CosmeticsPortal und PackagingPortal entwickelt. Zudem raten Sie Ihrem Chef, sich zunächst auf **Routinekäufe**, die mit geringem Umsatz und hohem Aufwand verbunden sind, zu fokussieren. Nicht zuletzt empfehlen Sie, bei allen Handlungsoptionen **Datenschutzthemen** sehr sorgfältig zu prüfen.

9. a) Richtig.

b) Falsch: Es trifft zwar zu, dass Manager und Managementstile sich **weltweit annähern**, doch sind **kulturelle Unterschiede** nach wie vor **existent** und im internationalen Marketing beziehungsweise bei internationalen Geschäftsbeziehungen zu berücksichtigen. Auf direkt geäußerte Kritik, wie sie in Deutschland oder auch in den USA gang und gäbe ist, wird man in China oder Japan vermutlich selten stoßen: Hier muss man auf subtilere Hinweise achten. Ein ausführliches abendliches Unterhaltungsprogramm ist hingegen in Japan fester Bestandteil des Geschäftslebens. Geschenke an Geschäftspartner spielen dort ebenfalls eine wichtige Rolle, was Konflikte mit den strengen Compliance-Regelungen in europäischen und US-amerikanischen Unternehmen bergen kann.

c) Falsch: Im Industriegütermarkt kommen neben dem reinen Verkauf auch alternative Finanzierungsformen wie **Miete** und **Leasing** in Frage. Zudem muss das nachfragende Unternehmen die Güter und Dienstleistungen nicht zwingend im Produktionsprozess verwenden, sondern kann diese ebenfalls weitervermieten oder verleasen und insbesondere **weiterverkaufen**. Gerade der Handel stellt einen ganz wesentlichen Zweig des Industriegütermarktes dar. Im weiteren Sinne umfasst der Industriegütermarkt auch **nicht-gewinnorientierte Organisationen**, wie Vereine und Verbände und öffentliche Institutionen.

d) Falsch: Es mag zwar Ähnlichkeiten im Entscheidungsprozess geben, aber dadurch, dass öffentliche Institutionen (z. B. Schulen und Krankenhäuser) nicht gewinnorientiert handeln, ergeben sich signifikante Unterschiede. Typisch sind auch sehr begrenzte Budgets und geringe Spielräume der Entscheider. Das Beschaffungsverhalten zielt daher häufig auf eine optimale Versorgungsqualität innerhalb der gegebenen (engen) Rahmenbedingungen ab.

7 Marktforschung

In den letzten Jahrzehnten hat die Marktforschung zunehmend an Bedeutung gewonnen, da die hohe Komplexität des Unternehmensumfelds Informationen zum entscheidenden Wettbewerbsvorteil werden lässt. Um die richtigen Entscheidungen treffen zu können, müssen Manager jederzeit schnell auf relevante, aktuelle und gut aufbereitete Daten zurückgreifen können.

Diese Informationen stammen häufig aus einem **Marketing-Informationssystem (MIS)**, das eine unternehmensinterne Struktur für die Marketingentscheider bezeichnet, welche zeitgerecht und ausreichend genau Informationen sammelt, sortiert, zuordnet, analysiert, aufbereitet und auswertet. Für diese Aufgaben müssen Ressourcen – also Mitarbeiter, Systeme und Arbeitsmittel – zur Verfügung stehen. Die Informationen können dabei aus internen Quellen, aus der Marketing Intelligence oder aus der Marktforschung stammen.

Die Marktforschung definiert den Informationsbedarf für ein bestimmtes Entscheidungsproblem, entwickelt das Untersuchungsdesign, erhebt und analysiert die Daten und bereitet diese auf. Zusammen mit dem Marketing leitet sie dann Handlungsempfehlungen ab. Eine **Marktforschungsstudie** läuft typischerweise in **vier Schritten** ab:

1. Definition von Problemstellung und Ziel der Marktforschungsstudie
2. Entwicklung eines Untersuchungsplans
3. Datenerhebung und Datenanalyse
4. Interpretation und Kommunikation der Ergebnisse

Nachdem sich Marktforschung und Marketing auf die zentralen Fragestellungen geeinigt haben, sollte der Marktforscher zunächst prüfen, ob sich diese mit Hilfe von **Sekundärdaten** beantworten lassen. Ist dies nicht der Fall, müssen **Primärdaten** erhoben werden. Dazu können verschiedene **Methoden** zum Einsatz kommen: Die Beobachtung, die Befragung (schriftlich, telefonisch, online oder persönlich) oder das Experiment. Der Stichprobenplan und die Gestaltung des Erhebungsinstruments (z. B. des Fragebogens) sind ebenfalls Inhalt des Untersuchungsplans. Ist dieser finalisiert und abgestimmt, können die Datenerhebung und die anschließende Datenanalyse durchgeführt werden. Im letzten Schritt werden die Ergebnisse interpretiert, Implikationen abgeleitet und Marketing und/oder Unternehmensleitung kommuniziert beziehungsweise präsentiert.

Fundierte Marktforschung ist dabei nicht nur Großunternehmen vorbehalten. Auch kleinere und mittelständische Unternehmen können mit begrenztem Budget erfolgreich Markforschung betreiben. Zahlreiche öffentliche Quellen bieten relevante, frei zugängliche Daten im Internet. Auch die Befragung von Geschäftspartnern kann wichtige Erkenntnisse zu Tage fördern. Komplexer wird es bei der **internationalen Marktforschung**. Nicht existente oder unzuverlässige Sekundärdaten, eingeschränkte Identifikations- und Kontaktmöglichkeiten von Probanden sowie kulturelle und sprachliche Unterschiede stellen hohe Anforderungen an den Marktforscher.

Für jegliche Form der Marktforschung sollten **ethische Grundsätze** gelten. Beispielsweise fürchten viele Verbraucher das Eindringen in ihre Privatsphäre, den Missbrauch der Ergebnisse sowie Datenschutzprobleme. Umfangreiche Normen wie der Verhaltenskodex von ESOMAR (European Society for Opinion and Marketing Research) helfen Marktforschern, ethisch korrekt zu handeln.

Fragen und Aufgaben

1. Wie schätzen Sie den Stellenwert der Marktforschung für Marketingentscheidungen ein?
2. Würden Sie der Aussage zustimmen, dass Marketing-Managern heute vielfach wichtige Informationen für eine effektive Entscheidungsfindung fehlen? Welche Arten von relevanten Informationsquellen sind Ihnen bekannt?
3. Sie sollen ein Marketing-Informationssystem (MIS) konzipieren. Was ist ein MIS und aus welchen Elementen besteht dieses? Wie gehen Sie vor?
4. Wozu beziehungsweise für welche Ziele werden Informationen aus der Marktforschung gebraucht? Erläutern Sie bitte die vier zentralen Ziele anhand eines Beispiels.
5. Ihr Vorgesetzter bittet Sie, die Marktchancen einer neuen Produktidee allein anhand von Sekundärdaten zu beurteilen. Wie schätzen Sie die Eignung dieser Datenart beziehungsweise dieses Vorgehens ein?
6. Erläutern Sie die vier Schritte einer Marktforschungsstudie anhand eines selbstgewählten Beispiels.
7. Wie ist eine explorative Studie charakterisiert und für welche Fragestellungen ist diese besonders geeignet? Welche anderen Arten von Zielen einer Marktforschung kennen Sie?
8. Sie sollen ein Marktforschungsprojekt über Nutzungsgewohnheiten und -präferenzen von Damenhygiene-Artikeln aufsetzen. Welchen methodischen Ansatz und welche Kommunikationsform schlagen Sie vor? Warum?
9. Sie sollen als zuständiger Marktforscher die Wirksamkeit eine Kampagne für Bildungsreisen auf einem Reise-Portal untersuchen. Die Zielgruppe besteht aus gut situierten, kulturell interessierten Personen ab 50 Jahren. Um herauszufinden wie die Online-Werbung wirkt, sollen Sie eine repräsentative Marktforschungsstudie durchführen. Wie sollte Ihre Stichprobe beschaffen sein und welches Verfahren würden Sie anwenden? Beachten Sie, dass Sie nur ein begrenztes Budget und wenig Zeit zur Verfügung haben.
10. Welche besonderen Herausforderungen existieren bei der internationalen Marktforschung?

11. Welche der folgenden Aussagen ist richtig, welche falsch?

a) Die Beobachtung ist eine Erhebungsmethode der Sekundärforschung.

b) Sekundärdaten lassen sich in der Regel schneller und günstiger beschaffen als Primärdaten.

c) Oftmals erhebt man zunächst Sekundärdaten, im Anschluss daran Primärdaten.

d) Persönliche Interviews sind ein kostengünstiges Instrument der Primärforschung.

e) Bei Versendung eines Fragebogens per Post lässt sich eine Beeinflussung durch den Interviewer vermeiden.

Lösungshinweise

1. Grundsätzlich dient die Marktforschung dazu, **Informationen als Grundlage für Entscheidungsprozesse** in Unternehmen zu liefern. Diese Informationen können sich unter anderem auf den Wettbewerb, die Nachfrager, die Lieferanten und Händler sowie auf das breitere politische, soziale, wirtschaftliche und technologische Umfeld beziehen.

Die durch die Marktforschung gewonnenen Informationen sollen dabei helfen, **marktbezogene Chancen und Risiken** zu identifizieren sowie **Marketingmaßnahmen zu entwickeln** und **zu kontrollieren**. Da die Unternehmensumwelt und das Marketinginstrumentarium erheblich an Komplexität gewonnen haben, können Unternehmen wichtige **Wettbewerbsvorteile** erzielen, wenn sie über einen Informationsvorsprung gegenüber ihren Konkurrenten verfügen.

Wesentliche Faktoren, die zur gestiegenen **Komplexität** heutiger Marketingentscheidungen beitragen, sind die **Globalisierung**, der **gestiegene Wettbewerb** sowie die größere Marktmacht und Anspruchshaltung von Handel und Nachfragern. Dies führt zu einer hohen **Dynamik** der Märkte und zu **kurzen Innovationszyklen**, wie es beispielsweise der Markt für Mobiltelefone und Smartphones verdeutlicht. Nur fünf Jahre nach der Ersteinführung im Jahr 2007 kommt bereits die fünfte Generation des iPhone auf den Markt – ehemalige Marktführer wie Nokia oder RIM (Blackberry) kämpfen hingegen mit großen Marktanteilsverlusten. Zudem stehen den Marketingverantwortlichen von heute deutlich mehr Marketinginstrumente zur Verfügung als noch vor 20 Jahren. Allein durch das Internet haben sich die Möglichkeiten vervielfacht, mit den Nachfragern in Kontakt zu treten (z. B. durch Online-Shops, Social Media-Marketing, E-Mail-Marketing).

All diese Entwicklungen führen dazu, dass nachhaltiger Unternehmenserfolg nur noch dann möglich ist, wenn den Entscheidern **kontinuierlich** durch eine **systematische Marktforschung** entscheidungsrelevante Informationen zur Verfügung gestellt werden. Es ist also von einem **sehr hohen Stellenwert der Marktforschung** für Marketingentscheidungen auszugehen.

2. Dass Marketing-Manager gelegentlich keine optimalen Entscheidungen treffen, weil ihnen wichtige Informationen fehlen, mag sogar richtig sein. Dies liegt in der Regel aber nicht an einem Informationsmangel, sondern vielmehr an der zu **großen Informationsfülle** und **-komplexität**.

Die Herausforderung besteht also häufig darin, aus einem Überangebot von Einzelinformationen die wichtigsten herauszufiltern und zu handhabbaren Botschaften beziehungsweise zu Erkenntnissen zu verdichten. Keinem Manager ist allein durch das Angebot von diversen Studien, Datenbanken, Wettbewerbsanalysen oder Absatzreportings geholfen; um diese Informationen gezielt für Entscheidungen einsetzen zu können, müssen die Informationen – idealerweise durch einen spezialisierten Mitarbeiter – geprüft, selektiert und in Bezug auf ihre Implikationen für das Unternehmen interpretiert werden.

Der Informationssuchende kann dabei auf drei Grundtypen von Informationsquellen zurückgreifen. Zum einen gibt es eine Vielzahl **unternehmensinterner Quellen**. Diese sind zum Beispiel das Rechnungswesen (Finanzberichte, Umsatz- und Kostenanalysen, Bestellungen etc.), die Produktion (Fertigungsplanung, Auslieferungen, Lagerbestände etc.), der Vertrieb oder der Außendienst (Informationen über Handels- und Konkurrenzaktivitäten etc.), der Kundendienst (Informationen über Kundenzufriedenheit, Beschwerden etc.) oder Forschung und Entwicklung (Informationen über Trends, neue Technologien etc.).

Die systematische Sammlung und Auswertung öffentlich verfügbarer Informationen über Wettbewerber und Marktentwicklungen wird als **Marketing Intelligence** bezeichnet. Die regelmäßige Analyse von Wettbewerbsinformationen (Competitor Intelligence) ist dabei besonders wichtig. Generell sollen mithilfe der Marketing Intelligence frühzeitig Chancen und Risiken identifiziert und somit die strategische Entscheidungsfindung optimiert werden. Die Recherchemöglichkeiten sind sehr vielfältig und reichen von der Auswertung öffentlicher Informationen wie Pressemitteilungen, Jahresberichte, Unternehmenswebsites oder Messematerialien über den „physischen" Test von Wettbewerbsprodukten bis hin zur Analyse von aktuellen Stellenausschreibungen der Konkurrenz. Darüber hinaus kann auch versucht werden, Informationen von Geschäftspartnern der Wettbewerber oder sogar von Bewerbern und Mitarbeitern der Konkurrenz zu erhalten. Dies sollte aber natürlich nur im ethisch und rechtlich vertretbaren Rahmen erfolgen. Nicht zuletzt existiert eine Vielzahl von Online-Recherchemöglichkeiten: So bieten Zeitungen und Zeitschriften (z. B. *www.ftd.de*) kostenlos Wirtschaftsinformationen und große Beratungs-, Analysten- und Marktforschungshäuser veröffentlichen regelmäßig ausführliche Studien oder Reports zu diversen Themen (z. B. *www.mckinseyquarterly.com*). Zudem können Unternehmen gegen eine Gebühr Zugang zu Online-Datenbanken und Informations-Suchdiensten erlangen (z. B. The Economist, Dialog, DataStar, LexisNexis, Dow Jones, ProQuest).

Benötigt ein Unternehmen detaillierte Informationen zu sehr spezifischen Fragestellungen, ist meist eine spezielle **Marktforschung** die geeignete Informationsquelle. Die Marktforschung definiert den Informationsbedarf für eine bestimmte

Maßnahme, schlägt das Untersuchungsdesign für die Datenerhebung vor, leitet und führt sie durch, analysiert die Ergebnisse, bereitet diese auf und leitet Handlungsempfehlungen ab. Viele Unternehmen haben eine eigene Marktforschungsabteilung, die in der Regel eng mit dem Marketing zusammenarbeitet. Bei Bedarf kann auch ein externes Marktforschungsinstitut beauftragt werden.

3. Ein **Marketing-Informationssystem (MIS)** ist eine unternehmensinterne Struktur beziehungsweise Organisationseinheit, die für die Entscheidungsträger im Marketing zeitgerecht relevante Informationen sammelt, sortiert, zuordnet, analysiert, aufbereitet und auswertet. Zu diesem Zweck gibt es spezialisierte Mitarbeiter mit entsprechender informationstechnischer Ausrüstung. Diese Mitarbeiter werden durch das Marketing beauftragt, für Marketingentscheidungen notwendige Informationen zu beschaffen, auszuwerten und in geeigneter Form – sprich verständlich und übersichtlich – zur Verfügung zu stellen.

Im ersten Schritt sollten Sie den **Informationsbedarf** der Marketingabteilung verstehen und festlegen. Zudem sollten Sie erfragen, ob das MIS ausschließlich für **interne Zwecke** oder auch von **Geschäftspartnern** wie Lieferanten oder Handelspartnern genutzt werden soll: Sie sollten herausfinden, welche Informationen von welchen internen und gegebenenfalls **externen Nutzergruppen** für welche Fragestellungen und Entscheidungen benötigt werden, damit die Bedürfnisse aller relevanten Nutzer im MIS abgebildet werden können. Dennoch sollten Sie kritisch prüfen, welche Informationen für die genannten Ziele unabdingbar sind, um das MIS nicht unnötig „aufzublähen". Da die Kosten für Entwicklung und Betrieb eines MIS sehr hoch sein können, gilt es, die **Kosten** und den **Nutzen** einzelner Informationen sorgfältig abzuwägen.

In einem zweiten Schritt sind die bei der Konzeption des MIS zu nutzenden **Informationsquellen** zu definieren. Es stehen dabei grundsätzlich interne Quellen, Market Intelligence sowie Marktforschung zur Verfügung. Gerade bei kostenpflichtigen Datenquellen ist immer eine sorgfältige Kosten-Nutzen-Abwägung erforderlich. Die Basis des MIS bilden genaue, aktuelle und verlässliche interne und Marketing Intelligence-Daten für regelmäßig anfallende Marketingentscheidungen. Für besondere Fragestellungen müssen zumeist spezifische Marktforschungen – zum Beispiel Sekundärdaten-Analysen, Befragungen, Beobachtungen oder Experimente – durchgeführt werden. Beim Aufbau eines MIS kann es sich lohnen, für bestimmte Fragestellungen einen Pool von spezialisierten Marktforschungsinstituten zu bilden, die im Bedarfsfall beauftragt werden können. Dies gilt insbesondere, wenn die internen Marktforschungsressourcen begrenzt sind.

Im dritten und vierten Schritt müssen die Informationen aus dem MIS **erhoben**, **analysiert** und letztendlich **interpretiert** und **kommuniziert** werden. Bei Etablierung des MIS können Sie zunächst Standardauswertungen und Empfängergruppen festlegen, um die Entscheider zu fixen Zeitpunkten mit aktuellen Informationen zu versorgen. Insgesamt gilt es, vorab Verantwortlichkeiten sowie Beauftragungs- und Berichtswege festzulegen, um Informationen zeitgerecht für Marketingentscheidungen zur Verfügung stellen zu können.

4. Allgemein sollte die Marktforschung Informationen für folgende Aufgaben liefern:

- Das **Marketinggeschehen** verstehen,
- **Marketingchancen** und **-risiken** identifizieren,
- **Marketingaktionen entwickeln**, ihre **Wirkung** beziehungsweise ihren **Erfolg überprüfen** und die **Maßnahmen entsprechend optimieren** und
- die **Marketingleistung messen**.

Ein Hersteller von Erfrischungsgetränken plant die Einführung von Social Media-Maßnahmen. Dazu sollte er zunächst ein Verständnis darüber gewinnen, wie das Kommunikations- und Informationsverhalten der Zielgruppe charakterisiert ist. Das Marketing muss sich Fragen wie die folgenden stellen: Welche Kommunikationsmöglichkeiten bietet Social Media überhaupt? Wo informiert sich meine Zielgruppe über Produkte? Nutzt meine Zielgruppe überhaupt soziale Netzwerke und wenn ja, welche?

Sind keine entsprechenden Informationen vorhanden, so lohnt es sich zu diesen und weiteren Fragestellungen eine Studie aufzusetzen, zum Beispiel eine Befragung der Zielgruppe.

Wenn die relevanten Markttrends und -gegebenheiten verstanden sind, sollte eine Analyse der Chancen und Risiken erfolgen. Chancen sind beispielsweise die persönliche Ansprache von (Neu-)Kunden, die effektivere Vermittlung von Markenbotschaften durch interaktive Möglichkeiten sowie die Generierung viraler Effekte. Risiken ergeben sich zum Beispiel durch die mangelnde Kontrollierbarkeit von Social Media-Maßnahmen – auch negative Botschaften können sich in Windeseile verbreiten, ohne dass das Unternehmen dies verhindern kann – sowie Datenschutz-Probleme. Um diese Chancen und Risiken besser zu verstehen, könnten Branchen- und Social Media-Experten befragt oder relevante Studien und Fallbeispiele ausgewertet werden.

Darauf basierend sowie im Einklang mit den Kampagnenzielen und den eigenen Stärken und Schwächen kann dann eine Marketingaktion, zum Beispiel eine Fanpage auf Facebook, entwickelt werden. Durch eine weitere Marktforschung kann überprüft werden, ob durch diese Maßnahme tatsächlich die Kampagnenziele – zum Beispiel höhere Markenbekanntheit, ein moderneres Image, höhere Kundenbindung – erreicht werden. Beispielsweise kann analysiert werden, wie viele der Besucher oder Fans bei dem Besuch der Fanpage auf ein Banner klicken, den Online-Shop besuchen oder anderen Usern die Seite weiterempfehlen. Durch einen Vorher-Nachher-Vergleich kann im Rahmen einer Befragung zudem untersucht werden, ob sich Markenbekanntheit und -image verbessert haben. Sind die Ergebnisse nicht wie erwünscht, können durch gezielte Marktforschung Ansatzpunkte für Optimierungsmöglichkeiten identifiziert werden.

Die übergeordnete Aufgabe der Marktforschung sollte nicht zuletzt sein, die Marketingmaßnahmen ganzheitlich zu prüfen. So gilt es, die Effektivität und Effizienz einzelner Aktivitäten abzubilden und miteinander zu vergleichen, um eine optimale Allokation des Marketingbudgets zu erreichen. Im vorliegenden Beispiel sollte die Wirkung der Social Media-Maßnahmen insbesondere anderen Kommunikationsmaßnahmen gegenübergestellt werden. Auf Basis solcher Vergleiche kann entschieden werden, ob sich die Investition in die innovativen Maßnahmen gelohnt hat oder ob beispielsweise eine klassische Werbekampagne (bei vergleichbarem Budget) eine größere Wirkung im Sinne der Kommunikationsziele entfaltet. Da solche Vergleiche immer nur eine Stichtag-Betrachtung darstellen, sollten die Wirkung der Maßnahmen und die der Budgetaufteilung kontinuierlich kontrolliert werden.

5. Sekundärdaten werden nicht speziell für eine aktuelle Fragestellung erhoben, sondern aus **bereits vorhandenen Quellen** entnommen. Heute gibt es eine Vielzahl – fast schon ein Überangebot – von Sekundärdaten, die häufig kostenfrei zur Verfügung stehen (von Wirtschaftsmagazinen, Verbänden, Universitäten etc.). Insbesondere das Internet bietet ein enorm großes Angebot an Informationen zu den verschiedensten Fragestellungen. Die meisten Marktforscher nutzen auch kommerzielle beziehungsweise kostenpflichtige **Online-Datenbanken**, zum Beispiel von großen Marktforschungsinstituten wie ACNielsen, in denen sie gezielt nach Sekundärdaten recherchieren können. Mit Online-Datenbanken lassen sich viele Informationsbedürfnisse, die im Marketing auftreten können, **schnell** und vergleichsweise **kostengünstig** befriedigen.

So können Sie aus den Sekundärdaten sicherlich wichtige Konsumtrends in der Produktkategorie, wirtschaftliche Indikatoren wie Kaufkraft und Wirtschaftswachstum oder Wettbewerberaktivitäten ableiten. Da es sich um ein neues Produkt handelt, werden sich jedoch keine ausreichend aussagekräftigen Informationen zur Marktakzeptanz und zu den Umsatzchancen finden lassen. So hätte sich der Markterfolg von Tablet-Computern sicherlich kaum anhand von Sekundärdaten ablesen lassen, wiesen doch die Penetrationsraten von Notebooks und iPhones sowie viele Expertenmeinungen auf einen gesättigten Markt und damit auf ein eher geringes Marktpotenzial hin. Um „reale" Konsumentenreaktionen auf das neue Produkt zu erhalten, müssen Sie folglich **Primärdaten** erheben. Dieser Ansatz ist zwar **kosten-** und **zeitintensiver** – für eine sorgfältig durchgeführte Studie müssen Sie vermutlich mehrere Wochen und Monate investieren –, doch liefert er Informationen über interessante Aspekte wie die Beurteilung, die Akzeptanz oder Preisbereitschaft der Konsumenten, die Sie keinen Sekundärdaten entnehmen können.

Sie sollten gegenüber Ihrem Chef also ein klares Erwartungsmanagement betreiben und ihm verdeutlichen, welche Informationen Sie aus den Sekundärdaten gewinnen und welche Fragestellungen nur mit einer Primärerhebung beantwortet werden können.

6. Eine Marktforschungsstudie läuft typischerweise in vier Schritten ab. Im ersten Schritt erfolgt die **Definition der Problemstellung** und des **Ziels der Marktforschungsstudie**. Zunächst muss also sorgfältig abgestimmt werden, was genau mit der Studie herausgefunden werden soll. Die Festlegung der Untersuchungsziele erfordert einen engen Austausch zwischen Marketing-Manager und Marktforscher, da der Marketingverantwortliche inhaltlich mit der Problemstellung am besten vertraut ist, wohingegen der Marktforscher Experte für die möglichen Quellen und Methoden zur Datenbeschaffung ist und gegebenenfalls potenzielle Limitationen kennt. Grundsätzlich müssen sich die Beteiligten einigen, ob die Studie explorativ oder deskriptiv angelegt werden soll oder ob der Fokus auf Ursache-Wirkungsbeziehungen liegt.

Im zweiten Schritt geht es um die **Entwicklung eines Untersuchungsplans**: die genaue Definition der benötigten Informationen, die notwendig sind, um die im ersten Schritt festgelegten Forschungsziele zu erreichen. Zudem muss ein Plan aufgestellt werden, wo und wie diese Informationen zu beschaffen sind. Der Marktforscher legt also das Untersuchungsdesign und damit auch die Methoden und Instrumente zur Datenerhebung fest. Zur Beantwortung der Fragestellungen der Studie kann man Primärdaten, Sekundärdaten oder eine Mischung aus beiden nutzen. Unter Sekundärdaten versteht man Daten, die bereits im Rahmen einer anderen Studie gesammelt wurden und folglich bereits vorhanden sind. Primärdaten müssen noch erhoben werden und lassen sich daher genau auf die Zielsetzung zuschneiden. Sollen Primärdaten erhoben werden, muss man zunächst den methodischen Ansatz festlegen. Hier kommen die Befragung, die Beobachtung oder das Experiment in Frage. Zudem muss der Marktforscher die Kommunikationsform (postalische, telefonische, persönliche oder Online-Erhebung), den Stichprobenplan und die Erhebungsinstrumente definieren (Fragebogen, computergestützte oder technische Erhebung). All diese Möglichkeiten sind vor dem Hintergrund der zentralen Fragestellungen genau zu bewerten, um das optimale Design für das gegebene Budget sicherzustellen.

Im dritten Schritt kann dann die **Datenerhebung**, man spricht auch von der Feldphase, erfolgen. Da dies die fehleranfälligste und auch meist die teuerste Phase der Marktforschung ist, sollte die Umsetzung zum Beispiel durch die Auswahl geeigneter, erfahrener Interviewer und durch Pre-Tests der Erhebungsinstrumente sorgfältig vorbereitet und kontinuierlich geprüft werden, um möglichen Problemen schnell entgegenzusteuern. Bei Fokusgruppen sollten Mitarbeiter aus Marktforschung und Marketing unbedingt die ersten Gruppen beobachten, damit der Interviewleitfaden gegebenenfalls noch angepasst oder Interviewer nachgeschult werden können, sollten die Diskussionen in die falsche Richtung gehen. Sind die notwendigen Daten vorhanden, werden diese dann **aufbereitet** und analysiert, um wichtige Fakten und Informationen herauslesen zu können. Nach Erhebung mittels Fragebogen werden die Bögen auf Fehlerfreiheit und Vollständigkeit hin überprüft und die enthaltenen Antworten für die weitere (elektronische) Verarbeitung kodiert. Anschließend können statistische Werte wie Häufigkeiten und Mittelwerte berechnet werden.

Im letzten Schritt erfolgen die **Interpretation** und die **Kommunikation der Ergebnisse**. Die Interpretation sollte nicht alleine vom Marktforscher, sondern in enger Abstimmung mit dem Marketing durchgeführt werden. Der Marktforscher hat in erster Linie die Aufgabe, aus den häufig sehr detaillierten Ergebnissen die wichtigsten Aussagen herauszufiltern und in verständlicher Form darzustellen. Zahlen- und Folienschlachten sollten vermieden werden. Bei der Interpretation der Daten ist zudem auf Objektivität zu achten: Alle Schlussfolgerungen sind „erlaubt", unabhängig davon, ob diese von den Entscheidern so erwünscht sind. Auf Basis der Ergebnisse und Implikationen werden dann idealerweise effektive Marketingmaßnahmen abgeleitet.

Stellen Sie sich vor, ein Marketing-Manager für einen Online-Shop stellt einen Anstieg der Kundenbeschwerden fest. Er bittet Sie als Marktforscher herauszufinden, warum die Anzahl der Beschwerden zugenommen hat. Der Marketingverantwortliche nimmt an, dass diese Zunahme der neuen Seitennavigation im Shop und der Reorganisation im Service geschuldet ist, die zu einem Rückgang der Kundenzufriedenheit und damit zu mehr Beschwerden geführt haben.

Da das Unternehmen über ein Kundenzufriedenheitstracking verfügt – sprich jedes Quartal standardisierte Befragungen durchführt – schlagen Sie vor, zunächst diese Daten zu analysieren. Überraschenderweise zeigen die Daten, dass die Kundenzufriedenheit im letzten Quartal sogar gestiegen ist. Es müssen daher andere Gründe für die gestiegene Beschwerdehäufigkeit maßgeblich sein. Zusammen mit dem Marketing entscheiden Sie sich, eine umfassende Kundenbefragung durchzuführen. Es werden sowohl Kunden mit als auch solche ohne Beschwerdeerfahrung befragt. Neben Fragen zur Nutzerfreundlichkeit des Shops, zur Zufriedenheit mit dem Bestellvorgang, der Lieferung und dem Kundenservice erheben Sie auch die Kenntnis über Beschwerdekanäle und Erfahrungen mit eigenen Beschwerden. Die Studie wird online durchgeführt: Die Probanden werden per E-Mail und per Pop-up-Fenster auf der Shopseite zur Befragung eingeladen. Sie vermuten, dass diese relativ anonyme Datenerhebungsmethode zu einem offeneren Antwortverhalten führt als beispielsweise persönliche Interviews. Zudem sind Sie an hohen Fallzahlen interessiert.

Die Datenanalyse ergibt, dass sehr viele Befragte den neuen Online-Beschwerdekanal kennen. Aus früheren Studien wissen Sie, dass die Kunden bisher nicht immer wussten, an wen sie sich mit ihrer Beschwerde wenden sollten. Die Kunden mit Beschwerdeerfahrung äußern zudem insgesamt sehr positive Eindrücke mit der Beschwerdebehandlung. Sie schließen daraus, dass dadurch die Bereitschaft gestiegen ist, sich bei Unzufriedenheit an das Unternehmen zu wenden, da die Kunden mit einem vorteilhaften Ergebnis ihrer Beschwerde rechnen. Auch wenn nicht im Fokus der Studie, so können Sie den Daten auch entnehmen, dass die Zufriedenheit mit dem Liefervorgang abgenommen hat, sich die Gesamtzufriedenheit jedoch auf gutem Niveau befindet.

Sie bereiten die Kernergebnisse übersichtlich auf und diskutieren diese mit dem Marketingverantwortlichen. Dieser ist sehr überrascht über die Ergebnisse. Anstatt die Seitennavigation zu überdenken oder den Service erneut neu aufzustellen, entscheidet er sich, das Beschwerdemanagement zu stärken und die Eingangskanäle weiterhin offensiv zu kommunizieren. Zudem wird er bei der Logistik und den Distributoren die von den Kunden geäußerten Lieferprobleme thematisieren und genauer analysieren, um Optimierungsmaßnahmen abzuleiten.

7. **Explorative Studien** werden dann durchgeführt, wenn wenig Wissen über das interessierende Thema vorhanden ist. Es geht also darum, einen **ersten Einblick** in ein Themengebiet zu erlangen. Ziel ist die **Sammlung von Informationen**, die dabei helfen, das Thema **besser zu verstehen**, um zum Beispiel Fragestellungen für Folgestudien zu konkretisieren und erste Hypothesen zu bilden.

In der **Praxis** werden explorative Forschungsansätze häufig im Kontext von Innovationen angewendet. In solchen Studien werden Konsumenten beispielsweise umfassend zu ihren Nutzungsgewohnheiten und zu ihrer Produktverwendung sowie zu ihren Erfahrungen, Meinungen und Wünschen befragt. Häufig kommen dabei Kreativtechniken wie Brainstorming oder Mind Mapping zum Einsatz. Die Teilnehmer können auch aufgefordert werden, mit Hilfe von Bildern typische Nutzungssituationen oder Assoziationen mit dem Neuprodukt zu visualisieren. Vor Einführung eines Bezahlsystems mit dem Handy könnte der Anbieter potenzielle Anwender einladen, um mit ihnen Nutzungsanlässe, Produktanforderungen oder auch Risiken und Bedenken zu eruieren. Zudem könnten ausgewählte Personen nach der Einführung mit Testgeräten ausgestattet werden, um Nutzungsmöglichkeiten und -erfahrungen in ihrem Alltag zu notieren beziehungsweise ein Nutzungstagebuch zu führen.

Bei **deskriptiven Studien** geht es hingegen um die **genaue Erfassung** und **Beschreibung** relevanter Sachverhalte. Bestimmte Fragestellungen des Marketing sollen möglichst exakt **gemessen** werden. Für das oben genannte Beispiel könnte im Rahmen einer deskriptiven Studie das Marktpotenzial für das Handy-Bezahlsystem, die soziodemografischen Merkmale der Zielgruppe oder die Kundenzufriedenheit nach Produkteinführung ermittelt werden. Um eine Generalisierbarkeit der Ergebnisse zu ermöglichen, sind hierfür in der Regel größere Stichproben erforderlich.

Im Rahmen der sogenannten **Ursachenforschung** steht der Test von **Ursache-Wirkungsbeziehungen** beziehungsweise von **Kausalzusammenhängen** im Vordergrund. Diese Art der Forschung wird auch als **explikativ** bezeichnet. Es geht also um die Analyse der Ursachen von beobachtbaren Phänomenen und um die **Überprüfung von Hypothesen**. Nach erfolgreicher Markteinführung des Handy-Bezahlsystems könnte mittels explikativer Studien beispielweise der Einfluss unterschiedlicher Preismodelle oder unterschiedlicher Werbemaßnahmen auf den Umsatz ermittelt werden. Auch bei der Ursachenforschung werden häufig sehr große Stichproben benötigt, um ausreichend große Fallzahlen für die nötigen statistischen Analyseverfahren zu erreichen.

8. Zunächst muss die am besten geeignetste **Datenerhebungsmethode** gewählt werden. **Beobachtung** und **Experiment** können ausgeschlossen werden, da mit beiden Methoden Verhaltensweisen beziehungsweise beobachtbare Reaktionen analysiert werden. Da der vorliegende Untersuchungsgegenstand der Intimsphäre der Probandinnen zuzuordnen ist, sind diese Methoden folglich **nicht geeignet**.

Sie schlagen also vor, eine **Befragung** durchzuführen. Diese eignet sich gut, um beschreibende Informationen über Sachverhalte zu erhalten, ohne diese direkt erfassen zu müssen. Nun müssen Sie noch entscheiden, ob Sie Fragebögen **per Post** versenden oder die Befragung **telefonisch**, **persönlich** oder **im Internet** durchführen möchten. Sie entscheiden sich gegen erstere Alternative, da Sie befürchten, dass bei diesem sensiblen Thema kein ausreichender Rücklauf zustande kommt. Eventuell könnten sich auch andere Familienmitglieder einen Spaß erlauben und den Fragebogen anstelle der eigentlich adressierten Person ausfüllen. Auch von der **telefonischen Befragung** würden Sie abraten, da Sie auch hier von einer mangelnden Teilnahmebereitschaft ausgehen.

Es bieten sich zwei Optionen an: Sie können ausgewählte Probandinnen zu einem **persönlichen Einzelinterview** einladen. Hier sollten die Teilnehmerinnen nicht in der Öffentlichkeit, sondern in ihrem privaten Umfeld oder zum Beispiel in einem Teststudio eines Marktforschungsinstituts befragt werden. Zudem sind nur gut ausgebildete Interviewer/innen einzusetzen, die Sensibilität und Seriosität ausstrahlen und eine vertrauensvolle Atmosphäre schaffen. So können Sie sehr umfangreiche und tiefgründige Informationen erhalten. Die Teilnahmebereitschaft können Sie mit einem Incentive, zum Beispiel einem kleinen Geldbetrag, erhöhen.

Wenn es dem Auftraggeber eher um repräsentative Ergebnisse zu sehr **konkreten Fragestellungen** geht, wäre eine Online-Befragung die geeignete Methode. Hier bietet sich die Nutzung eines **Online-Panels** an (z. B. von Toluna, panelbiz oder Payback), da dort grundsätzlich nur auskunftsbereite Teilnehmerinnen registriert sind und sich die Stichprobe gemäß der Zielgruppe zusammenstellen lässt. Die relativ große Anonymität im Internet lässt eine höhere Auskunftsbereitschaft vermuten als in anderen Medien. Wahrscheinlich ist die Online-Befragung auch günstiger als die persönliche Befragung, auch wenn eine Rekrutierung und Durchführung im Panel deutlich kostenintensiver ist als beispielsweise über die eigene Homepage oder per E-Mail. Zu beachten ist aber, dass durch das Panel nur „Onliner" erreicht werden, das heißt keine Personen befragt werden können, die das Internet nicht nutzen. Wenn die Zielgruppe jedoch aus eher jüngeren Personen bis 50 Jahre besteht, sollte dies kein Problem darstellen, da in dieser Altersgruppe eine Internet-Penetration von über 90 Prozent vorliegt. Je nach Untersuchungsziel kann es auch nachteilig sein, dass Online-Umfragen die Dynamik und Flexibilität der persönlichen Methode fehlt, da nonverbale Kommunikation nicht erfasst werden kann.

9. Ein verbreitetes Ziel in der Marktforschung ist es, Schlüsse über das Verhalten großer Konsumentengruppen zu ziehen, indem man kleine Stichproben der **Grundgesamtheit** untersucht. Im vorliegenden Beispiel stellt die Zielgruppe – charakterisiert durch Alter, Einkommen/Vermögen und kulturelles Interesse – die Grundgesamtheit dar. Als **Stichprobe** bezeichnet man eine Teilmenge der Grundgesamtheit, die ausgewählt wurde, um diese insgesamt abzubilden. Um **Repräsentativität** zu erreichen, müssen Sie sicherstellen, dass die Stichprobe in ihrer Zusammensetzung möglichst exakt der Grundgesamtheit entspricht: Auch in der

Stichprobe sollten ausschließlich Personen mit den soziodemografischen und psychografischen Merkmalen der Zielgruppe vorhanden sein.

Als Marketing-Manager sollten Sie zunächst zusammen mit der Marktforschung klären, wer überhaupt die **Entscheidungsträger** bei der Reiseplanung sind. Beim Alleinreisenden ist diese Frage relativ leicht zu beantworten – aber wie sieht es bei Ehepartnern aus? Auch diese Abwägungen sollten bei der Definition von Grundgesamtheit und Stichprobe berücksichtigt werden.

Des Weiteren gilt es, die **Größe der Stichprobe** festzulegen. Um eine Generalisierbarkeit der Ergebnisse zu ermöglichen und zufällige Schwankungen auszuschließen, sind in der Regel für einfache Analysen Stichproben mit mindestens 100 bis 150 Probanden notwendig. Je komplexer die Fragestellungen und die anzuwendenden Analysemethoden (z. B. multivariate Analysemethoden wie die Regressionsanalyse), desto größer muss die Fallzahl sein.

Zuletzt muss das **Verfahren der Stichprobenziehung** festgelegt werden. Sie können zwischen zufallsorientierten oder nicht zufallsorientierten Verfahren wählen. Beim Einsatz zufallsorientierter Verfahren hat jedes Mitglied der Grundgesamtheit eine bekannte beziehungsweise berechenbare Chance, in die Stichprobe aufgenommen zu werden und der Marktforscher kann Konfidenzintervalle für den Stichprobenfehler berechnen. In der Praxis kommen nicht-zufallsorientierte Verfahren häufiger zur Anwendung, da sie weniger zeit- und kostenintensiv sind. Da Sie nur über ein knappes Finanz- und Zeitbudget verfügen, könnten Sie sich für das Quota-Verfahren entscheiden. Mit diesem Verfahren wird sichergestellt, dass die Merkmalsverteilung in der Stichprobe mit der Merkmalsverteilung in der Grundgesamtheit übereinstimmt. Es werden also Quotenmerkmale (gemäß der oben genannten Zielgruppendefinition plus gegebenenfalls weiterer Merkmale) zur Befragungszielgruppe vorgegeben. Die Auswahl der Zielpersonen hat dann anhand dieser Quotenmerkmale zu erfolgen. Die Einschränkung, dass der Stichprobenfehler bei diesem Verfahren nicht berechnet werden kann, nehmen Sie aus forschungsökonomischen Gründen in Kauf.

10. Die Datenbeschaffung kann sich im Rahmen der internationalen Marktforschung deutlich schwieriger und aufwendiger gestalten als im Heimatmarkt. **Sekundärdaten** zu bestimmten Fragestellungen, die man hier leicht und unkompliziert erhalten kann, sind in internationalen Märkten zum Teil gar **nicht vorhanden**. Nicht jedes Land verfügt über Bevölkerungszahlen, statistische Jahrbücher oder Telefonbücher. Auch wenn solche Daten existieren, sind diese nicht immer aktuell, vollständig und zuverlässig.

Auch die **Erhebung von Primärdaten** kann mit einigen Herausforderungen verbunden sein. Bei niedriger Penetration von Telefonen und Internetanschlüssen ist es beispielsweise deutlich schwieriger, Verbraucher für Studienzwecke zu rekrutieren und zu befragen. Durch unzuverlässige Postzustellungen und durch mangelnde Infrastruktur kann die Durchführung von schriftlichen und persönlichen Interviews in Schwellen- und Entwicklungsländern deutlich **aufwendiger** und **kostenintensiver** ausfallen.

Zudem führen **sprachliche Unterschiede** zu weiteren Hindernissen im Rahmen der internationalen Marktforschung. Schon bei der **Übersetzung** ist mit größter Sorgfalt vorzugehen. Bei der Übersetzung von Fragebögen sollte vor der Feldphase mittels Rückübersetzung getestet werden, ob der ursprüngliche Sinn der Frage durch die Übersetzung getroffen wurde. Hierzu übersetzt zunächst ein erster bilingualer Übersetzer die Ausgangsfragen in die Sprache des Gastlandes. Ein anderer Übersetzer führt daraufhin die Rückübersetzung in die Ausgangssprache durch. Bei einer Diskrepanz zwischen Ausgangsfrage und rückübersetzter Frage wird deutlich, dass die Übersetzung noch optimiert werden muss. Auch sind **unterschiedliche Antwortmuster** bei der Auswertung internationaler Befragungen zu berücksichtigen. Marktforschungsteilnehmer aus kollektivistischen Ländern wie Japan weisen eine starke „Tendenz zur Mitte" auf: Sie geben auf einer Skala besonders häufig die Skala-Mittelwerte an (z. B. die Werte 3 bis 5 auf einer siebenstufigen Zustimmungsskala). Probanden aus individualistisch orientierten Ländern wie den USA tendieren hingegen viel stärker zu den Extremwerten auf der Skala.

Ferner sind **kulturell geprägte Einstellungen**, **Werte** und **Verhaltensmuster** der Probanden zu berücksichtigen. Dies betrifft zum Beispiel Studien zu „sensibleren" Themen wie Körperhygiene oder Geldanlage – hier ist davon auszugehen, dass in Abhängigkeit der Kultur die Auskunftsbereitschaft zu diesen Themen stark variieren wird. Auch mag eine Kultur der Höflichkeit, wie sie in manchen Ländern vorherrscht, Probanden davon abhalten, unangenehme Erlebnisse oder Wahrnehmungen offen zu verbalisieren.

11. a) Falsch: Die Beobachtung ist eine Erhebungsmethode der Primärforschung.

b) Richtig.

c) Richtig.

d) Falsch: Persönliche Interviews sind ein relativ kostenintensives Instrument der Primärforschung, da sie personalintensiv sind und unter Umständen hohe Fahrtkosten entstehen.

e) Richtig.

8 Relationship-Marketing

In der Vergangenheit mussten sich Unternehmen keine Sorgen um die Zufriedenheit der Kunden machen, da die Märkte in der Mehrheit Verkäufermärkte waren: Es wurde verkauft, was produziert wurde. Diese Märkte waren durch knappe Angebote und monopolähnliche Strukturen gekennzeichnet. Die Kaufinteressenten von heute dagegen sehen sich einer Vielzahl von Produkten und Dienstleistungen gegenüber. Der Kunde kann – und wird – kritisch auswählen und ein Unternehmen, das seine Kunden nicht befriedigt, wird diese an die Konkurrenz verlieren. Auf diesen sogenannten Käufermärkten ist der Konsument zunehmend gut informiert und in starkem Wettbewerb setzen überlegene Unternehmen die Maßstäbe. In diesem Umfeld kommt der Beziehung zum Kunden, der Kundenzufriedenheit und dem Kundennutzen eine hohe Bedeutung zu.

Als **Kundennutzen** wird die Differenz zwischen dem Gesamtnutzen für den Käufer und den für ihn entstehenden Kosten bezeichnet. Als Nutzenmaximierer wird sich der Kunde in der Regel für das Angebot mit dem höchsten Nutzen entscheiden. **Kundenzufriedenheit** ergibt sich aus einer Übereinstimmung seiner Erwartungen mit den tatsächlichen Leistungen eines Produktes oder einer Dienstleistung. Werden Erwartungen erfüllt, sind die Kunden zufrieden – werden Erwartungen übertroffen, sind die Kunden begeistert. Zufriedene Kunden sind in der Regel treue Kunden, die Nachkäufe tätigen, die weniger volatil sind und positive Multiplikatoren sein können. Eine vom Unternehmen angestrebte Maximierung der Kundenzufriedenheit kann jedoch auch negative Auswirkungen auf andere Anspruchsgruppen des Unternehmens haben, sodass der eigentliche Zweck des Marketing die Schaffung von Kundennutzen unter Berücksichtigung der Gewinnerzielungsabsicht sein sollte. Kundenzufriedenheit kann durch verschiedene Verfahren, beispielsweise durch aktives Beschwerdemanagement oder durch Untersuchungen zum Wechselverhalten der Kunden, erfasst und gemessen werden.

Ein hoher Nutzen für den Kunden und seine Zufriedenheit sind wichtige Bestandteile des Gesamtkonzepts für den Unternehmenserfolg. Hohe Kundenzufriedenheit wird durch eine konsequente Ausrichtung der internen Wertschöpfungsketten sowie der Wertschöpfungssysteme auf den Kunden erreicht. Jede Einzelaktivität, bei der ein Unternehmen besser als sein Wettbewerber ist, kann einen Wettbewerbsvorteil generieren. Das Ziel von **Total Quality Management (TQM)** ist es, die Qualität von Produkten, Dienstleistungen und Prozessen zur Sicherung von Kundenzufriedenheit und Profitabilität systematisch und kontinuierlich zu erhöhen. Wichtige Komponenten sind unter anderem Mitarbeiterengagement, Systeme zur Qualitätsmessung und die Belohnung der Mitarbeiter.

Auf Verkäufermärkten konnten Unternehmen in der Vergangenheit nahezu jeden verlorenen Kunden durch einen neuen ersetzen. Wenigen Anbietern und Produkten stand eine hohe Nachfrage gegenüber. Vor dem Hintergrund eines in vielen Märkten zunehmenden Wettbewerbs kann die Neukundenakquise schnell um ein Vielfaches teurer werden als die Zufriedenstellung eines bereits bekannten Kunden. Hieraus ergibt sich die Notwendigkeit des Managements von Kundenbeziehungen, dem Relationship-Marketing.

Relationship-Marketing bezeichnet den Aufbau, die Pflege und Intensivierung von Beziehungen zum Kunden und zu anderen Interessengruppen. Es ist die Weiterentwicklung des klassischen Marketing (Transaktionsmarketing, auf eine Transaktion ausgerichtet) hin zum langfristigen Beziehungsmarketing zur Erzielung dauerhafter Zufriedenheit für den Kunden. Kundenbeziehungsmanagement (Customer Relationship Management; CRM) bezeichnet eine kundenorientierte Unternehmensphilosophie und umfasst alle Aktivitäten, die der Planung, Konzeption, Durchführung, Kontrolle und Analyse von Geschäftsbeziehungen zum Kunden dienen. Ziel ist es, den Nutzen für beide Seiten zu steigern und eine langfristige und profitable Beziehung zu den Kunden aufzubauen. CRM basiert auf der Speicherung sämtlicher Daten und Transaktionen mit Kunden in einem elektronischen Informationssystem. Gutem Kundenbeziehungsmanagement gelingt es, die Konsumenten zu begeistern und an das Unternehmen zu binden.

Vor dem Hintergrund höherer Kosten bei steigender Bindung zum Kunden müssen für einzelne Kunden oder Marktsegmente im Unternehmen Entscheidungen getroffen werden, mit welcher Intensität die Beziehungen zu ihnen gepflegt werden sollen. Das Spektrum reicht hier von einfacher Nachbetreuung nach dem Kauf bis zur Anregung langjähriger Entwicklungspartnerschaften, die dann in täglicher gemeinsamer Arbeit über Unternehmensgrenzen hinweg stattfinden. Auch die Option, auf eine Nachbetreuung ganz zu verzichten ist denkbar, typischerweise im Falle geringer Gewinnspannen und sehr vieler Kunden. Der Ansatz des „Customer Lifetime Value" hilft, den Wert eines Kunden über einen längeren Zeitraum – im Idealfall die gesamte Dauer der Geschäftsbeziehung – zu bestimmen.

Fragen und Aufgaben

1. Erläutern Sie den Begriff „Kundennutzen" und seine Bestandteile an einem Beispiel.
2. Definieren Sie den Begriff „Kundenzufriedenheit". Was spricht aus Unternehmenssicht gegen eine Maximierung der Kundenzufriedenheit?
3. „Die Kundenzufriedenheit liegt beim Produkt X bei 70 Prozent, das heißt von 100 Kunden sind 70 zufrieden." Beurteilen Sie diese Aussage für das Unternehmen Y. Können hieraus fundierte Maßnahmen für das betreffende Unternehmen abgeleitet werden?
4. Wie kann ein Unternehmen Kundennutzen schaffen?
5. Definieren Sie den Begriff „Total Quality Management".
6. Warum reicht es heute in der Regel nicht mehr aus, ein fehlerfreies Produkt zu liefern?
7. Erläutern Sie die zentrale Rolle des Marketing im Rahmen des Qualitätsmanagements eines Unternehmens.

8. Definieren Sie die Begriffe „Transaktionsmarketing“ und „Relationship-Marketing“. Grenzen Sie diese voneinander ab.

9. Welche der folgenden Aussagen sind richtig, welche falsch?

a) Der Kundennutzen ist die Differenz zwischen dem Gesamtnutzen des Produktes für den Käufer und den Kosten des Produktes für den Käufer.

b) Transaktionsmarketing stellt profitable Kundenbeziehungen in den Fokus.

c) Aus Daten des Beschwerdemanagements lassen sich Rückschlüsse auf die Kundenzufriedenheit ziehen.

d) Ein Unternehmen sollte immer hundertprozentige Kundenzufriedenheit anstreben.

Lösungshinweise

1. Der Kundennutzen hängt eng mit dem Entscheidungsprozess des Kunden zusammen: Welche Kriterien sind relevant? Wie bewertet er sie? Wie entscheidet er? Als Nutzenmaximierer innerhalb bestimmter Grenzen (z. B. Informationskosten, verfügbares Einkommen, Mobilität) wird sich der Kunde in der Regel für das Angebot mit dem höchsten Gegenwert, dem höchsten Nutzen für ihn entscheiden. Ist der Kauf vollzogen, vergleicht der Konsument seine Nutzenerwartungen vor dem Kauf mit dem tatsächlich erhaltenen Nutzen. Als **Kundennutzen** wird damit die Differenz zwischen dem Gesamtnutzen für den Käufer und den ihm entstehenden Kosten bezeichnet.

An folgendem Beispiel lässt sich dieser Ansatz erläutern: Sie benötigen ein neues Auto. Sie beginnen sich zu informieren, sind aufmerksam der Werbung gegenüber, lesen Testberichte und unternehmen Probefahrten mit Modellen verschiedener Marken. Aufgrund Ihrer Körpergröße schließen Sie typische Kleinwagen aus, aufgrund Ihres Einkommens scheiden Fahrzeuge der Oberklasse aus; Sie konzentrieren sich also auf typische Mittelklassewagen. Am Ende listen Sie die in der engeren Auswahl verbliebenen Fahrzeuge auf: Das Modell A der deutschen Marke B ist Ihrer Meinung nach qualitativ hochwertiger und hat einen höheren Wiederverkaufswert. Der Verkäufer hat Sie gut und kompetent beraten und die Marke ist aktuell mit einer lustigen, emotional ansprechenden TV-Werbekampagne im Fernsehen zu sehen, in der bestimmte elektronische Ausstattungsmerkmale beworben werden. Das Modell C des japanischen Herstellers D wird mit einer erweiterten 5-Jahres-Garantie geliefert, ist günstiger in der Anschaffung, gleichwertig in der Ausstattung, hat aber ein Design, das Sie für austauschbar halten.

Der Nutzen des jeweiligen Angebots für Sie als Konsument entspricht dem Wert, den das Fahrzeug für Sie als Käufer hat (Produkteigenschaften, verbundene Leistungen wie z. B. Garantien, Image der Marke). Haben Sie Ihren persönlichen Nutzen jeder Variante ermittelt, kennen Sie das Modell mit dem höchsten Gesamtnutzen. Dieses reicht Ihnen aber nicht zur Entscheidungsfindung, da dem Nutzen die Ihnen entstehenden Kosten (der Kaufpreis, aber auch die für eine Entscheidungsfindung notwendige Zeit und Energie der Informationsbeschaffung) gegenübergestellt werden müssen. Die Differenz zwischen Gesamtnutzen und Gesamtkosten ergibt den Nutzenwert, den die jeweilige Alternative für Sie besitzt und nach dem Sie in der Regel entscheiden.

Der beschriebene Entscheidungsprozess ist sehr rational dargestellt. In der Realität ist es denkbar, dass Sie sich trotz ausführlicher Nutzenwertanalyse für das Modell auf dem zweiten Platz entscheiden, weil sich in Ihrem Bekanntenkreis gerade eine Person, deren Meinung Sie schätzen, das entsprechende Modell gekauft hat und in den höchsten Tönen davon schwärmt oder weil Sie den höheren Kaufpreis von Modell A derzeit nicht zahlen können.

2. Als **Kundenzufriedenheit** bezeichnen wir die Übereinstimmung der Erwartungen eines Käufers, die dieser sich aufgrund von Werbung, eigener Erfahrungen oder Meinungen seines Umfeldes gebildet hat, mit der tatsächlichen Leistung des Produktes. Kundenzufriedenheit ist immer noch steigerungsfähig, doch ist dieses Streben ab einem gewissen Grad mit überproportional steigenden Kosten verbunden. Beispielsweise können sinkende Preise oder erhöhte Personalausgaben zur Verbesserung der Qualität einer Service-Hotline sinkende Unternehmensgewinne zur Folge haben und damit weitere Anspruchsgruppen des Unternehmens, in diesem Fall die Anteilseigner, benachteiligen. Auch könnte eine angestrebte Maximierung der Kundenzufriedenheit zu einer Bindung wichtiger Ressourcen im Unternehmen führen, die nicht mehr für andere Zwecke zur Verfügung stehen würden, etwa für Forschung und Entwicklung neuer Produkte. Das betreffende Unternehmen könnte so einen Wettbewerbsnachteil erleiden und vom Markt verdrängt werden.

3. Die als Übereinstimmung von Erwartungen eines Käufers mit den tatsächlichen Leistungen eines Produktes oder einer Dienstleistung definierte **Kundenzufriedenheit** stellt als absoluter Wert nur eine Kennzahl mit sehr begrenztem Aussagewert dar. Sie könnte angeben, dass von 100 Personen, die ein Produkt gekauft haben, 70 zufrieden sind – und damit bei 70 Prozent liegen. Ist das ausreichend für das Unternehmen oder nicht genug? Deutlich aussagekräftiger ist in diesem Fall der Vergleich mit den Wettbewerbern: Wie hoch ist die Kundenzufriedenheit der Kunden eines Konkurrenten mit dessen Produkten? Liegt diese beispielsweise bei 90 Prozent, das heißt 90 Käufer von 100 sind zufrieden, so kann unser Beispielunternehmen mit 70 Prozent schwerlich zufrieden sein. Insofern ist die Kundenzufriedenheit immer auch relativ und im Vergleich mit relevanten Mitbewerbern zu sehen, um aus ihr die richtigen Maßnahmen abzuleiten. Die isolierte Aussage in der Aufgabenstellung liefert insofern keine fundierte inhaltliche Basis, die eine Beurteilung der Wettbewerbsfähigkeit zulassen würde.

4. Kundennutzen und Kundenzufriedenheit sind wesentliche Bestandteile des Unternehmenserfolgs. Um einen hohen Gegenwert für den Kunden zu schaffen, schlägt Michael Porter die **Wertschöpfungskette** als Analyseinstrument vor. Die Gesamtheit von Aktivitäten in einem Unternehmen wird von Porter in neun Bereiche eingeteilt, in denen Wertschöpfung stattfindet. Dieses Modell ermöglicht eine genaue Analyse der einzelnen Bereiche und deren Kosten sowie die Offenlegung möglicher Differenzierungspotenziale gegenüber dem Wettbewerb.

Die neun Bereiche werden aufgeteilt in primäre und unterstützende Aktivitäten. Zu den primären Bereichen zählt Porter die Eingangslogistik, die Produktion, die Ausgangslogistik, das Marketing und den Vertrieb sowie den Service. Die unterstützenden Aktivitäten betreffen alle fünf Funktionsbereiche.

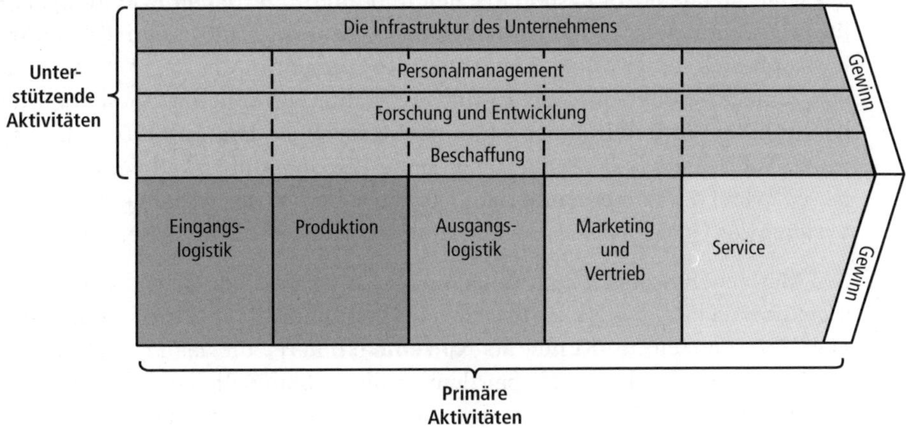

Nicht nur das Produkt und die erbrachte Dienstleistung an sich sind Mittel zur Wertgenerierung für den Kunden, sondern ebenso die unterstützenden Aktivitäten. Personalmanagement findet in allen fünf primären Funktionsbereichen statt, ebenso nutzen alle die gemeinsame Infrastruktur des Unternehmens (Führung, Planungsabteilung, Rechnungswesen etc.).

In jedem wertschöpfenden Funktionsbereich sollte das Unternehmen Kosten und Leistungsfähigkeit kennen, bewerten und verbessern. Ebenso wichtig ist – soweit möglich – ein Benchmarking, also der Vergleich mit Wettbewerbern. Ist unser Unternehmen in einem Punkt leistungsfähiger oder günstiger, kann es hieraus einen Wettbewerbsvorteil generieren.

Allerdings hängt der Gesamterfolg eines Unternehmens nicht nur davon ab, wie gut einzelne Abteilungen ihre Aufgaben erledigen, sondern auch davon, wie gut die Aktivitäten der Abteilungen aufeinander abgestimmt und koordiniert werden. Nur zu oft stellen einzelne Abteilungen ihre Interessen über die des Unternehmens und der Kunden. Will beispielsweise die Finanzabteilung Forderungsausfälle vermeiden, nimmt sie sich mehrere Tage Zeit, um Auskünfte über die Kreditwürdigkeit von Neukunden einzuholen. Für den Verkaufsaußendienst dauert es zu lange, bis bei Neukundenwerbungen grünes Licht für Verkauf und Krediteinräumung gegeben wird. Auch die Kunden müssen warten – möglicherweise gehen dadurch sogar Aufträge an die Konkurrenz verloren. Wenn die Vertriebsabteilung beschließt, dass aus Kostengründen nur noch per Bahn ausgeliefert wird, müssen die Kunden unter Umständen zu lange auf die Lieferungen warten. In beiden Fällen haben Abteilungen mit dem Durchsetzen ihrer Interessen Mauern gegenüber dem Kunden aufgerichtet, die eine optimale Bedienung verhindern. Die erfolgreiche Koordination sämtlicher interner Prozesse in einem erfolgreichen Unternehmen kann mit dem perfekten Zusammenspiel in einem Orchester verglichen werden: Die Koordination ist grundlegend für eine erfolgreiche Schaffung von Kundennutzen.

5. **Total Quality Management (TQM)** bezeichnet die Gesamtheit der Aktivitäten eines Unternehmens zur **systematischen** und **kontinuierlichen Erhöhung** der Qualität von Produkten, Dienstleistungen und Prozessen. Auf Käufermärkten, wie sie heute überwiegend vorliegen, wird der Konsument in der Regel keine Produkte von schlechter oder durchschnittlicher Qualität akzeptieren. Kundenzufriedenheit und die Profitabilität des Unternehmens stehen damit im Fokus dieses Konzepts. TQM erstreckt sich auf die gesamte Wertschöpfungskette eines Unternehmens. Wichtige Komponenten sind unter anderem das Mitarbeiterengagement, Systeme zur Qualitätsmessung und die Belohnung der Mitarbeiter.

6. Auf Märkten, auf denen sich Konsumenten einer breiten Auswahl an Produkten gegenüber sehen, reicht in der Regel durchschnittliche Produktqualität nicht mehr aus, da sich der **Kunde als Nutzenmaximierer** für das Produkt desjenigen Anbieters entscheiden wird, bei dem er den größtmöglichen Nutzen erzielt. In der Definition des Kundennutzens sind neben der Produktqualität auch weitere Kriterien für den Verbraucher relevant, beispielsweise Serviceleistungen und gute Beratung vor, bei und nach dem Kaufakt (Pre- und After-Sales-Services) oder auch Image. Ein Unternehmen, das im Wettbewerb bestehen will, muss also sein Qualitätsmanagement auf die gesamte Wertschöpfungskette anwenden und darf sich nicht ausschließlich auf die Qualität des produzierten Gutes konzentrieren. Entscheidende Wettbewerbsvorteile können heute bei vergleichbarer Produktqualität etwa die Qualifikation des Verkäufers oder die schnelle Auslieferung des Produktes sein.

7. Fehlerfreie Produkte und Dienstleistungen zu liefern, reicht auf den heutigen, von Angebotsvielfalt und Wettbewerb gekennzeichneten (Käufer-)Märkten nicht mehr aus – vielmehr steht die Kundenzufriedenheit im Fokus des Qualitätsmanagements eines Unternehmens. Total Quality Management als Schlüssel zur Generierung von Kundennutzen und -zufriedenheit muss die gesamte Wertschöpfungskette eines Unternehmens umfassen und erfordert das Engagement aller Mitarbeiter. Das Marketing ist gewissermaßen das Ohr des Unternehmens am Markt und der Anwalt des Kunden, der dessen Belange im Unternehmen vertritt. Insofern kommt dem Marketingverantwortlichen eine zentrale Rolle im Rahmen des Qualitätsmanagements zu: Er ermittelt die Kundenbedürfnisse und leitet diese an relevante Stellen innerhalb des Unternehmens weiter, er überwacht die korrekte Umsetzung und Auslieferung der Kundenaufträge einschließlich eventuell notwendiger Schulungen oder Erklärungen für den Kunden, er sichert den über den Kaufakt hinausgehenden Kontakt mit dem Kunden zur Sicherstellung einer langfristigen Kundenzufriedenheit und leitet gesammelte Anregungen oder

Ideen für Produkt- oder Serviceverbesserungen in das Unternehmen weiter (Rückkopplung). Hierbei muss auch die interne Zusammenarbeit ständig verbessert werden. Nur wenn sich alle Mitarbeiter als Team fühlen, kann der Grundsatz, dem Kunden stets die beste Lösung bereitzustellen, konsequent umgesetzt werden.

8. Ein Marketingkonzept, bei dem eine einzelne Transaktion im Fokus steht, wird als **Transaktionsmarketing** bezeichnet. Dieses Konzept ist auf eine Aktion ausgerichtet und orientiert sich an einem eher kurzfristigen Horizont. Es wird in der Regel dann zur Anwendung kommen, wenn Kunden ohne hohe Kosten oder Mühen den Anbieter wechseln können. Nach der eigentlichen Transaktion ist die Beziehung zum Kunden zumeist beendet. Weiterführende Kontakte zwischen Unternehmen und Käufer bestehen nicht mehr, insofern kommt dem am Beginn der (kurzen) Kundenbeziehung stehenden Kundengewinnung ein besonderer Stellenwert zu.

In Abgrenzung dazu setzt das **Relationship-Marketing** an der Beziehung zum Kunden, ihrer Pflege und Intensivierung auf lange Sicht an. Kennzeichnend für Märkte, auf denen Relationship-Marketing sinnvoll ist, sind hohe Kosten und Risiken, die ein Wechsel des Lieferanten verursacht, beispielsweise im Markt für Informationstechnologien. Die Vorbereitung des Kaufs erfordert einen hohen Aufwand an Zeit und Geld seitens des Kunden. Kaufentscheidungen gehen oft über das eigentliche Gut hinaus und umfassen beispielsweise Mitarbeiterschulungen und langfristige Service- und Supportverträge. Aber auch für den Lieferanten, der in eine Kundenbeziehung investiert hat, ist das Risiko hoch, diesen Kunden zu verlieren, da sich Anfangsinvestitionen oft erst langfristig amortisieren. Für beide Seiten besteht also ein Anreiz, eine langfristig angelegte Beziehung einzugehen und diese zu pflegen.

9. a) Richtig.

b) Falsch: Das Relationship-Marketing hat profitable Kundenbeziehungen im Fokus, beim Transaktionsmarketing geht es um profitable Transaktionen.

c) Richtig.

d) Falsch: Das optimale Niveau der Kundenzufriedenheit ergibt sich aus einer Kosten-Nutzen-Abwägung und liegt in der Regel unter 100 Prozent.

9 Marktsegmentierung und Positionierung

Da die im Mittelpunkt der Marketingstrategie stehenden Konsumenten in der Realität aus einer Vielzahl von Käufertypen mit unterschiedlichen Wünschen und Bedürfnissen bestehen, strebt das Marketing an, möglichst homogene Gruppen zu bilden: Der Markt wird **segmentiert**. Aus diesen Segmenten sucht sich das Unternehmen die attraktivsten heraus und definiert diese zu **Zielmärkten**, deren Kunden möglichst gewinnbringend bedient und zufrieden gestellt werden sollen – es müssen Nutzenversprechen formuliert werden. Auf seinen Zielmärkten sollte das Unternehmen in der Wahrnehmung des Kunden eine klare, wünschenswerte und deutlich abgrenzbare Position bezüglich relevanter Eigenschaften und des Wettbewerbs einnehmen **(Differenzierung)** und sich entsprechend in den Köpfen der Zielkunden **positionieren**.

Als Segmentierung bezeichnet man die Zerlegung eines Marktes in homogene Käufergruppen mit ähnlichen Bedürfnissen, Eigenschaften oder Verhaltensmustern, die mit unterschiedlichen Produkten oder verschiedenen Marketingprogrammen angesprochen werden sollen. Da die Konsumenten innerhalb eines Segments typischerweise ähnlich auf Marketinginstrumente reagieren, wird eine zielgruppengerechte Ansprache durch das Unternehmen ermöglicht. Es existieren verschiedene **Formen der Marktsegmentierung**: Vom Massenmarketing (keine Segmentierung des Marktes) über das Zielgruppenmarketing (nach Segmenten differenziertes Marketing) und das Nischenmarketing (konzentriertes Marketing auf eine Marktnische) bis hin zum Mikromarketing (lokales oder individuelles Marketing). Die Auswahl einer Segmentstrategie hängt von verschiedenen Faktoren ab, zum Beispiel von den Ressourcen des Unternehmens, der Veränderbarkeit des Produktes, dem Stadium im Produktlebenszyklus oder dem Verhalten des Wettbewerbs.

Im Konsumgütermarketing werden typischerweise geografische, demografische, psychografische und verhaltensorientierte **Segmentierungskriterien** verwendet, einzeln oder in Kombination miteinander. Viele dieser Kriterien werden ebenfalls für das Industriegütermarketing, wo Unternehmen als Käufer auftreten, verwendet, ergänzt durch weitere spezifische Merkmale. Dies können Charakteristika des kaufenden Unternehmens sein, die Nutzung der Produkte oder Dienstleistungen, die Organisation der Beschaffungsfunktion, situative Faktoren oder Eigenschaften der handelnden Personen. Im internationalen Kontext müssen analog dazu Märkte in Segmente mit ähnlichen Rahmenbedingungen gruppiert werden, was unter anderem mithilfe geografischer, wirtschaftlicher, politischer oder kultureller Faktoren geschehen kann. Es sind jedoch auch Segmentierungsansätze über nationale Marktgrenzen hinweg, etwa nach Einkommen, möglich. Die Eignung eines Segmentierungsansatzes zeigt sich daran, ob die gefundenen Segmente messbar, ausreichend und bedeutsam sowie für das Marketing adressierbar und bearbeitbar sind.

Der nächste Schritt ist die **Identifikation der besten Marktsegmente**. Die Auswahl erfolgt nach Größe, Wachstumserwartungen, struktureller Attraktivität und der Übereinstimmung mit den Zielen und Ressourcen des Unternehmens. Ist die Entscheidung für den Eintritt in ein Segment gefallen, muss das Unternehmen zur möglichst genauen Befriedigung der Kundenbedürfnisse gezielt seine Stärken herausarbeiten, um Wettbewerbsvorteile zu generieren. Der angestrebte höhere Nutzen für den Kunden spiegelt sich in der **Differenzierung** wider, für die es vier **Möglichkeiten** gibt: Differenzierung über das Produkt oder die erbrachte Leistung, Differenzierung über assoziierte Dienstleistungen, Differenzierung über Mitarbeiter oder über das Image.

Positionierung im Markt bedeutet, die Ansichten des Kaufinteressenten beziehungsweise des Käufers über das Unternehmen und über seine Produkte zu steuern, wobei es hier in der Hauptsache um Wahrnehmungen geht. Technische Innovationen sind heute relativ schnell und leicht für alle Wettbewerber in einem Markt verfügbar oder imitierbar. Das Produkt selbst ist daher immer weniger dazu geeignet, eine dauerhafte Positionierung zu tragen. Service und Image werden deshalb zu sehr wichtigen Faktoren, aufgrund derer die Käufer zwischen den einzelnen Produkten und Marken unterscheiden. Auch die Differenzierung und Positionierung über sach- und fachkundige Mitarbeiter gewinnt an Bedeutung. Bei der Auswahl der relevanten Wettbewerbsvorteile müssen die Fehler der Unterpositionierung, der Überpositionierung sowie der unklaren Positionierung vermieden werden.

Um die Wahrnehmungen der Käufer bezüglich eines Produktes zu beeinflussen, stehen verschiedene **Positionierungsstrategien** zur Verfügung. Bei diesen geht es immer darum, das Produkt mit bestimmten Attributen zu belegen. Die Positionierung über das Verhältnis von Kundennutzen und Kosten bietet eine Reihe von Positionierungsalternativen, die in einer 9-Felder-Matrix schematisiert werden können. Die erfolgversprechenden Strategien reichen von „mehr für mehr“ – wobei man den Kunden ein überlegenes Produkt zu einem hohen Preis anbietet – bis hin zu „weniger für weniger“ – wobei man mit einfachen Produkten zu niedrigen Preisen in den Markt geht. Unternehmen haben dauerhaft Erfolg, wenn sie über lange Zeit eine klare Positionierung innehaben und keine abrupten Brüche in ihrer Marktposition vornehmen.

Fragen und Aufgaben

1. Stellen Sie die Schritte des Zielgruppenmarketing dar.
2. Nennen Sie verschiedene Arten von Segmentierungskriterien und erläutern Sie deren Ausprägungen an einem selbst gewählten Beispiel.
3. Erklären Sie, warum demografische Segmentierungskriterien in Konsumgütermärkten die wichtigste Basis der Marktsegmentierung sind. Erläutern Sie einige demografische Merkmale und ihre Ausprägungen.
4. Nennen und erläutern Sie spezifische Segmentierungskriterien für Industriegütermärkte.
5. Skizzieren Sie mögliche Schwierigkeiten bei einem Eintritt in ein neues, als attraktiv beurteiltes Segment.
6. Erläutern Sie anhand der Kriterien „Attraktivität des Marktsegments“ und „relative Stärke des Unternehmens“, wie zukünftig zu bearbeitende Geschäftsfelder charakterisiert und ausgewählt werden können.

7. Warum ist Differenzierung ein wichtiger Schritt bei der Auswahl strategischer Optionen?

8. Welche grundlegenden Ansatzpunkte zur Differenzierung hat ein Unternehmen?

9. Was bezeichnet man als Positionierung? Grenzen Sie die Positionierung eines Produktes von den Wettbewerbsvorteilen des Unternehmens ab.

10. Welche der folgenden Aussagen sind richtig, welche falsch?

a) Unter Segmentierung versteht man die Unterteilung des (heterogenen) Gesamtmarkts in kleinere (in sich homogene) Segmente.

b) Unter „Targeting“ versteht man die Differenzierung des Marktangebots, um einen höheren Kundenwert zu erzielen.

c) Bei der Positionierung geht es um die Verankerung des Angebots in den Köpfen der Mitarbeiter.

d) Beim Massenmarketing geht es darum, bestimmte Nischen zu bedienen.

e) Die Einstellung gegenüber einem Produkt ist ein demografisches Segmentierungsmerkmal.

Lösungshinweise

1. Zielgruppenmarketing bezeichnet die gezielte Ansprache einer nach bestimmten Kriterien gebildeten homogenen Gruppe innerhalb eines Marktes, die auf Marketinganreize weitgehend gleich reagieren wird. Ein Unternehmen sieht sich auf seinen Märkten in der Realität nicht „dem“ Konsumenten gegenüber, sondern einer Vielzahl von Käufertypen mit unterschiedlichen Wünschen und Bedürfnissen. Die Zerlegung eines Marktes in homogene Käufergruppen anhand relevanter Kriterien wie Bedürfnissen, Nutzenerwartungen oder Verhaltensmustern wird als Segmentierung bezeichnet. Zielgruppenmarketing besteht aus den Stufen „Marktsegmentierung“, „Auswahl der Zielmärkte“, „Differenzierung“ und „Positionierung“.

Der erste Schritt im Zielgruppenmarketing ist die **Marktsegmentierung**. Aus den nach unterschiedlichen Kriterien gebildeten und in sich homogenen Clustern wird das Unternehmen diejenigen Segmente für seine Geschäftstätigkeit auswählen, die am attraktivsten sind und für die es passende und wettbewerbsfähige Angebote entwickeln kann. Diese werden zu **Zielmärkten** definiert, deren Kunden möglichst gewinnbringend bedient und zufriedengestellt werden sollen. Hierzu bedarf es eines Nutzenversprechens. Auf seinen Zielmärkten muss das Unternehmen in der Wahrnehmung des Kunden eine klare, wünschenswerte und deutlich abgrenzbare Position im Hinblick auf relevante Eigenschaften sowie auf den Wettbewerb einnehmen **(Differenzierung)** und sich entsprechend in den Köpfen der Zielkunden **positionieren**.

Neben dem Zielgruppenmarketing existieren weitere Ausprägungen der Marktsegmentierung, vom Massenmarketing (keine Segmentierung des Marktes) über das Nischenmarketing (konzentriertes Marketing auf eine Marktnische) bis hin zum Mikromarketing (lokales oder individuelles Marketing). Von verschiedenen Faktoren – zum Beispiel von den Ressourcen des Unternehmens, der Veränderbarkeit des Produktes, dem Stadium im Produktlebenszyklus oder dem Verhalten des Wettbewerbs – wird es abhängen, für welche Segmentierung sich das Unternehmen entscheidet.

2. Im Marketing verwendete Segmentierungskriterien sind typischerweise geografische, demografische, psychografische oder verhaltensorientierte Merkmale. Sie können einzeln oder in Kombination miteinander angewandt werden.

Geografische Segmentierungskriterien legen geografische Merkmale zugrunde: Das können Kontinente, Staaten, Regionen, Städte oder Stadtteile sein, aber auch die Bevölkerungsdichte (Ballungsraum, ländlich strukturierte Siedlungsgebiete etc.) oder Klimazonen.

Bei der **demografischen Segmentierung** wird der Markt zum Beispiel anhand von Alter, Geschlecht, Einkommen oder dem Stadium im Familienlebenszyklus in homogene Gruppen aufgeteilt. Die demografische Segmentierung ist die wichtigste Basis der Marktsegmentierung, da deren Kriterien eng mit den Wünschen, Bedürfnissen und Verbrauchsgewohnheiten der Konsumenten verbunden sind und sie vergleichsweise einfach zu messen sind.

Der relativ neue Segmentierungsansatz der **geodemografischen Segmentierung** kombiniert geografische mit demografischen Kriterien. Man geht beispielsweise davon aus, dass Bewohner bestimmter Stadtbezirke oder Wohngebiete ähnliche Wünsche, Lebensstile oder Konsumgewohnheiten haben.

Die **psychografische Segmentierung** teilt den Markt anhand von Zugehörigkeit zu einer sozialen Klasse, Lebensstil oder ausgewählten Persönlichkeitsmerkmalen in unterschiedliche Gruppen ein, während der **verhaltensorientierte Ansatz** der Segmentierung etwa die Kriterien „Wissensstand", „Einstellungen", „Nutzungsverhalten" oder „Einstellung gegenüber dem Produkt" verwenden.

Ein Unternehmen, das Hausinstallationsprodukte (zum Beispiel Schalter, Steckdosen, Türsprechanlangen oder vernetzte Lösungen für die Gebäudeautomation) herstellt könnte folgende Kriterien und deren Ausprägungen für seine Zielgruppenansprache verwenden:

Geografische Merkmale	**Ausprägung**	
Großregionen mit gleichem elektrischen Standard	Schuko-Standard	Deutschland, Österreich, Niederlande, Schweden, Norwegen, Finnland, Estland, Lettland, Litauen, Russland, Spanien, Portugal, Griechenland, Türkei, Ukraine, Ungarn, Serbien, Slowenien, Kroatien ...
	Französischer Standard	Frankreich, Belgien, Tschechische Republik, Slowakei, Polen
	Britischer Standard	Großbritannien
	Italienischer Standard	Italien
	Schweizer Standard	Schweiz
	Dänischer Standard	Dänemark
Demografische Merkmale	**Ausprägung**	
Position im Familienlebenszyklus	junge Familie	Basisausstattung, Kostenorientierung
	mittleres Alter, Kinder selbstständig	Komfortausstattung, Nutzenorientierung
	Senioren	Komfortausstattung „altersgerecht wohnen", spezifische Nutzenorientierung
Psychografische Merkmale	**Ausprägung**	
Lebensstil und Lebensgewohnheiten	finanziell knapp kalkulierend	Ersterwerber; Budget für Kernnutzen „eigene Immobilie" weitgehend verbraucht
	Durchschnittsbauherr	legt Wert auf Sicherheit und Komfort in begrenztem Umfang
	Technikfans und Innovatoren	Frühadopter, hohe Komfort-, Technik- und Nutzenorientierung, gehobenes Bildungsniveau
Verhaltensorientierte Merkmale	**Ausprägung**	
Gesuchter Nutzen	Basisfunktion	absolute Preiskäufer
	Standardfunktion	Moderates Interesse an Komfort; starkes Kostenbewusstsein
	Premiumfunktion	Hohe Nutzenerwartungen in den Bereichen „Steuerung", „Sicherheit", „Überwachung" und „Komfort"; sehr hohe Nutzenorientierung

3. Demografische Merkmale bilden die wichtigste Basis für eine Marktsegmentierung, da sie zum einen eng mit den Bedürfnissen, Wünschen und Nutzungsgewohnheiten der Zielgruppe verbunden und zum anderen relativ leicht messbar sind. Demografische Kriterien der Marktsegmentierung sind zum Beispiel Alter, Geschlecht, Einkommen oder die Stellung im Lebenszyklus.

Altersgruppen werden zur Segmentierung herangezogen, da sich die Bedürfnisse und das Konsumverhalten mit zunehmendem Alter ändern. Einige Unternehmen verwenden eine Segmentierung nach Alter und Position im Lebenszyklus, um spezifische Produkte anzubieten (z. B. Mobilfunktelefone mit großem, gut ablesbarem Display und Tastenbeschriftung), andere passen ihr Marketing der Zielgruppe an, da nicht alle Gruppen gleich auf eine Zielgruppenansprache reagieren. So werden Jugendliche und junge Erwachsene als intensivere Internet-Nutzer im Vergleich zu anderen Zielgruppen deutlich affiner auf Internet-Werbung oder auf virales Marketing, also die Verbreitung von Marketinginhalten etwa in Form von Werbeclips im eigenen Netzwerk, reagieren.

Auf verschiedenen Märkten gibt es bereits seit langer Zeit typische Produkte für Frauen, etwa bei Kleidung oder Haarpflege, und für Männer (Pflegeprodukte rund um die Gesichtsrasur). Bei anderen erfolgte erst in jüngerer Zeit eine **geschlechtsspezifische Segmentierung**, zum Beispiel im Bereich der Körperpflege und der Kosmetik. In dem neu entstandenen Segment der Männerkosmetik werden zum Beispiel spezifische Männer-Deodorants, Gesichtscremes oder Haartönungen angeboten, um so höhere Nutzenversprechen für den Konsumenten zu generieren.

Einkommen als Segmentierungskriterium findet sich häufig in Märkten für Reisen, für PKW oder im Marketing der Banken. Auch Anbieter von Luxusgütern verwenden häufig diese Trennvariable, ebenso wie Haushersteller – letztere häufig kombiniert mit der Stellung der Zielgruppe im Lebenszyklus –, wenn etwa auf bestimmte Käufergruppen je nach Einkommen zugeschnittene Angebote in Form von Häusern für junge Familien, für wohlhabendere Kunden oder für energiebewusste Käufer im Angebot sind.

Bei der Segmentierung nach der **Stellung im Lebenszyklus** werden Nutzenversprechen angeboten, die den Bedürfnissen der Zielgruppen in den unterschiedlichen Phasen des Lebens entsprechen. Am Beispiel eines Möbelherstellers könnten demnach mit dieser Segmentierung Möbel für junge Singles in der ersten eigenen Wohnung, Möbel für die junge Familie, für Paare mittleren Alters oder seniorengerechte Möbel angeboten werden.

4. Auf Industriegütermärkten stehen Anbietern Unternehmen oder Organisationen als Käufer gegenüber, was zu einer Ausweitung der auch für das Konsumgütermarketing verwendeten Merkmalsliste (geografische, demografische, psychografische, verhaltensorientierte Variablen) um weitere Kriterien führt. Diese Kriterien könnten sein:

- Besondere Eigenschaften des nachfragenden Unternehmens
- Nutzungskriterien

– Beschaffungsverhalten

– Situative Faktoren

– Einstellungen der handelnden Personen oder des nachfragenden Unternehmens

Eigenschaften der nachfragenden Unternehmen können beispielsweise die Branche, in der diese tätig sind, die Standorte oder die Unternehmensgröße sein.

Als **Kriterien der Nutzung** können die auf Anwenderseite verwendeten Technologien (z. B. in der Druckindustrie), die Unterscheidung nach Verwenderstatus (Vielnutzer, Nichtnutzer, schwache Nutzer etc.) oder nach Unterstützungsbedarf durch den Anbieter (Benötigt der Kunde weiterführende, assoziierte Dienstleistungen, Serviceverträge?) herangezogen werden.

Das **Beschaffungsverhalten** von Unternehmen und Organisationen unterscheidet sich von dem eines einzelnen Konsumenten. Als Segmentierungskriterien sind die Organisation des Einkaufs (zentral oder dezentral?), innerbetriebliche Entscheidungs- oder Machtstrukturen (Entscheidet die Fachabteilung, das Marketing oder die Finanzabteilung?) oder die Einkaufspolitik des Kunden (Gibt es besondere Angebotsverfahren? Kommt es zum Kauf oder zum Leasing durch den Kunden?) denkbar. Auch eine Konzentration auf Unternehmen, mit denen bereits eine lange Geschäftsbeziehung besteht ist möglich sowie die Einteilung nach preis- oder qualitätsorientierten Nachfragern.

Dringlichkeit (Ist die Lieferung der Leistung zeitkritisch für den Kunden?), Verwendungsbereiche des angebotenen Produktes und die Losgröße bei Erst- und Nachbestellungen werden als **situative Faktoren** bei der Segmentierung bezeichnet. Aber auch **Einstellungen der handelnden Personen** oder **der nachfragenden Unternehmen** können die Variable sein, die die Aktivitäten des handelnden Unternehmens lenkt. Die Konzentration auf Unternehmen mit ähnlichen Wertvorstellungen (z. B. Nachhaltigkeit im Handeln, keine Beziehungen zu Herstellern von Kriegswaffen), mit ähnlicher Risikoneigung oder mit ähnlichen moralischen Werten (Treue, Fairness) sind einige Beispiele.

5. Ist ein Segment von einem Unternehmen etwa aufgrund von Größe und voraussichtlicher Wachstumsraten unter Berücksichtigung der Ziele und der zur Verfügung stehenden Ressourcen als attraktiv eingestuft worden, ist das noch keine Garantie für den unternehmerischen Erfolg. Der langfristige Erfolg wird bestimmt durch einige wichtige strukturelle Faktoren; hierzu zählen etwa aktuelle und potenzielle Konkurrenten oder existierende beziehungsweise denkbare Ersatzprodukte (Surrogate), da hierdurch Preisspielraum und Gewinnerwartung eingeschränkt werden können. Ebenfalls entscheidend ist die Machtverteilung im Absatzkanal: Haben Käufer eine starke Stellung und können Preise drücken beziehungsweise Leistungsverbesserungen fordern? Wie sieht es beschaffungsseitig aus? Können Lieferanten das handelnde Unternehmen unter Druck setzen und unternehmerische Entscheidungen von außen beeinflussen?

Sind diese Faktoren analysiert worden, gilt es, die Vereinbarkeit des neuen Geschäftsfeldes mit den Unternehmenszielen unter moralisch-ethischen Gesichtspunkten oder politischen Grundeinstellungen zu prüfen. Auch mit Blick auf eine auf nachhaltiges Handeln ausgerichtete Strategie kann für ein Unternehmen der Eintritt in ein neues Segment letzten Endes nicht in Frage kommen oder problematisch erscheinen.

Ein Unternehmen muss sich vor dem Markteintritt die Frage stellen, wie sich seine Situation insgesamt darstellt. Ist es auf anderen Geschäftsfeldern stark, realisiert es Gewinne und verzeichnet wachsende Marktanteile, oder stagniert das Wachstum und sinkt der Marktanteil? Letzteres könnte auf eine unternehmerische Schwäche hindeuten. Das Unternehmen muss sicher sein, dass bei einem Eintritt in ein neues Geschäftsfeld ausreichend Ressourcen und Energie vorhanden sind.

Schließlich zählen auch Eintrittsbarrieren zu einer möglichen Gefährdung einer erfolgreichen Aktivität in einem Marktsegment. So ist beispielsweise der Schweizer Markt für Elektroinstallationsmaterial (Schalter- und Steckdosen, Datentechnik etc.) ein im europäischen Vergleich hoch attraktiver Markt (hochpreisig mit kontinuierlichen Wachstumsraten), doch würde ein Markteintritt für einen neuen Wettbewerber aufgrund technischer Spezifitäten (eigene Normen, eigene technische Standards, hohe Serviceorientierung etc.) extrem kostspielig und schwierig werden.

6. Sind in einem attraktiv erscheinenden Segment die spezifischen Voraussetzungen (strukturelle Faktoren, Wettbewerbssituation, Machtverteilung etc.) gegeben, muss geprüft werden, ob diese mit den Stärken des Unternehmens übereinstimmen. Das Unternehmen muss Fähigkeiten und Ressourcen einsetzen, die denen der Wettbewerber überlegen sind. Nur wenn ein Unternehmen einen überlegenen Gegenwert für seine Konsumenten anbieten kann, sollte es in ein Geschäftsfeld eintreten. An einer Matrix aus der Attraktivität des Marktsegments und der relativen Stärke des Unternehmens kann die Situation verdeutlicht werden.

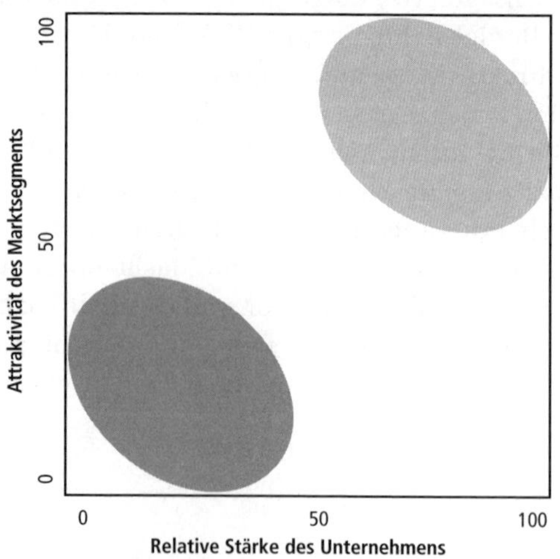

Im hellgrauen Bereich liegen die Segmente, in denen das Unternehmen Stärken aufweisen kann und die zudem attraktiv sind im Hinblick auf Gewinnerwartungen oder Wachstumschancen. Ein Markteintritt in ein in diesem Bereich liegendes Segment ist sicherlich hoch interessant für das Unternehmen, da es auf existierende Stärken aufbauen und vermutlich kurzfristig und ohne weitere Investitionen erfolgreich agieren kann. Der dunkelgraue Bereich hingegen ist ein Bereich geringer Attraktivität, in dem das Unternehmen zudem keine Stärken aufweist. Ein Markteintritt kommt hier eher nicht in Betracht.

Einer eingehenderen Analyse muss der Bereich zwischen den farbig markierten Flächen unterzogen werden. In diesem haben wir es mit Segmenten geringerer Attraktivität zu tun, in denen das Unternehmen Stärken aufweist, oder aber mit hochattraktiven Segmenten, in denen die Unternehmensstärken begrenzt sind. Vor einem Eintritt in letztere müssten zunächst spezifische Stärken aufgebaut werden; ohne diese scheint ein Markteintritt aussichtslos. Wenig attraktive Segmente, für die das Unternehmen jedoch Stärken aufweist, sind in der Regel für neue Aktivitäten nicht geeignet, doch könnten hier in Sonderfällen marketingfremde Faktoren (z. B. sinkende Produktionskosten durch eine höhere Kapazitätsauslastung) zu einem Markteintritt führen.

7. Kaufinteressenten werden sich in der Regel für das Produkt mit dem für sie höchsten Nutzen entscheiden. Grundlegend für ein Unternehmen ist es also, zu verstehen, wie der Kaufentscheidungsprozess des Konsumenten abläuft, damit es einen der Konkurrenz überlegenen Kundennutzen anbieten kann. Dieser höhere Nutzen, der den Kauf auslöst, wird der Wettbewerbsvorteil sein, mit dem sich der Anbieter bewusst von Mitbewerbern unterscheidet. Das Unternehmen differenziert sich. Ohne klare Differenzierung wären Produkte oder Leistungen austauschbar; dem Anbieter würde es nicht gelingen, den Kaufinteressenten zu einem Kunden zu machen. Differenzierung bildet auch die Grundlage für die anschließende Positionierung von Produkt, Unternehmen oder Marke in den Gedanken des Konsumenten.

8. Ein Unternehmen kann sein Angebot grundsätzlich über vier Kriterien differenzieren: Über das **Produkt** beziehungsweise über die zu erbringende **Leistung**, über assoziierte, zusätzliche **Dienstleistungen**, über seine **Mitarbeiter** oder über das **Image**.

Bei der Differenzierung über das Produkt könnten Ausstattungsoptionen (z. B. der serienmäßige Einbau von elektrischen Fensterhebern und Klimaanlage im Automobilsektor), Leistungsmerkmale (z. B. eine bessere Saugkraft und ein geringerer Geräuschpegel eines Staubsaugers) oder das Aussehen verändert werden und so zu Wettbewerbsvorteilen ausgebaut werden. Auch der Produktnutzen oder der Verwendungsanlass kann differenzieren (Knoppers zum Beispiel positioniert sich unter den Snacks mit dem Slogan „Morgens um halb zehn in Deutschland" als kleine Mahlzeit für die Frühstückspause).

Einige Unternehmen erlangen Wettbewerbsvorteile über zusätzliche Dienstleistungen, zum Beispiel über die unentgeltliche Lieferung und Montage von Möbeln oder den Über-Nacht-Service von Internet-Versendern. Auch Service nach dem Kauf kann als Differenzierungskriterium genutzt werden, beispielsweise ein Hol- und Bringservice einer Autowerkstatt, ebenso wie ein- oder weiterführende Schulungen zum Produkt.

Will sich ein Unternehmen über seine Mitarbeiter differenzieren, muss es wahrnehmbar besseres Personal als die Konkurrenz einstellen und dieses intensiv inhaltlich und im Umgang mit dem Kunden schulen. Der Konsument muss das Gefühl vermittelt bekommen, die ungeteilte Aufmerksamkeit zu besitzen, kompetent beraten zu werden und schnell Lösungen aufgezeigt zu bekommen.

Auch das Image eines Produktes, einer Marke oder eines Unternehmens kann den entscheidenden Unterschied im Wettbewerb ausmachen. Das Image stellt idealerweise eine einzigartige und unverwechselbare Botschaft dar, welche die Alleinstellung des Produktes und seine Positionierung transportiert, und wird in der Regel durch langfristige und vor allem durch konsistente Vermittlung gebildet. Dabei müssen alle Kontakte, die ein (potenzieller) Kunde mit einem Produkt, einer Marke oder einem Unternehmen hat, übereinstimmend die gleiche Nachricht übermitteln; es reicht nicht, ein bestimmtes Image durch eine Werbekampagne etablieren zu wollen, wenn der Außendienst andere Werte vermittelt oder nicht ausreichend geschult ist. Imagedifferenzierung verwendet oft Symbole mit hohem Wiedererkennungswert (z. B. Logos bekannter Automarken) oder auch Personen (z. B. in der Fruchtgummi-Werbung) oder Farben (Der Autovermieter Sixt wird zum Beispiel an der Farbkombination Orange-Schwarz identifiziert, die in Logo, Werbung, Mitarbeiteruniformen und der Gestaltung der Kundenkontaktpunkte dominiert). Sponsoring ist eine weitere Möglichkeit, imagebildende Aktivitäten durchzuführen. So hat die Deutsche Bahn etwa das Kulturhauptstadtjahr 2010 im Ruhrgebiet als Hauptsponsor unterstützt und den Akzent auf umweltfreundliche Mobilität und Logistik gelegt.

9. Kaufinteressenten und Konsumenten werden heute überhäuft mit Informationen über Produkte und Dienstleistungen. Eine vollständige Überprüfung aller in Frage kommenden Produkte ist in der Regel nicht möglich und so ordnen sie gedanklich bestimmten Plätzen oder Kategorien existierende Produkte zu: Sie positionieren die Produkte, Leistungen oder Marken im Gedächtnis. Die Position eines Gutes wird bestimmt durch die Wahrnehmung wichtiger Eigenschaften durch den Verbraucher im Vergleich zu anderen Gütern.

Die Stärke eines Unternehmens beruht in der Regel auf einem oder auf mehreren Wettbewerbsvorteilen, die ihm in der Konkurrenz um den höchstmöglichen Kundennutzen helfen, sich von anderen Anbietern abzusetzen. Ein Wettbewerbsvorteil kann, muss aber nicht, identisch sein mit der Positionierung. So sichert die Kostenführerschaft einem Unternehmen zwar einen deutlichen Vorteil, um im Wettbewerb bestehen zu können, doch muss das Unternehmen sich nicht zwangsläufig über diesen Punkt positionieren, sondern kann ebenso die hohe Qualität seiner Produkte oder eine deutlich bessere Servicequalität zur Positionierung in der Wahrnehmung des Kunden heranziehen.

10. a) Richtig.

b) Falsch: Unter „Targeting" versteht man die Auswahl des Zielsegments oder der Zielsegmente.

c) Falsch: Es geht um die Positionierung des Angebots in den Köpfen der Zielkunden.

d) Falsch: Beim Massenmarketing geht man undifferenziert vor, um den Gesamtmarkt anzusprechen.

e) Falsch: Die Einstellung gegenüber einem Produkt gehört zu den psychografischen Segmentierungsmerkmalen.

10 Konkurrenzanalyse und Wettbewerbsstrategien

Durch die Liberalisierung von Märkten und durch den Wegfall von Handelsbeschränkungen ist der Wettbewerb seit den 1990er Jahren schärfer geworden. Ein Grund mehr für ein Unternehmen, die Bedürfnisse seiner Kunden zu verstehen, aber auch, die Konkurrenten zu analysieren. Die Konkurrenzanalyse ermöglicht die Entwicklung von Wettbewerbsstrategien zur Erlangung eines Wettbewerbsvorteils und beginnt mit der Identifizierung konkurrierender Unternehmen, entweder auf Basis der Branchenzugehörigkeit oder als marktbezogene Analyse. Nach Bestimmung der Ziele dieser Konkurrenten, ihrer Strategien, Stärken, Schwächen und voraussichtlichen Reaktionen auf eigene Aktivitäten kann das Unternehmen diese beurteilen und entscheiden, welche Wettbewerber angegriffen werden sollen. Das Sammeln, Auswerten, Interpretieren und Weiterleiten dieser Informationen ist ein permanenter Prozess im Unternehmen und kann durch den Aufbau eines Wettbewerbsinformationssystems institutionalisiert werden.

Nach der Identifikation und Klassifizierung der Wettbewerber müssen Strategien zur Positionierung des Unternehmens im Wettbewerb entwickelt werden, wobei sich diese auf ein Produkt oder ein Geschäftsfeld beziehen können und auch in unterschiedlichen Segmenten differieren können. Man unterscheidet die **Strategie der Kostenführerschaft**, **der Differenzierung** und **der Konzentration**. Der Erfolg hängt davon ab, wie konsequent eine strategische Option umgesetzt wird. Die Festlegung der Strategie erfolgt unter Berücksichtigung der eigenen Position im Zielmarkt, der eigenen Ziele und Ressourcen. Die Strategiewahl wird unterschiedlich ausfallen – je nachdem, ob das Unternehmen Marktführer, Herausforderer, Marktfolger oder Nischenanbieter ist.

Marktführer können zur Sicherung ihrer Position versuchen, die Gesamtnachfrage zu steigern, ihren Marktanteil bei konstanter Nachfrage zu erhöhen, den gegenwärtigen Marktanteil durch entsprechende Maßnahmen abzusichern oder durch Verbesserung der Produktivität ihre Stärke im Wettbewerb zu behalten. **Herausforderer** sind Unternehmen, die sich aggressiv um eine Steigerung des Marktanteils zur Renditesteigerung bemühen. Angegriffen werden können sowohl der Marktführer, aber auch kleinere oder vergleichbare Unternehmen. Liegt das anvisierte Unternehmen fest, kann die Angriffsstrategie ausgewählt werden; zur Auswahl stehen unter anderem Frontalangriff, Angriff über die Flanken, Einkreisungsstrategie und ein dem Guerilla-Angriff ähnelndes Vorgehen. Auch die Umgehungsstrategie kann eine Option darstellen. **Marktfolger** werden den Marktführer nicht direkt angreifen, sondern sich vielmehr an den Erfolg desselben anhängen, weitgehend ähnliche Produkte anbieten und versuchen, ihn in einigen Punkten zu übertreffen. **Nischenanbieter** sind häufig kleinere, hochspezialisierte Unternehmen, die in Teilmärkten agieren, welche für größere Anbieter zunächst nicht interessant sind, und die sich durch eine hohe Kenntnis ihrer Kunden und deren Bedürfnissen auszeichnet.

Die Beobachtung und die Analyse des Wettbewerbs sind wichtig, sollten jedoch nicht dazu führen, dass das Unternehmen die Kundenwünsche aus den Augen verliert und nur noch auf Aktionen der Konkurrenz reagiert. Veränderungen der Käuferpräferenzen oder ein Markteintritt neuer Wettbewerber sind in der Regel gefährlicher als das Verhalten bereits vorhandener Konkurrenten. Marktorientierte Unternehmen behalten gleichermaßen Kunden und Wettbewerber im Blick und haben die besten Voraussetzungen für unternehmerischen Erfolg.

Fragen und Aufgaben

1. Stellen Sie die wichtigsten Schritte einer Konkurrenzanalyse dar.

2. Erklären Sie den Begriff „strategische Gruppe" und nennen Sie ein Beispiel für Konkurrenzbeziehungen zwischen strategischen Gruppen.

3. Welche Gefahren kann ein zu eng gefasstes Wettbewerbsverständnis bergen?

4. Was versteht man unter einer Kundennutzenanalyse und wofür kann sie verwendet werden?

5. Warum sind Wettbewerber für ein Unternehmen wichtig?

6. Skizzieren Sie drei unterschiedliche Wettbewerbsstrategien nach Porter.

7. Welche Möglichkeiten haben Marktführer, ihre Position zu halten?

8. Recherchieren Sie im Internet und, falls möglich, in geeigneten Datenbanken zu mittelständischen Unternehmen, die sich mit ihrem Angebot an einen Nischenmarkt richten und diesen mit konzentriertem Marketing bearbeiten.

Erläutern Sie an einem Beispiel das Vorgehen eines Nischenanbieters, die Vorteile einer Nischenstrategie sowie deren Risiken.[1]

10. Welche der folgenden Aussagen ist richtig, welche falsch?

a) Eine Konkurrenzanalyse beginnt mit der Beurteilung von Stärken und Schwächen der Konkurrenten.

b) Bei der Strategie der Kostenführerschaft führt man konsequent Kostensenkungen in allen Unternehmensbereichen durch und bietet zu möglichst niedrigen Preisen an, um einen möglichst hohen Marktanteil zu erreichen.

c) Im Rahmen der Strategie der Konzentration versucht man möglichst viele Marktsegmente zu bedienen.

d) Die Kundenorientierung hat immer Vorrang vor der Konkurrenzorientierung.

---

1 Siehe P. Kotler, G. Armstrong, V. Wong und J. Saunders: Grundlagen des Marketing. München: Pearson 2011, Marketing-Highlight „Konzentriertes Marketing für Nischenmärkte", S. 563-566.

Lösungshinweise

1. Ausgangspunkt einer Konkurrenzanalyse sind die Fragen nach der **Identität** der Konkurrenten, nach ihren **Zielen** und ihren **Strategien**, nach ihren jeweiligen **Stärken** und **Schwächen** sowie ihren **Reaktionsmustern**.

Die Identifizierung von Konkurrenten kann aus Sicht der Branche oder aus Sicht des Marktes erfolgen. Die Definition des Begriffs „Wettbewerber" kann dabei weit gefasst erfolgen. Bieten zwei Unternehmen Produkte oder Produktklassen an, die eng beieinander liegende Substitute sind, konkurrieren sie in der Regel innerhalb der **Branche** um die Befriedigung des gleichen Kundenbedürfnisses. Ein Beispiel für eine solche Kombination sind die Getränke Kaffee und Tee. Ein Kaffeehersteller wird nach diesem Ansatz nicht nur andere Kaffeehersteller, sondern auch Teeanbieter betrachten müssen. Steigt branchenweit der Kaffeepreis, wird möglicherweise eine gewisse Anzahl von Kunden auf Tee ausweichen. Aus **Marktsicht** erfolgt die Identifizierung von Konkurrenten nach gleichen Kundengruppen oder nach gleichen Kundenbedürfnissen. Ein eng gefasster Konkurrenzbegriff würde für eine Brauerei lediglich andere Brauereien als Wettbewerber ansehen, ein etwas weiterer, aus Marktsicht verstandener Wettbewerbsbegriff möglicherweise auch die Hersteller weiterer Erfrischungsgetränke, wenn nämlich das Grundbedürfnis als „Durst löschen", „Erfrischung" oder „Trinken in Gesellschaft" definiert wird.

Die Bedeutung der Zielbestimmung der Wettbewerber ist insofern wichtig, als dass daraus bedeutsame Schlüsse über ihre möglichen zukünftigen Aktivitäten und über zu erwartende Reaktionen auf eigene Aktivitäten abgeleitet werden können. Die Grundmaxime der Gewinnerzielung eines Unternehmens muss dahingehend nuanciert beziehungsweise relativiert werden. Manche mögen einen maximalen Gewinn anstreben (kurzfristige Betrachtung), andere orientieren sich langfristig und geben sich zunächst mit Kostendeckung oder moderaten Gewinnen zufrieden, etwa wenn es sich um ein entstehendes Segment handelt, auf dessen langfristige Entwicklung sich dieses Unternehmen fokussiert. Ein Unternehmen kann aber auch andere Ziele verfolgen, die einen hohen Aussagewert besitzen, zum Beispiel Marktanteile, Servicequalität oder auch die Nähe zum Kunden.

In einem nächsten Schritt wird die Strategie des identifizierten Wettbewerbers analysiert. Je ähnlicher die Strategien von Unternehmen eines Segments sind, desto stärker stehen sie im Wettbewerb zueinander. Innerhalb einer Branche werden Unternehmen, die auf einem Zielmarkt gleiche oder ähnliche Strategien verfolgen, als strategische Gruppe bezeichnet. Wettbewerb ist innerhalb dieser Gruppe am höchsten, da um die Befriedigung des gleichen Kundenbedürfnisses konkurriert wird, kann jedoch auch zwischen unterschiedlichen Gruppen stattfinden. Dies ist auch dann der Fall, wenn das von den Unternehmen als relevant erachtete Trennkriterium vom Kunden nicht oder nur wenig geschätzt wird.

Zur Identifikation und Beurteilung der Stärken und Schwächen eines Konkurrenten müssen zunächst Basisdaten seiner Geschäftstätigkeit der letzten Jahre beschafft werden. Einige liegen vor in Form von Geschäftsberichten oder Veröffentlichungen in Fachzeitschriften, andere sind schwerer zu beschaffen. In Branchen etwa, in denen keine Umsatzzahlen veröffentlicht werden, fällt es schwer, Marktanteile des Wettbewerbs einzuschätzen. Oft wird auf Sekundärdaten, auf Veröffentlichungen in der Fachpresse oder auf Diskussionen mit anderen Partnern im Absatzkanal zurückgegriffen. Anhand dieser Daten wird nun das zu erwartende Reaktionsverhalten abgeschätzt. Manche Wettbewerber reagieren schnell und auf alle ergriffenen Marketingmaßnahmen eines Unternehmens, andere nur auf bestimmte Aktivitäten, beispielsweise auf Preisvariationen.

Die Auswahl der Wettbewerber erfolgt schließlich auf Basis der gesammelten und ausgewerteten Informationen. Das Unternehmen muss sich entscheiden, welche Wettbewerbertypologie es angreifen möchte: Starke oder eher schwache, faire oder unfaire Konkurrenten. Den Wettbewerb mit schwachen Konkurrenten zu suchen, erscheint tendenziell einfacher, erbringt aber in der Regel auch weniger Erfolg (z. B. in Form von Marktanteilen). Die Alternative, sich auf starke Wettbewerber zu fokussieren, kann unter Umständen eine gezielte Stärkung eigener Fähigkeiten zur Folge haben, wenn nämlich eine identifizierte Schwäche eines starken Wettbewerbers ausgenutzt werden soll und dazu das eigene Unternehmen konsequent vorbereitet wird (z. B. durch Aufbau einer kundenfreundlichen Service-Hotline). Faire Unternehmen setzen sich für den Fortbestand der Branche und für eine langfristige Marktentwicklung ein, während als unfair wahrgenommene Akteure die „Spielregeln" oft missachten und beispielsweise Preise festsetzen, die deutlich unter dem Marktgefüge liegen. Das Unternehmen muss auch hier festlegen, ob es sich auf faire Wettbewerber konzentriert (und gegebenenfalls mit diesen gemeinsam unfaire Praktiken bekämpft) oder ob es sich – am Beispiel eines preisaggressiven Konkurrenten – auf einen Preiskampf einlassen will, der im schlimmsten Fall die gesamte Branche betreffen kann und letztendlich die Gewinne aller Unternehmen reduziert.

2. Als **strategische Gruppe** bezeichnet man Unternehmen einer Branche, die in einem definierten Zielsegment ähnliche Strategien verfolgen, gleiche Kundengruppen ansprechen beziehungsweise gleiche Schwerpunkte in der Ausgestaltung des Marketing-Mix legen. Je ähnlicher das Vorgehen der Unternehmen ist, umso unmittelbarer stehen sie im Wettbewerb zueinander. Es kann jedoch auch Konkurrenzbeziehungen zwischen verschiedenen Gruppen geben, wenn sich etwa Marktsegmente überschneiden oder die Konsumenten die von Unternehmen definierten Trennkriterien als nicht oder wenig relevant wahrnehmen.

Am Beispiel des Marktes der Türkommunikation kann verdeutlicht werden, wie sich strategische Gruppen bilden lassen und welche Konkurrenzbeziehungen zwischen ihnen bestehen können. Die einfachste Variante der Türkommunikation ist die unidirektionale, das heißt das Betätigen eines Knopfes, der im Gebäudeinneren ein akustisches (oder optisches) Signal auslöst. Die Verwendung der Sprechanlagentechnik im Bereich der Türkommunikation hat dieses Segment, welches lange Zeit als nicht sehr wachstumsintensiv betrachtet wurde, durch die Anwendung eines bidirektionalen Informationsflusses revolutioniert. Wurden zunächst Audio-Türsprechanlagen verwendet und schließlich zu einem

Standard im Neubaubereich, so hat der technische Fortschritt bis heute dazu geführt, dass sich Video-Türsprechanlagen immer größerer Beliebtheit erfreuen. Ein weiteres Differenzierungskriterium ist das Kommunikationsinterface: Mit Hörer oder als Freisprechausführung.

Die Anbieter von hörergebundenen Audio-Türsprechanlagen lassen sich nun als eine strategische Gruppe definieren: Sie sprechen in der Regel mit ähnlichen Strategien das gleiche Kundensegment an (Bauherren, Architekten, Elektroplaner, Installateure). Mit einer eng gefassten Definition des Begriffs ist die Gruppe der Anbieter hörerloser (hands-free) Audio-Türsprechanlagen eine weitere strategische Gruppe, die in Konkurrenz zur erstgenannten steht. Der Kunde selbst sieht erfahrungsgemäß den Unterschied am Produkt nicht als prioritär kaufentscheidend an, für ihn steht der Grundnutzen „bidirektionale Informationsübermittlung“ im Vordergrund.

Weitere strategische Gruppen in diesem Markt, die in Konkurrenz zur vorgenannten stehen könnten, sind zum Beispiel die Anbieter von hörergebundenen Video-Türsprechanlagen, von hörerlosen Video-Türsprechanlagen oder weitere Anbieter, die diesen Grundnutzen in ihre Produkte einbinden, wie etwa Telefonanlagenanbieter oder Schalterhersteller, die die Innensprechstellen in ihr Schalterdesign integrieren.

3. Im Rahmen der Konkurrenzanalyse ist der erste und wichtigste Schritt die **Identifikation der Wettbewerber** auf einem gegebenen Zielmarkt, wobei die Definition des Begriffs „Wettbewerber“ aus Branchensicht oder aus Marktsicht erfolgen und enger oder weiter ausgelegt werden kann.

Ein Wettbewerber ist nicht nur ein Unternehmen, das Produkte oder Leistungen anbietet, die den eigenen sehr ähnlich sind (eng gefasstes Wettbewerbsverständnis), sondern kann im Rahmen eines weiter aufgefassten Verständnisses auch solche Anbieter umfassen, die das originäre Kundenbedürfnis auf andere Weise befriedigen, indem sie Substitute anbieten (Substitutionskonkurrenz).

Anhand zweier Beispiele kann das unterschiedliche Wettbewerbsverständnis verdeutlicht werden: Die Hersteller von Elektroinstallationsmaterial (Lichtschalter, Steckdosen, Hauselektronik) waren lange Zeit die einzigen, die Produkte zur Lichtsteuerung für Glüh- und Halogenlampen sowie Leuchtstoffröhren („Dimmer“) entwickelt und angeboten haben. Mit Verbreitung der Energiesparlampen standen sie vor einer neuen technischen Herausforderung, nämlich der Entwicklung einer mit diesen Leuchten kompatiblen Technologie. Überrascht und zeitweise überholt wurden sie von den Leuchtenherstellern, die durch die Entwicklung ebendieser Technologie, zum Teil integriert in die eigenen Leuchten, in den Markt der Lichtsteuergeräte eingetreten sind. Ein weiteres Beispiel ist die Leuchtenindustrie, die sich seit Entwicklung der Leuchtdiodentechnik (light-emitting diode; LED) zur Serienreife nicht nur ihren historischen Wettbewerbern gegenüber sah, sondern neuen Konkurrenten aus dem Bereich der Elektronikindustrie, die die Bedeutung dieser Schlüsseltechnologie früh erkannt und sich für den Eintritt in diesen Markt entschieden haben.

In beiden Fällen würde ein eng gefasster Wettbewerbsbegriff den Markteintritt neuer Anbieter aus anderen strategischen Gruppen nicht ausreichend berücksichtigt haben. Die Gefahr liegt hier in der nicht rechtzeitigen Beachtung der betreffenden Unternehmen, was zu deren Erstarken und unter Umständen überraschend erfolgreichem Markteintritt führen kann. Ein eng gefasster Wettbewerbsbegriff ermöglicht sicher die genaue Kenntnis der identifizierten Konkurrenten, birgt aber erhebliche Gefahren, potenzielle Wettbewerber in der Konkurrenzanalyse nicht zu berücksichtigen.

4. Die Kundennutzenanalyse stellt die für einen Konsumenten besonders wichtigen Eigenschaften eines Produktes oder einer Leistung den Ausprägungen dieses Merkmals bei verschiedenen Anbietern gegenüber. Die Konzentration auf Merkmale, die einen hohen kundenindividuellen Nutzen stiften, ermöglicht es, im Wettbewerb um Kundenzufriedenheit die eigenen Schwächen im Vergleich zur Konkurrenz zu identifizieren und die eigene Position zu verbessern. Umgekehrt zeigt sie die Schwächen der Konkurrenz und damit mögliche Ansatzpunkte für die eigene Strategie. Stellt sich heraus, dass das eigene Unternehmen bei den für den Kunden relevanten Merkmalen einen größeren Nutzen bietet, stellt dies einen Wettbewerbsvorteil dar und kann zum Beispiel durch höhere Preise oder durch wachsende Marktanteile den Unternehmenserfolg steigern. Eigene Schwächen bei bestimmten Kriterien können auf diese Weise entweder in Stärken umgewandelt werden, etwa durch Investitionen, oder es werden andere Kriterien herausgestellt, bei denen man dem Konkurrenten überlegen ist.

5. Die Existenz von Wettbewerbern bringt für ein Unternehmen strategische Vorteile, von denen es langfristig profitieren kann. Die alte Weisheit „Konkurrenz belebt das Geschäft" bringt es auf den Punkt: Durch Konkurrenz wird die Gesamtnachfrage auf einem Markt gesteigert. Die Kosten der Marktentwicklung werden durch das jeweilige Streben nach einem über dem der Konkurrenten liegenden Kundennutzen auf mehrere Wettbewerber verteilt. Jedes Unternehmen will bessere, schnellere oder leistungsfähigere Produkte anbieten als sein Konkurrent, was zu einem permanenten Prozess der Veränderung und Verbesserung führt. Technologien werden auf diese Weise weiterentwickelt, neue Technologien durch eine branchenweite Verwendung schnell zu hoher Marktakzeptanz gebracht. Gesamtwirtschaftlich gesehen wird auf diese Weise der Kundennutzen steigen; die Kundenzufriedenheit führt zu weiterer Nachfrage und zu einem belebten Wettbewerb auf dem Markt.

6. Im Prozess der Konkurrenzanalyse muss sich ein Unternehmen nach der Identifikation der Wettbewerber und deren Klassifizierung für eine Strategie entscheiden, mit der es den Wettbewerbern begegnen will. Dabei gibt es nicht eine einzig richtige Strategie, sondern der Erfolg ist abhängig von der Position des Unternehmens auf seinem Zielmarkt, von seinen Zielen und Ressourcen. Auch innerhalb eines Unternehmens können unterschiedliche Strategien zur Anwendung kommen, etwa wenn unterschiedliche Produkte angeboten oder verschiedene Geschäftsfelder bearbeitet werden. Innerhalb eines Zielsegments sollte jedoch eine

Strategie klar verfolgt werden. Unternehmen, die verschiedene Ansätze kombinieren, können Erfolg haben, werden in aller Regel jedoch eher mittelmäßige Resultate bei allen Strategieoptionen statt einer Spitzenpositionen bei einer Strategieoption erreichen.

Michael Porter unterscheidet bei den **Wettbewerbsstrategien** die Strategie der **Kostenführerschaft**, der **Differenzierung** und die der **Konzentration**. Diese unterscheiden sich in Marktabdeckung, Kostenorientierung und Produkt- oder Leistungsvorteilen.

Die Strategie der Kostenführerschaft strebt nach Kostenoptimierung in allen Bereichen, vom Einkauf über die Produktion bis zur Distribution. Unternehmen, die diese Strategie verfolgen, realisieren einen Wettbewerbsvorteil durch die Möglichkeit, zu niedrigeren Preisen bei Erzielung ausreichender Gewinne anbieten zu können und werden sich im Wettbewerb entsprechend positionieren. Die Differenzierungsstrategie zielt darauf ab, klare Produkt- oder Leistungsunterschiede mit einem entsprechenden Marketing-Mix anzubieten und sich beim Konsumenten derart zu positionieren. Für eine erfolgreiche Differenzierung müssen die Eigenschaften für den Kunden relevant und deren Ausprägungen eindeutig wahrnehmbar sein. Unternehmen, die sich auf ein Segment beziehungsweise auf wenige Segmente fokussieren, verfolgen eine Konzentrationsstrategie, bei der sie den restlichen Markt den Wettbewerbern überlassen. Ziel dieser Strategie ist es, durch Konzentration auf ein Marktsegment die Kundenbedürfnisse besser als alle anderen Wettbewerber zu kennen und zu befriedigen.

7. Um seine Stellung als Marktführer zu behalten, hat ein Unternehmen folgende Optionen:

- Steigerung der Gesamtnachfrage
- Ausweitung des eigenen Marktanteils bei konstanter Gesamtnachfrage
- Absicherung des gegenwärtigen Marktanteils
- Bewahrung des Wettbewerbsvorteils durch höhere Produktivität.

Steigt in einem Markt die **Gesamtnachfrage**, wird in der Regel der Marktführer am stärksten hiervon profitieren. Marktführer haben also ein Interesse, das Marktwachstum insgesamt zu verstärken. Dies kann durch die Ansprache neuer Nutzer erfolgen, durch das Erschließen neuer Verwendungszwecke oder durch eine stärkere Nutzung. Die Ansprache neuer Nutzer erfolgt nach der Identifikation aktueller Nicht-Verwender, deren Gründe und Bedürfnisse und deren gezielte Adressierung durch einen angepassten Marketing-Mix. Ein Hersteller industriell gefertigter Tiernahrung hat durch die gezielte Ansprache vorheriger Nicht-Verwender (z. B. Tierhalter, die an Hund und Katze Essensreste oder eigens zubereitete Nahrungsmittel verfüttern) eine neue Nutzergruppe erschlossen, indem er auf die ernährungsphysiologischen Vorteile für das Tier und auf die Arbeitserleichterung für den Halter abzielte. Weitere Möglichkeiten zur Erhöhung der Gesamtnachfrage sind neue Anwendungen des Produktes (Fertigpudding auch als Back- oder Kochzutat, z. B. für Kuchen oder Soßen) oder eine intensivere Nutzung durch den Konsumenten. Ein Hersteller von Anti-Schuppen-Shampoo kann beispielsweise seinen Kunden erklären, dass eine doppelte Haarwäsche die Wirksamkeit seines Produktes erhöht.

Die **Ausweitung des eigenen Marktanteils bei insgesamt konstanter Marktnachfrage** geht zu Lasten der Marktanteile der Wettbewerber. Steigende Marktanteile haben in der Regel steigende Gewinne zur Folge, oft ausgelöst durch positive Skaleneffekte und damit verbundene Stückkostensenkungen. Ein Unternehmen kann versuchen, neue Kunden zu gewinnen, was jedoch bei hohem Wettbewerbsdruck sehr kostenintensiv sein kann und damit zu Lasten der Gewinne geht. Auch die Frage nach der Nachhaltigkeit solcherart neu gewonnener Kunden ist zulässig, haben doch Sonderaktionen (TV-Werbung, Angebotspreise etc.) oft keine dauerhafte Wirkung. Sehr häufig sinken die Absatzzahlen nach Ende der Aktionen wieder auf das frühere Niveau. Der Kauf von Marktanteilen ist eine andere Möglichkeit für ein Unternehmen, sich einen höheren Anteil am Markt zu sichern. Hierbei werden bereits etablierte Unternehmen samt Kundenstamm in der Hoffnung gekauft, die Markterschließung zu beschleunigen. Besonderes Augenmerk muss das übernehmende Unternehmen hierbei auf eine erfolgreiche Integration und auf die oft unterschiedlichen Unternehmensidentitäten und -kulturen legen. Auch die Schaffung von Kundenbindung kann zu einer Erhöhung des Marktanteils führen, allerdings darf das Kundenbindungsprogramm nicht zu einfach zu imitieren sein (z. B. Treuepunkte). In diesem Fall würden lediglich Kosten entstehen, ohne dass dauerhaft Marktanteile zu gewinnen wären.

Die **Verteidigung des eigenen Marktanteils** erfordert eine Überwachung der eigenen Stärken und Schwächen im Vergleich zur Konkurrenz und ein permanentes Streben nach Innovation, nach besserer Bedürfnisbefriedigung und nach Kostenkontrolle. Der Marktführer bestimmt das Tempo auf seinem Markt und setzt Maßstäbe, an denen sich Wettbewerber orientieren werden. Verschiedene Möglichkeiten stehen zur Verfügung, um den eigenen Marktanteil zu verteidigen. Die Verteidigung der eigenen Position erfolgt durch ständige Weiterentwicklung der eigenen Produkte. Ein besonderes Augenmerk muss ein Unternehmen auf seine Schwächen, auf seine „ungeschützten Flanken", legen, da Wettbewerber mit einer effizienten Konkurrenzanalyse diese schnell identifizieren und dort ansetzen werden. Die vorbeugende Verteidigung eines Marktführers kann beispielsweise in der Errichtung von Markteintrittsbarrieren liegen, die es potenziellen neuen Wettbewerbern erschweren, in den Zielmarkt einzutreten. Beispiele sind hohe technische Standards oder dominierende Positionen im Absatzkanal. Ein Marktführer, der angegriffen wird, sollte auch in der Lage sein, einen Gegenangriff zur Verteidigung der eigenen Position zu starten. Hat er etwa große finanzielle Ressourcen, ist eine starke Erhöhung der Kommunikationsmittel oder die Diversifizierung seines Produktportfolios ein Weg, diesem Angriff standzuhalten. Scheut er sich, diesen Weg zu gehen, kann er zur Verteidigung auch auf andere Betätigungsfelder ausweichen (bewegliche Verteidigung), die ihm in Zukunft als Basis für Angriff und Verteidigung dienen. Auch der Weg in andere, nicht verbundene Branchen ist möglich, wenn mittel- und langfristig kein anderer Weg aus einer Bedrohung gesehen wird.

Schließlich ist auch die Verteidigung durch Rückzug eine Option, wachsendem Wettbewerbsdruck auszuweichen, wenn die eigenen Mittel nicht ausreichen, um die eigene Position zu verteidigen oder keine Perspektiven für einen erfolgreichen Verbleib im Segment gesehen werden. Viele Unternehmen haben nach einer branchenfremden Diversifizierung inzwischen wieder den Rückzug auf ihre Kernkompetenzen angetreten, um diese Märkte konzentrierter und effizienter zu bedienen.

Skalenvorteile im Vergleich zur Konkurrenz und der dadurch realisierte Kostenvorteil führen zu höheren Gewinnen bei einem gegebenen Absatzvolumen; die Produktivität wird verbessert. Eine **verbesserte Produktivität** erzielt ein Marktführer oft durch eine Konzentration auf Kernkompetenzen und durch die damit ermöglichte Vereinheitlichung von Prozessen. Die Kostensituation (fixe und variable Kosten, Kapitalbindungskosten) muss ständig verbessert beziehungsweise überwacht und der Produkt-Mix gegebenenfalls optimiert werden. Auch eine erhöhte Nutzenstiftung eigener Produkte und Leistungen (Komfort, Qualität, Service etc.) kann zu Wertsteigerungen führen, die insgesamt eine bessere Produktivität zur Folge haben.

8. Ein Nischenanbieter verzichtet darauf, den gesamten Markt zu bearbeiten, sondern konzentriert sich auf ein genau definiertes Teilsegment. Es handelt sich oft um kleinere Unternehmen, denen beschränkte Ressourcen zur Verfügung stehen und die in ihrer Marktnische hochspezialisiert sind. In der Regel kennt der Nischenanbieter seine Kunden sehr gut – zumeist handelt es sich um einen begrenzten Abnehmerkreis – und kann deren Bedürfnisse besser befriedigen, als ein Anbieter, für den dieses Untersegment nur einen Teil seines Portfolios ausmacht. Es geht beim Nischenmarketing im Gegensatz zum Massenmarketing nicht um hohe Stückzahlen und um eine möglichst hohe Gesamtmarktabdeckung, sondern um die möglichst genaue Befriedigung eines spezifischen Kundenbedürfnisses. Die genaue Kenntnis seines Kundenkreises und dessen Wünschen fordert vom Anbieter permanent hohe Anstrengungen in Forschung und Entwicklung, ermöglicht es diesem jedoch ebenfalls, die eigene Kompetenz zu steigern und eine hohe Kundentreue aufzubauen. Diese beiden Faktoren stellen oftmals effektive Markteintrittsbarrieren für weitere Unternehmen, die sich bei steigender Segmentattraktivität für diesen Teilmarkt interessieren könnten, dar. Die größten Risiken dieser Nischenstrategie liegen im Verschwinden der Kundenbedürfnisse in der Nische oder im Markteintritt weiterer Unternehmen in die Nische, etwa dann, wenn diese als ausreichend attraktiver Wachstumsmarkt angesehen wird und die zukünftigen Konkurrenten über die nötigen Ressourcen verfügen, den bisherigen Nischenanbieter zu verdrängen. Vorausschauende Nischenanbieter begegnen dem Risiko des Verschwindens des Nischenbedarfs durch Abdeckung mehrerer Marktnischen, streuen auf diese Weise das Risiko und erhöhen die Überlebenschance des Unternehmens.

Die Firma Glasbau Hahn, ursprünglich als Glaserei und Glashandlung gegründet, hat sich zum Beispiel auf die Konstruktion rahmenloser Vitrinen ausschließlich aus Glas spezialisiert. Im Markt setzte die Firma damit neue Standards und eröffnete neue Möglichkeiten im Bereich der Ausstellungstechnik. Der hohe Spezialisierungsgrad, der durch kontinuierliche Forschung zu regelmäßigen Innovationen führt, erlaubt es dem Unternehmen, sich in der gewählten Nische der Museumsausstellungstechnik als Marktführer zu etablieren. In dieser relativ kleinen Kundengruppe, deren gemeinsames Bedürfnis der Erhalt von Kulturgütern ist, kennt Glasbau Hahn die erfolgsrelevanten Produkteigenschaften und kann den Markt optimal bearbeiten. Durch die hohe spezifische Anforderung an Vitrinen, die sensible Kulturgüter beinhalten, und durch den begrenzten Kundenkreis wird das Unternehmen oft weiterempfohlen. Museen, die Vitrinen benötigen, erkundigen sich oft bei anderen Museen, und der überschaubare Kreis der involvierten Entscheidungsträger (Architekten, Designer etc.) ermöglicht dem Anbieter eine direkte Ansprache und einen persönlichen Kontakt – und das weltweit. Hier spielen neben der Qualität des Produktes Service und Vertrauen typischerweise eine große Rolle.

Der Vorteil dieses Vorgehens liegt in einer großen Nähe zum Kunden, in einer oft maßgeschneiderten Bedürfnisbefriedigung (das Produkt als Lösung eines spezifischen Kundenwunsches), einem geringeren Wettbewerbsdruck durch hohe Spezialisierung und einer direkten Ansprache des kleinen Kundenkreises. Diese Situation ermöglicht es dem Nischenanbieter, hohe Gewinne zu realisieren und mindert das Risiko eines Frontalangriffs aggressiver Mitbewerber.

Das Risiko für Glasbau Hahn als Nischenanbieter liegt im Wegfall der spezifischen Nachfrage nach Ausstellungsvitrinen hoher Qualität, die spezifischen Anforderungen genügen. In Europa hat sich bei öffentlichen Museen ein Ausschreibungsverfahren etabliert, in dem oft der preisgünstigste Anbieter den Zuschlag erhält. Für die Firma Glasbau Hahn liegt hier die Gefahr, dass ihre qualitativ sehr hochwertigen, individuellen (und teureren) Vitrinen nicht mehr berücksichtigt werden und die Firma hier Marktanteile verliert. Entschärfen – zumindest teilweise – könnte der Anbieter diese Gefahr, indem er seine engen Kontakte zum involvierten Planer oder Architekten nutzt und die Ausschreibung eng an den zum Schutz der Kulturgüter notwendigen Charakteristika – und damit an den Produkten von Glasbau Hahn – formuliert wird. Das Unternehmen wird auch durch die Konzentration auf eine weitere spezielle Kundengruppe, nämlich die der privat- oder stiftungsfinanzierten Museen und Ausstellungen, neue Nischenmärkte erschließen und das Risiko der wegfallenden Nachfrage mindern können.

Ein weiteres Risiko eines Nischenanbieters im Allgemeinen ist der Eintritt weiterer Wettbewerber in das spezielle Teilsegment. Im vorliegenden Fall wäre dies ein weiterer Bewerber, der versuchen würde, Museen und deren besondere Bedürfnisse mit Vitrinen zu bedienen, die ebenfalls dem Erhalt hochwertiger Kulturgüter dienen. Die lange, ausgewiesene Erfahrung der Firma Glasbau Hahn, der enge, vertrauensvolle Kontakt zu den Entscheidern und die hochwertige Qualität und Individualität der Produkte werden jedoch recht hohe Markteintrittsbarrieren darstellen, die es einem weiteren Unternehmen schwer machen werden, kurzfristig Erfolge zu erzielen.

9. a) Falsch: Der erste Schritt der Konkurrenzanalyse ist die Identifizierung von Konkurrenzunternehmen. Erst im vierten Schritt folgt die Beurteilung von Stärken und Schwächen der Konkurrenten.

b) Richtig.

c) Falsch: Man bemüht sich bei dieser Strategie, ein Segment oder wenige Segmente herauszugreifen, um sie besonders gut zu bedienen.

d) Falsch: Unternehmen müssen immer sowohl ihre Kunden als auch ihre Konkurrenten im Auge behalten.

11 Produktstrategie und Markenmanagement

Mit dem Begriff „Produkt" wird im Marketing nicht nur ein gegenständliches Objekt bezeichnet, sondern jedes Objekt, das der Bedürfnisbefriedigung dienen kann. Neben Gegenständen können dies auch Personen, Ideen, Orte, Dienstleistungen oder Organisationen sein. Das **Produkt** hat dabei mehrere **Dimensionen**: Man unterscheidet den **Kernnutzen**, das **reale** und das **erweiterte Produkt**. Auf jeder Ebene erfährt das Produkt einen Nutzenzuwachs für den Kunden: Bei dem Kernprodukt handelt es sich um die eigentliche Bedürfnisbefriedigung, das reale Produkt ergänzt den Basisnutzen um Qualität, Funktionalität, Design, Marke und Verpackung und macht es unverwechselbar. Wird das reale Produkt zusätzlich um assoziierte Dienstleistungen und Services ergänzt, ergibt dies das erweiterte Produkt. Diese Erweiterungen können Lieferungs- oder Zahlungsmodalitäten, Produktschulungen, erweiterte Garantien oder Reparaturmöglichkeiten sein. Auch der Auf- oder Einbau beziehungsweise die Installation oder eine Telefon-Hotline zählen dazu.

Produkte können nach Abnehmern unterschieden werden. Güter, die der Endverbraucher für seinen persönlichen Bedarf kauft, werden als **Konsumgüter** bezeichnet. Sie werden weiterhin unterteilt in Güter des täglichen Bedarfs, in Suchgüter, Sonderprodukte und Spezialitäten sowie in unerwünschte Güter. Zur Gruppe der **Industriegüter** gehören solche, die von Unternehmen und Organisationen abgenommen werden, um dort weiterverarbeitet oder genutzt zu werden. Hier ist eine weitere Einteilung in Rohmaterial und Zulieferteile, Anlagegüter sowie Betriebs- und Hilfsstoffe und Dienstleistungen möglich.

Zu den zu treffenden **Entscheidungen auf Produktebene** gehören die Fragen nach den Produkteigenschaften, nach den produktergänzenden Dienstleistungen, nach der Markengebung, der Verpackung sowie der Kennzeichnung. Die meisten Unternehmen bieten Gruppen verwandter Produkte an, sogenannte **Produktlinien**, die jeweils nach einer eigenen Strategie verlangen. Durch Markterfordernisse kann es notwendig werden, diese zu ergänzen. Ebenso können Lücken im Sortiment geschlossen werden. Mehrere Produktlinien bilden ein **Sortiment**, welches durch das Marketing in Breite, Länge, Tiefe und Synergien marktgerecht gestaltet werden muss.

In der Beziehung eines Unternehmens zum Verbraucher spielen **Marken** eine Schlüsselrolle. Sie repräsentieren die Wahrnehmungen und Gefühle des Kunden in Bezug auf die Produkte und deren Nutzenstiftung. Die Stärke einer Marke liegt in ihrer Macht, beim Konsumenten Kaufpräferenzen und Loyalität auszulösen. Ihr Wert kann an der Ausprägung der Merkmale „Markentreue", „Bekanntheitsgrad", „Wahrnehmung des Qualitätsversprechens durch den Käufer", „Markenpersönlichkeit" und „verbundene Assoziationen" sowie „Warenzeichen", „Handelsmarken" und „eingespielte Vertriebswege" abgelesen werden. Die Marke muss in den Köpfen der Verbraucher hinsichtlich der Kriterien „Produkteigenschaften", „Produktnutzen", „Wertvorstellungen des Kunden", „Kultur" und „Persönlichkeit" positioniert werden. Der zu wählende Markenname muss im Einklang stehen mit dem Produktnutzen, dem Zielmarkt und der Marketingstrategie. Für den Aufbau einer Marke kommen vier Möglichkeiten in Betracht: Die **Herstellermarke**, die **Handelsmarke**, die **Lizenzmarke** oder ein **Co-Branding**. Die Markenentwicklung anhand der beiden Kriterien „Produktkategorie" (neu/alt) und „Markenname" (neu/alt) kann unterschieden werden in Produktlinienerweiterung, Markenerweiterung, Mehrmarkenstrategie und Schaffung neuer Marken.

Fragen und Aufgaben

1. Was bezeichnet ein Produkt im Sinne des Marketing? Gehen Sie insbesondere auf die Bedeutung der Bedürfnisbefriedigung ein.

2. Grenzen Sie die Begriffe „Kernprodukt", „reales Produkt" und „erweitertes Produkt" voneinander ab. Nennen Sie Beispiele für diese Kategorien.

3. Definieren Sie den Begriff „Konsumgüter" und grenzen sie verschiedene Arten anhand der Kaufgewohnheiten voneinander ab.

4. Erläutern Sie fünf wichtige Parameter, die die Entwicklung und das Marketing von Produkten bestimmen.

5. Erläutern Sie den Nutzen einer Marke für Anbieter und Käufer.

6. Erläutern Sie den Begriff „Markenwert" und beschreiben Sie die ihn prägenden Merkmale.

7. Stellen Sie die strategisch wichtigen Entscheidungen im Markenführungsprozess dar.

8. Welche Potenziale und Risiken birgt die Entscheidung eines Unternehmens, internationale Märkte zu bedienen?

9. Welche der folgenden Aussagen sind richtig, welche falsch?

a) Ein Produkt lässt sich anhand von drei Dimensionen beschreiben: Kernprodukt, reales Produkt und erweitertes Produkt.

b) Der Kundendienst ist ein wichtiger Bestandteil des realen Produktes.

c) Luxusgüter wie Rolex-Uhren oder Armani-Anzüge werden als Convenience-Goods bezeichnet.

d) Grundstücke, Gebäude und Maschinen zählen zu den Anlagegütern.

e) Im Rahmen einer Mehrmarkenstrategie überträgt man eine Marke auf eine neue Produktkategorie.

Lösungshinweise

1. Als **Produkt** definieren wir im Sinne des Marketing ein **Objekt**, das auf einem **Markt** zur **Beachtung** oder **Wahl**, zum **Kauf**, zur **Benutzung**, zum **Verbrauch** oder **Verzehr** angeboten wird und geeignet ist, **Wünsche** oder **Bedürfnisse** zu befriedigen.

Produkte als **Objekte** in diesem Sinne können gegenständliche Dinge sein (Blumentöpfe, Tassen etc.), aber auch Personen wie etwa Politiker, die in einem Wahlkampf um Stimmen werben oder geografische Orte und Räumlichkeiten (z. B. eine Stadt, die mittels Stadtmarketing für sich wirbt). Auch Organisationen und Ideen (Engagements von Nicht-Regierungsorganisationen gegen Kinderarbeit, politische Parteien etc.) sowie Dienstleistungen werden gemäß dieser Definition als Produkte bezeichnet.

All diese Objekte werden auf einem **Markt** angeboten, was implizit das Vorhandensein von Anbietern und Nachfragern voraussetzt.

Anbieter bieten Produkte an und erwarten, dass sie beachtet oder gewählt, gekauft oder benutzt, gebraucht oder verzehrt werden. Nachfrager treten auf dem Markt auf, weil sie **Wünsche** und **Bedürfnisse** haben, für die sie eine Lösung suchen. In diesem Sinne wird ein Heimwerker keine Bohrmaschine kaufen, weil sein Bedürfnis „Bohrmaschine" lautet, sondern weil er nach einer Lösung für seinen Wunsch „Aufhängen eines Bildes" suchen wird. Wesentlich für den Erfolg eines Unternehmens, das auf einem Markt Produkte anbietet, ist es daher, die Bedürfnisse seiner Kunden genau zu kennen und befriedigen zu können. Das gegenständliche Objekt (z. B. die Bohrmaschine) ist kein Selbstzweck, sondern das Mittel zur Bedürfnisbefriedigung eines Konsumenten.

Die in den letzten Jahren erfolgte Ausweitung des Produktbegriffs auf weitere vermarktbare Objekte führte dazu, dass auch Organisationen, Personen, Orte sowie Ideen und Überzeugungen hierunter subsumiert werden. Auch nicht-gewinnorientierte Organisationen (z. B. Kirchen) betreiben Marketing, um ihren Bekanntheits- oder Beliebtheitsgrad zu erhöhen und Mitglieder zu werben beziehungsweise Finanzmittel zu sammeln. Marketing für Personen soll Einstellungen einer Zielgruppe beeinflussen und zu erwünschtem Verhalten führen. Der Wahlkampf vor der Wahl eines Bürgermeisters ist ein Beispiel für die Vermarktung einer Person und ihrer Ideen mit dem Ziel des Erhalts der Wählerstimmen.

Marketing für geografische Orte wird häufig von touristisch interessanten Städten (Fremdenverkehrsmarketing) betrieben oder aber von Kommunen, die etwa um die Ansiedlung von Unternehmen werben (Standortmarketing). Auch Staaten können Standortmarketing betreiben, wenn es um die Kandidatur zur Ausrichtung sportlicher, kultureller oder wirtschaftlicher Großereignisse geht. Unter Marketing für Ideen und Überzeugungen versteht man im Zusammenhang des erweiterten Produktkonzepts gesellschaftliche Ziele, zum Beispiel Nichtraucher-Kampagnen oder den Kampf gegen Kinderarbeit oder für den Schutz des Regenwaldes („Social Marketing").

2. Die Planung eines Produktes erfolgt auf drei Ebenen: Zunächst muss der Basis- oder Kernnutzen definiert, anschließend das reale Produkt entwickelt und dieses schließlich zum erweiterten Produkt ausgebaut werden.

Der **Basisnutzen** steht im Zentrum dieser Betrachtungen und ist Ausgangspunkt der Produktentwicklung. Er ergibt sich aus der Frage nach dem eigentlichen Bedürfnis des Kunden, nach seinem Problem, welches das Produkt lösen soll. Am Beispiel der Elektroinstallation in einem Neubau lässt sich das mit der Frage nach dem Grundnutzen eines Lichtschalters verdeutlichen: Das Bedürfnis des Kunden – und damit der Kernnutzen des zu entwickelndes Produktes – heißt „Licht schalten". Der Kunde kauft also weder die Verkabelung bis zur Lichtquelle noch die elektromechanische oder elektronische Schaltstelle, er braucht und kauft eigentlich Licht.

Ist der Kernnutzen klar definiert und abgegrenzt, wird darauf aufbauend das **reale Produkt** entwickelt. Kennzeichnend sind hierbei die Attribute „Qualität", „Funktionalität", „Design", „Verpackung" sowie die „Marke" des Produktes. Sie prägen das eigentliche Produkt und machen es unverwechselbar gegenüber dem Wettbewerb. Ausgehend vom Basisnutzen „Licht schalten" in unserem Beispiel wird das reale Produkt unter Bestimmung der Produktqualität definiert: Es muss entschieden werden, ob hochwertige Materialien wie glasfaserverstärkter Kunststoff für den Sockel und hochflexible, unzerbrechliche Materialien für die Designelemente gewählt werden oder ob das Produkt in einfacher Ausführung erstellt werden soll – etwa unter Verwendung kostengünstiger Polymerkunststoffe wie Duroplast. Die Funktionalität des Produktes kann unterschiedlich sein: Je nach Anwendung ist ein einfacher Ein- oder Ausschalter, ein Wechselschalter oder ein Kreuzschalter möglich. Es ist zu unterscheiden zwischen einfachen und doppelten Schaltern sowie zwischen beleuchteten und unbeleuchteten Ausführungen. Auch ein elektronisches Produkt kann das Grundbedürfnis „Licht schalten" erfüllen (z. B. ein Dimmer), ebenso wie ein komplettes, vernetztes System der Hausinstallation (sog. Bussystem). Beim Design ist die Spannbreite ebenfalls sehr weit, vom einfachen, schlichten Entwurf bis hin zu hochwertigen, von bekannten Designern entworfenen Formen, ist alles denkbar. Die Verpackung des Produktes muss in Beziehung zu den anderen Attributen stehen; sie kann nicht einfarbig und fade sein, wenn es sich um ein hochwertiges Designprodukt handelt. Sie muss ebenfalls dazu beitragen, beim Käufer Erwartungen und Hoffnungen zu wecken, die im Einklang mit allen weiteren Charakteristika stehen. Die Marke und das damit beim Kunden assoziierte Markenversprechen – sofern es sich um eine bestehende Marke handelt – müssen durchgehend und auf gleichem Niveau mit allen anderen Produkteigenschaften sein. Entscheidet ein Unternehmen, sich mit seiner Marke im Markt der Elektroinstallation als Hersteller hochwertiger Designlösungen zu positionieren, ein Produkt zu entwickeln, welches den Kernnutzen zwar befriedigt, unter Qualitätsgesichtspunkten aber eher am unteren Rand der Skala anzusiedeln ist, sollte es überlegen, dieses Produkt unter Umständen unter einer anderen Marke oder einem anderen Namen auf den Markt zu bringen, um das Markenversprechen nicht zu verwässern oder die Position der Marke beim Konsumenten aufzuweichen.

Das **erweiterte Produkt** ist die Ergänzung des realen Produktes um weitere Dienst- oder Serviceleistungen. Hat man das Kernprodukt und das reale Produkt definiert, können der gewünschten Positionierung entsprechend weitere Zusatzleistungen angeboten werden, um den Kundennutzen zu erhöhen. Ist die gefundene Lösung in unserem Beispiel eher eine Basisvariante, würde der Hersteller keine weiteren Leistungen anbieten. Das reale Produkt entspricht somit dem erweiterten Produkt. Am anderen Ende der Qualitätsskala befindet sich die komplexe elektronische Buslösung zur Befriedigung des Kundenbedürfnisses. Hier kann der Hersteller eine kostenlose Schulung der Anwender anbieten. Er könnte eine Service-Hotline freischalten und weitere Komfortlösungen, etwa Anwendungen für Smartphones zur Steuerung der Hausinstallation aus der Ferne, entwickeln. Auch eine Garantieerweiterung um drei, also insgesamt auf fünf Jahre, ist denkbar.

Auf jeder der drei Stufen vom Basisnutzen zum erweiterten Produkt ist eine Nutzenerhöhung für den Kunden erfolgt. Es ist Aufgabe des Unternehmens, die Bedürfnisse so genau wie möglich zu erforschen, bevor es an die Entwicklung des Produktes geht. Der Kernnutzen wird von allen Lösungen erfüllt; auf dem Weg zum realen Produkt muss das Unternehmen entscheiden, welche Ausgestaltung dem Konsumenten höhere Werte vermittelt, diese durchgängig umsetzen und gegebenenfalls durch Zusatzleistungen abrunden, die das erweiterte Produkt entsprechend seiner Positionierung charakterisieren.

3. Produkte können anhand verschiedener Kriterien in Kategorien eingeteilt werden: Einerseits nach ihrer Dauerhaftigkeit und Gegenständlichkeit in **Verbrauchs-** und **Gebrauchsgüter**, andererseits hinsichtlich ihrer Abnehmer und ihrer Verwendung in **Konsum-** und **Industriegüter**.

Konsumgüter sind Güter, die der **Endverbraucher** für seinen **persönlichen Ge-** oder **Verbrauch** kauft. In Abgrenzung dazu werden **Industriegüter** von **Unternehmen** und **Organisationen** zur **Weiterverarbeitung** oder **Weiternutzung** gekauft. Konsumgüter lassen sich bezüglich des Kriteriums „Kaufverhalten" unterscheiden in **Güter des täglichen Bedarfs (convenience goods)**, in **Suchgüter (shopping goods)**, in **Sonderprodukte** und **Spezialitäten (speciality goods)** und in **unbekannte** oder **unerwünschte Güter (unsought goods)**.

Güter des täglichen Bedarfs sind Güter, die von Verbrauchern regelmäßig gekauft werden und für deren Vergleich und Kauf sie nicht viel Zeit aufwenden. Viele dieser Güter sind nicht hochpreisig; sie sind überall erhältlich (ubiquitär) und werden vom Hersteller in der Regel mit Maßnahmen des Massenmarketing gestützt. An folgenden Beispielen kann die weitere Unterteilung in regelmäßigen, gelegentlichen oder ungeplanten sowie dringenden, in Sondersituationen entstehenden Bedarf deutlich gemacht werden. Regelmäßig gekaufte Produkte sind Butter, Brot, Tageszeitungen oder Benzin. Sie gehören zum **regelmäßigen Bedarf**; ihr Kauf erfolgt meist unreflektiert. Güter, die aus einem spontanen Impuls heraus (Spontankauf) gekauft werden, gehören zum **gelegentlichen** oder **ungeplanten Bedarf** und werden auch als Impulsgüter bezeichnet. Impulsgüter sind weit verbreitet, finden sich aber in der Regel nicht auf den Einkaufslisten der Verbraucher. Beispiele für diese Kategorie sind Kaugummis, Zigaretten, Schokoladenriegel oder seit einiger Zeit auch Blumen, die sich vor der Supermarktkasse befinden. **Dringender Bedarf in Sondersituationen** führt zum Kauf von Gütern, nach denen ein dringendes, ungeplantes Bedürfnis besteht. Hustensaft hilft bei der Befriedigung des dringenden Bedürfnisses nach Linderung im Falle von Husten, Winterreifen im Falle eines früh einsetzenden Winters sichern den Transport von A nach B.

Der Kauf von **Suchgütern** erfolgt meist weniger häufig und erfordert einen höheren Aufwand bei der Informationsbeschaffung zwecks Vergleich von Preis, Qualität und Produktvarianten; auch Produktalternativen können erwogen werden. Es liegt somit keine Ubiquität vor. Oft bieten nur ausgewählte Händler dieses Produkt an; die Kommunikation und der Verkauf erfolgen durch Hersteller und Handel. Typische Beispiele dieser Kategorie sind Markenkleidung oder Geräte von Apple wie das iPhone.

Sonderprodukte und **Spezialitäten** sind zumeist Luxusgüter, die zu einem hohen Preis von exklusiven Handelspartnern vertrieben werden. Die Zielgruppenansprache erfolgt mittels einer präzisen geplanten Werbung durch Hersteller und Handel. In der Wahrnehmung des Kunden besitzen diese Produkte unverwechselbare Eigenschaften. Die hohe Markenpräferenz führt zu einer geringen Preisempfindlichkeit. Im Automobilbereich hat Porsche beispielsweise das Gros seiner Modelle in dieser Produktgruppe angesiedelt.

Konsumgüter, von deren Existenz der Verbraucher nichts weiß oder die er nicht von sich aus nachfragen würde, bilden die Gruppe der **unbekannten** oder **unerwünschten Güter**. Für diese Güter besteht beim Konsumenten kein oder nur wenig Interesse, zum Teil lehnt er sie sogar emotional ab, was aggressive Marketingmaßnahmen des Anbieters bedingt. Ein Beispiel hierfür sind Finanzdienstleistungen oder Berufsunfähigkeitsversicherungen.

4. Will ein Unternehmen ein Produkt anbieten, sind die wesentlichen Fragen die nach den Produkteigenschaften, der Markengebung, der Verpackung, der Kennzeichnung und Etikettierung sowie nach eventuellen produktergänzenden Dienstleistungen.

Bei der Produktentwicklung geht es zuallererst um die Frage nach dem angebotenen Gesamtnutzen, welcher durch die **Produkteigenschaften** „Qualität", „Ausstattung" und „Design" ausgedrückt wird. Die Produktqualität steht für die Fähigkeit eines Produktes, seine Funktion zu erfüllen und umfasst alle positiven Eigenschaften, beispielsweise Langlebigkeit, Zuverlässigkeit oder Intuitivität der Benutzung. Das Qualitätsniveau orientiert sich dabei nicht am maximal möglichen Level, sondern stellt einen Kompromiss dar zwischen den Kosten und den Erwartungen der Zielmärkte sowie der Qualität der konkurrierenden Produkte. Ein Unternehmen sollte sich auch um kontinuierliche Qualität auf dem jeweils individuell festgelegten Niveau der Kundenerwartungen bemühen (Qualitätsbeständigkeit), weil es auf diese Weise auch eine Differenzierung vom Wettbewerb erzielen kann. Durch die Produktausstattung kann ein Produkt variieren und durch unterschiedliche Nutzenversprechen verschiedene Käufererwartungen ansprechen. Zudem bieten Zusatzfunktionen eines Produktes einem Anbieter die Möglichkeit, einen Wettbewerbsvorteil zu realisieren. Ein weiteres Merkmal, welches ein Produkt unverwechselbar machen kann, ist sein Design. Design bezeichnet nicht nur das Aussehen, sondern auch den Nutzen und die Funktionalität ebenso wie eine leichte und sichere Benutzung und die wirtschaftliche Herstellung.

Die Schaffung und Pflege einer **Marke** gehört zu den wichtigsten Aufgaben im Marketing; sie markiert das Produkt unverwechselbar, ermöglicht Differenzierung und stellt ein permanentes Qualitätsversprechen für den Käufer dar. Eine Marke kann zudem – neben den grundlegenden funktionalen Bedürfnissen des Käufers – psychologische Bedürfnisse erfüllen, etwa den Wunsch nach Sicherheit oder Status. In Zeiten wachsender Bedeutung von Selbstbedienungsläden kommt der **Verpackung** eines Gutes neben der originären Schutzfunktion eine weitere wichtige Rolle zu, nämlich die eines Kommunikationsträgers. Sie soll die Aufmerksamkeit auf das Produkt lenken, soll es erläutern und bewerben und ist damit gewissermaßen das letzte potenziell ausschlaggebende Argument unmittelbar vor dem Kaufakt am Regal. Auch der Sicherheitsaspekt ist in den letzten Jahren wichtiger geworden. So können beispielsweise Sicherheitsverschlüsse Kleinkinder vor Missbrauch von Reinigungsmitteln schützen. Die **Etikettierung** und **Kennzeichnung** von Produkten bietet zum einen die Möglichkeit, die Marke auf ein Produkt zu bringen, zum anderen erfordern zahlreiche Richtlinien und Gesetze bestimmte Kennzeichnungen im Rahmen des Verbraucherschutzes und sind branchenweit vorgegeben. **Produktergänzende Dienstleistungen** können bei vergleichbaren Produkten einen kaufentscheidenden Faktor darstellen. Hierzu muss die Dienstleistung vom Kunden als relevant erachtet werden und in angemessener Kosten-Nutzen-Relation zum Produkt stehen. Das Verpacken von Geschenken in der Weihnachtszeit ist ein beliebter Service, ebenso wie kostenlose Lieferung oder die Schulung von Anwendern eines gekauften Produktes.

5. Hersteller markieren ihre Produkte, um sie von denen der Konkurrenz abzugrenzen und dem Verbraucher bestimmte Signale zu senden. Hierzu zählen Informationen zur Identifikation des Anbieters, aber auch Nutzen- und Qualitätsversprechen. Ist die Marke stark und positiv aufgeladen, verschafft sie Anbietern und Käufern gleichermaßen einen Nutzen.

Der **Anbieter** kann seine Marke beziehungsweise weitere gewerbliche schutzwürdige Rechte (z. B. Warenzeichen, Patente) eintragen und damit vor unerwünschten und unerlaubten Imitationen schützen lassen. Dem Wettbewerb ist auf diese Weise ein zu frühes und zu offensichtliches Kopieren einer Marke nicht möglich, der Hersteller schützt seinen Wettbewerbsvorteil. Marken ermöglichen es dem Hersteller weiterhin, im Falle einer erfolgreichen Markenpositionierung die Kundenbindung zu erhöhen und eine Stammkäuferschaft aufzubauen. Hat der Anbieter seinen Markt in homogene Segmente aufgeteilt, kann er mittels seiner Marken eine präzise Positionierung seiner Produkte in der Wahrnehmung der Käufer vornehmen und auf diese Weise die Wettbewerbsposition seiner Güter in diesem Segment stärken.

Für den **Konsumenten** beinhaltet eine Marke ein Qualitätsversprechen. Er kann sich darauf verlassen, dass ein markiertes Produkt langfristig die gleiche Qualität aufweist. Über die Marke bringt der Käufer dem Hersteller einen Vertrauensvorschuss entgegen. Auf diese Weise erhöht eine Marke ebenfalls die Effizienz im Kaufprozess, wenn so die Kaufentscheidung schneller und zielgerichteter getroffen wird. Würde der Konsument ausschließlich ihm unbekannte oder nicht-markierte Produkte erwerben wollen, müsste er deutlich mehr Zeit für die Informationsbeschaffung und den Produktvergleich aufwenden. Auch Innovationen werden unter einer Marke schneller vom Verbraucher assimiliert oder zumindest getestet. Auf Basis der bereits bekannten Qualität und Eigenschaften konzentriert er sich direkt auf den versprochenen Zusatznutzen; das Produktverständnis wird beschleunigt.

Gesamtgesellschaftlich gesehen bietet die Marke ebenfalls einen Nutzen, indem das vermittelte Qualitätsversprechen zu hoher und permanenter Produktqualität führt. Innovationen oder Produktverbesserungen, die einen Zusatznutzen versprechen, können durch eine Marke effektiv vor Nachahmern geschützt werden und die Informationen, über die Verbraucher im Falle von Markenprodukten verfügen, sind besser als bei nicht-markierten Produkten.

6. Eine Marke ist mehr als nur ein Symbol, als ein Name oder ein Schriftzug. Sie übermittelt dem Käufer ein Nutzen- und Qualitätsversprechen und positioniert das Produkt in der Wahrnehmung des Verbrauchers. Mit ihrer Fähigkeit, Loyalität und damit eine Bindung des Kunden an das Unternehmen herzustellen, besitzt die Marke einen hohen Wert und wird zu einem Kernpunkt in der Beziehung des Anbieters zu seinen Kunden. Oft konkurrieren Marken untereinander um die Präferenz des Konsumenten. Kaufentscheidend ist hier die Positionierung jeder einzelnen Marke beim Kunden hinsichtlich der transportierten Inhalte und der individuellen Nutzenerwartungen. Insofern hat jede Marke einen individuellen Markenwert, der mit dem Ausmaß positiver Reaktionen auf ein Gut steigt.

Prägende Elemente sind folgende Faktoren:

- Markentreue beim Käufer
- Bekanntheitsgrad der Marke
- Beurteilung des Qualitätsstandards durch den Konsumenten
- Markenspezifisch ausgelöste Assoziationen und Markenpersönlichkeit
- Schutzwürdige Rechte (Patente, Warenzeichen, Handelsmarken) und eingespielte Absatzwege

Je höher die bereits genannten Ausprägungen für einen Markennamen sind, desto höher ist der Markenwert. Hat es eine Marke geschafft, **Markentreue** aufzubauen

– also Stammkäufer zu gewinnen –, ist die Bindung zwischen Anbieter und Käufer privilegierter geworden. Für den Wettbewerb ist es schwieriger, diesen Kunden für sein Produkt zu gewinnen, und die hierfür erforderlichen Anstrengungen sind ungleich höher als im Falle nicht-markierter Produkte. Markentreue Kunden werden in der Regel bereit sein, für ein Produkt mit vergleichbaren Leistungen, einen gewissen Mehrpreis zu zahlen – und genau diese Bindung beeinflusst in hohem Maße das Markenkapital.

Im Falle einer **hohen Markenbekanntheit** ist der Wiedererkennungswert einer Marke höher als bei unbekannten Marken. Positionierungen und Nutzenversprechen werden vom Kaufinteressenten erinnert und entscheiden den Kaufprozess zugunsten des Anbieters. Hier liegt ein weiterer Vorteil eines hohen Bekanntheitsgrades einer Marke: Die Beschleunigung des Kaufentscheidungsprozesses. Eine Marke mit hohem Bekanntheitsgrad wird zudem viele Käufer an sich binden können, womit der Werbeaufwand pro verkauftem Produkt sinkt.

Markenbildung ist eng mit Vertrauen verbunden, das der Hersteller beim Konsumenten aufbauen möchte. Er verspricht ihm gleichbleibend gute Produktleistungen und ein hohes **Qualitätsniveau**. Entspricht die wahrgenommene Qualität den Erwartungen des Käufers oder liegt diese sogar darüber, wird das Qualitätsversprechen des Anbieters mit einem Vertrauensvorschuss für zukünftige Kaufakte belohnt. Sichtbare Qualitätskontrollsiegel und erweiterte Garantien können zudem das subjektive Qualitätsempfinden stärken, wenn die Qualität vom Kunden objektiv nur schwer zu prüfen ist.

Durch gezielte Positionierung einer Marke und durch die Aufladung mit bestimmten Eigenschaften können Marken eine **Markenpersönlichkeit** entwickeln. Markenspezifische positive **Assoziationen** werden zu einem kaufentscheidenden Kriterium. Ist die Marke als hochwertige Luxusmarke positioniert, werden ihre Käufer auch psychologische Bedürfnisse (Zugehörigkeitsgefühl, Status) zu befriedigen suchen. Kommunizierte sportliche Lifestyles vermitteln ebenso positive Kauferlebnisse wie Rationalität und Vernunft (zum Beispiel empfiehlt ein Zahnarzt die Zahnpasta-Marke X).

Ein hoher Bekanntheitsgrad sorgt ebenfalls für einen **Nachfrage-Effekt (Pull-Effekt)**, den ein Hersteller etwa im Falle des Vertriebs über Absatzmittler bei seinen Verhandlungen nutzen kann; er stärkt so seine Verhandlungsposition. Erwarten Kunden eine breite Distribution des Gutes, kann sich der Absatzmittler kaum dem Bestreben des Herstellers widersetzen, das Produkt in sein Sortiment aufzunehmen. Zudem **schützt** eine Marke – zumindest zeitweise – auch **vor Imitationen**, die dem Anbieter sein Alleinstellungsmerkmal nehmen oder es abschwächen würden.

7. Die Marke bildet mit ihrem Markenwert ein Schlüsselelement in der Beziehung des Unternehmens zu seinen Kunden. Die Schaffung und Pflege einer Marke erfordert eine Reihe von strategischen Entscheidungen, von denen vier wichtige im Folgenden dargestellt werden:

– Positionierung der Marke
– Auswahl und Schutz des Markennamens oder Markensymbols
– Markeninhaber
– Weiterentwicklung der Marke

Die **Positionierung einer Marke** beim Konsumenten erfolgt im Wesentlichen hinsichtlich der Kriterien „Produkteigenschaften“, „Produktnutzen“, „Wertvorstellungen“, „Kultur“ und „Persönlichkeit“ und muss klar und abgrenzbar erfolgen. Produkteigenschaften sind das wesentliche Element in der Assoziation beim Kunden. Unternehmen können hier ihre Stärken einprägsam kommunizieren und in den Köpfen der Verbraucher „verankern“. Die Eigenschaften eines Produktes müssen übersetzt werden in Nutzenbündel, die der Käufer sucht; diese können unterschieden werden in funktionale (z. B. Leistung eines Autos) und emotionale (z. B. Status beim Kauf einer hochwertigen Automarke) Nutzenbestandteile. Auch die Wertvorstellungen, die eine Zielgruppe hat, müssen übereinstimmen mit dem Nutzenversprechen des Produktes. So wurde beispielsweise im Markt für technische Gebäudebeleuchtung der Umweltaspekt lange außer Acht gelassen. Mit einem sich wandelnden Umweltbewusstsein auf Seiten der Konsumenten sind seit einigen Jahren Energieeffizienz-Überlegungen integraler Bestandteil bei der Produktentwicklung durch die Hersteller. Stimmt das gelieferte Nutzenbündel nicht mit diesen allgemeinen Wertvorstellungen überein, wird es ein Anbieter schwer haben, sein Produkt mit Erfolg abzusetzen. Eine Marke kann auch eine Kultur und die mit ihr verbundenen Attribute verkörpern. Durch Aufladen einer Marke mit bestimmten Adjektiven beziehungsweise durch Vermittlung eines Lebensstils kann auch eine Persönlichkeitsprojektion entstehen: Die Marke ruft somit ein bestimmtes Bild einer Person beim Konsumenten hervor.

Die **Auswahl eines Markennamens** gehört zu den wichtigsten und schwierigsten Entscheidungen im Marketingprozess. Der Markenname soll positive Assoziationen wecken und an die Nutzen und Produktvorteile des Produktes erinnern. Ebenso soll er einfach auszusprechen und für die Konsumenten wiedererkennbar und einzigartig sein. Bei international angebotenen Produkten muss unbedingt sichergestellt werden, dass diese Punkte ebenfalls für die Kunden im Ausland gelten. Zudem sollten keine anderen, widersprüchlichen oder kontraproduktiven Bedeutungen mit der Marke verknüpft sein. Einige Hersteller haben sich in der Vergangenheit bezüglich dieses Aspektes nicht ausreichend vorbereitet und sind mit der Produkteinführung in den entsprechenden Auslandsmärkten gescheitert.

Schließlich sollte ein Markenname auch als **Warenzeichen zu schützen** sein, um den damit verbundenen Wettbewerbsvorteil vor Imitationen zu sichern. Allgemein verwendete Begriffe oder Wortbestandteile sind gemäß der Erfahrung der letzten Jahre, als nämlich Gerichte über die Schutzwürdigkeit entsprechender Marken oder Namensbestandteile zu befinden hatten, nur schwer zu registrieren. Hat ein Hersteller alle diese Überlegungen miteinbezogen und einen entsprechenden Markennamen gefunden, den er erfolgreich positioniert, kann eine Marke auch zu einem Gattungsnamen werden und Eingang in den Sprachgebrauch für alle Produkte dieser Art finden: Labello, Tesa und Tempo sind nur einige Beispiele hierfür.

Ein Hersteller muss sich auch die Frage nach dem **Markeninhaber** stellen. Er hat verschiedene Möglichkeiten, eine Marke aufzubauen und kann sich für eine Herstellermarke entscheiden, bei der er selbst als Anbieter auftritt. Er kann aber auch Wiederverkäufer beliefern, welche dem Produkt eine Marke geben; Handelsmarken sind hierfür ein Beispiel. Diese bieten dem Handel die Möglichkeit, eine Kundenbindung aufzubauen, da diese Marken nur bei ihm erhältlich und zudem meist preisgünstiger als die Marken der anderen Anbieter sind. Als Lizenzierung wird der Erwerb einer Lizenz zur Herstellung von Produkten unter einer erfolgreichen Marke verstanden. Der Anbieter profitiert gegen Zahlung einer Lizenzgebühr vom Erfolg und von der Bekanntheit der Marke. Die unternehmenseigene Markenführung kann zudem unterstützt werden durch die Lizenzierung von Markenrechten, also die Vergabe des Rechts am eigenen Markennamen für andere Produktgruppen. Im Erfolgsfalle erhöht sich so die Bekanntheit des eigenen Markennamens durch Unterstützung weiterer Produktgruppen. Beim Co-Branding versuchen zwei Unternehmen, durch wechselseitigen positiven Imagetransfer eine Markenpartnerschaft aufzubauen und so Synergien durch gemeinsame Ressourcennutzung zu erzielen. Die Auswahl des Partners sollte jedoch sorgfältig erfolgen, da ein Ungleichgewicht bei Nutzenversprechen oder Marketingaktivitäten schnell auch Imageverluste verursachen kann.

Ist eine Marke etabliert, bieten sich dem Unternehmen verschiedene Möglichkeiten, diese weiterzuentwickeln. Das Unternehmen kann seine Produktlinie (Einführung weiterer Produkte mit gleicher Marke und gleicher Aufmachung) oder seine Marke ausweiten (Übertragung des Markennamens auf andere Produktkategorien). Es kann sich für eine Mehrmarkenstrategie entscheiden, wenn es für gleiche Produktkategorien weitere Marken einführt, um andere Segmente zu bedienen, oder es kann eine neue Marke für eine völlig neue Produktkategorie einführen.

8. Ist der Entscheidungsprozess, den ein Unternehmen durchläuft, wenn es auf seinem nationalen Markt agieren möchte, bereits komplex, wird er im internationalen Umfeld ungleich komplexer. Nach der Auswahl der international anzubietenden Produkte geht es darum, das Ausmaß an Standardisierung des Produktes festzulegen, gleichzeitig jedoch die Bedürfnisse und Erfordernisse des Auslandsmarktes in technologischer, sprachlicher, juristischer und kultureller Hinsicht zu berücksichtigen. In diesem Spannungsfeld ein Gleichgewicht zu finden, gehört zu den anspruchsvollsten Aufgaben eines international tätigen Unternehmens.

Auslandsmärkte bieten oft ein großes Potenzial, um den Absatz zu erhöhen und eine starke Marktposition aufzubauen. Durch Erhöhung des Gesamtabsatzes kann das Unternehmen Skaleneffekte realisieren und marktseitig – im Falle eines erfolgreichen Aufbaus einer Marke und einer Marktposition – seine internationale Bekanntheit steigern und weitere Nachfrage-Effekte erzielen.

Diese Internationalisierung erfordert jedoch eine genaue Kenntnis der Zielmärkte, um durch bloße Projektion der nationalen Kenntnisse auf den Zielmarkt keine Fehler zu machen. Dabei müssen Länder noch nicht einmal weit voneinander entfernt liegen, um tiefe Unterschiede in Kultur, Gewohnheiten oder Rechtsrahmen aufzuweisen: Selbst innerhalb Europas haben viele Anbieter bereits negative Erfahrungen durch eine nicht ausreichende internationale Marktkenntnis gemacht.

Hier liegen aus Marketingsicht die größten Risiken für ein international expandierendes Unternehmen. Das Produkt an sich darf im Zielmarkt keine Werte oder Wertvorstellungen verletzen. Neben der eigentlichen Übersetzung der Verpackungsbeschriftung muss die zu transportierende Botschaft ebenso zweifelsfrei ankommen wie im Heimatland. Da Worte und Farben im Zielland unter Umständen eine andere Konnotation besitzen, könnten Marken dort nicht erfolgreich sein. Kommunikationsmaßnahmen können andere Wertigkeiten besitzen, der Weg zum Endkunden (im Falle von Absatzmittlern) kann grundlegend anders sein als im Heimatmarkt. Die Liste potenzieller Fehler für ein Unternehmen ist lang, weswegen es hilfreich ist, mit einem lokalen Partner beziehungsweise einer eigenen Filiale die internationale Einführung umzusetzen.

9. a) Richtig.

b) Falsch: Der Kundendienst ist ein Element des erweiterten Produktes.

c) Falsch: Es handelt sich hierbei um Speciality Goods.

d) Richtig.

e) Falsch: Im Rahmen einer Mehrmarkenstrategie etabliert man mehrere Marken in einer Produktkategorie.

12 Die Entwicklung neuer Produkte und Produktlebenszyklusstrategien

Angesichts dynamischer Umfeldbedingungen muss ein Unternehmen kontinuierlich Produktverbesserungen vornehmen sowie neue Produkte entwickeln, um den geänderten Konsumentenwünschen Rechnung zu tragen und im Wettbewerb bestehen zu können. Die Entwicklung und Einführung neuer Produkte ist jedoch auch mit Risiken behaftet. Zu den größten Risiken gehören die Entwicklungskosten und die Entwicklungszeit, nicht vorhersehbare Verzögerungen und technische Probleme sowie fehlende Nachfrage. Im Spannungsfeld von marktseitigem Innovationsdruck und risikoreicher Neuproduktentwicklung ist es entscheidend, eine marktorientierte Produktentwicklung in Kenntnis der Kunden, Märkte und Wettbewerber zu betreiben und einen systematischen Entwicklungsprozess inklusive einer sorgfältig durchgeführten Produktplanung zu definieren. Der Unternehmensleitung kommt hierbei eine wichtige Rolle zu: Sie muss nicht nur nötige Ressourcen für Produktinnovationen zur Verfügung stellen, sondern auch ein kreativitätsförderndes Umfeld und eine adäquate Organisationsstruktur schaffen.

Der **Produktentwicklungsprozess** lässt sich in neun Stufen einteilen: Entwicklung einer Innovationsstrategie, Suche nach Produktideen, Ideen-Screening, Konzeptentwicklung und Konzepttest, Marketingstrategie, Analyse der Marktfähigkeit, Produktentwicklung, Testmarkterprobung und Markteinführung. Nach jeder einzelnen Stufe kann – je nach Ergebnis – der Prozess gestoppt oder neu ausgerichtet werden; auf jeden Fall sollte er als ganzheitlicher Ansatz gesehen und kundenorientiert, teambasiert und strukturiert durchgeführt werden.

Nach der Produktentwicklung durchläuft ein Produkt während seiner Existenz am Markt verschiedene Phasen, die jeweils eine Anpassung der Marketingstrategie erfordern: von der Einführung über die Wachstumsphase und die Reifephase bis zur Degenerationsphase. Diese zyklische Abfolge wird als **Produktlebenszyklus** bezeichnet.

Während der Markteinführungsphase wird das Produkt den Nachfragern vorgestellt. Die Verkäufe und die Gewinne sind noch gering beziehungsweise nicht vorhanden. Es müssen Lager im Handel aufgebaut und hohe Aufwendungen für Werbung und Vertrieb vorgesehen werden. Marketingaktivitäten werden auf die Zielgruppen fokussiert, von denen man annimmt, dass sie das Produkt am ehesten kaufen werden. Befriedigt das Produkt die Bedürfnisse der Konsumenten, wird es bald stärker nachgefragt werden. Zu den Erstkäufern kommen neue Nachfrager, das Produkt befindet sich in der Wachstumsphase. Gewinne stellen sich ein und man versucht, diese Phase durch Produktvarianten, durch Ansprache neuer Marktsegmente oder durch neue Distributionswege auszudehnen.

In der Reifephase verlangsamt sich das Absatzwachstum, die Gewinne bleiben relativ stabil und Werbemaßnahmen konzentrieren sich nun darauf, die Nachfrage in einem Umfeld intensiven Wettbewerbs auf das eigene Produkt zu lenken, was die ersten Anbieter aus dem Markt drängen kann. Schließlich gerät das Produkt in seine Degenerationsphase, in der Absatz und Gewinn deutlich sinken. Man muss entscheiden, ob man das Produkt fortführt oder die Produktion einstellt.

Fragen und Aufgaben

1. Definieren Sie den Begriff „Produktinnovation" und grenzen Sie ihn von einer Erfindung ab. Nennen Sie Beispiele für Innovationen und für Erfindungen.

2. Welche der folgenden Aussagen zu den vier Hauptfunktionen einer Innovationsstrategie sind richtig, welche falsch?

Zu den vier Hauptfunktionen einer Innovationsstrategie gehört es …

a) … die Ziele für alle Beteiligten festzuschreiben und dadurch die Arbeit des Teams zu fokussieren.

b) … das Marktpotenzial einer Produktidee in strukturierter Weise auszuloten.

c) … Leitlinien für die Erprobung neuer Produkte in Testmärkten vorzugeben.

d) … alle betrieblichen Funktionen und Fachabteilungen im Innovationsprozess zu koodinieren.

e) … die Aufgabenverteilung innerhalb der Organisationsstruktur vorzugeben.

f) … eine gründliche Suche nach Innovationen durch ein proaktives Verhalten der Unternehmensleitung zu fördern.

g) … die Frage nach der Kosten-Nutzen-Relation neuer Produktideen zu beantworten.

h) … die Vorauswahl von Konzepten zu erleichtern.

3. Welche der drei im Folgenden aufgeführten Vorgehensweisen ist die richtige für eine erfolgreiche Entwicklung und Einführung neuer Produkte?

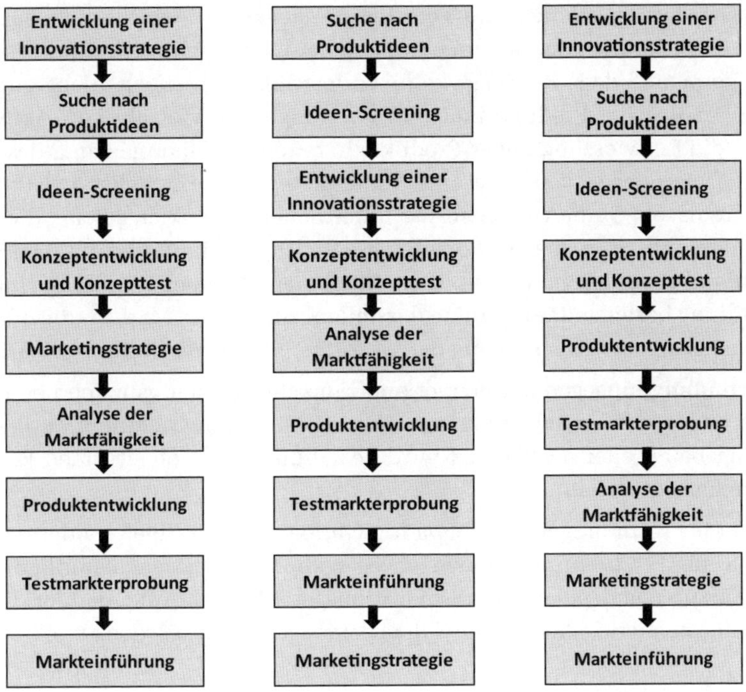

4. Erläutern Sie die einzelnen Schritte im Produktentwicklungsprozess.

5. Erläutern Sie die vier Dimensionen der Produkteinführung und geben Sie Beispiele.

6. Beschreiben Sie die Phasen im Lebenszyklus eines Produktes ab der Markteinführung. Nennen Sie phasentypische Merkmale.

7. Skizzieren Sie die unterschiedlichen Marketingstrategien, die einem Unternehmen bei der Markteinführung eines Produktes zur Verfügung stehen.

8. Welche Strategien stehen einem Unternehmen zur Verfügung, dessen Produkt sich in der Reifephase befindet?

9. Welche Gefahr liegt in der Einführung vieler Produktvarianten in der Reifephase eines Produktes?

10. Welche Risiken birgt ein Produkt in seiner Degenerationsphase, wenn es weiterhin angeboten wird?

Lösungshinweise

1. Unter dem Begriff **„Produktinnovation"** verstehen wir eine neue oder als neu empfundene Produktidee, ein Produkt, eine Dienstleistung oder eine Technologie, die Käufern angeboten und von diesen nachgefragt wird: Somit handelt es sich bei einer Innovation um einen neuen oder neuartigen Produktnutzen, der in dieser Form auf dem in Frage kommenden Zielmarkt noch nicht angeboten wurde. Der Begriff „Produktinnovation" umfasst eine Vielzahl von Aktivitäten: Er kann die Entwicklung neuer Produkte bezeichnen, die Ergänzung des aktuellen Angebots oder es kann um eine Verbesserung eines bestehenden Produktes gehen. In diesem Sinne verstehen wir unter neuen Produkten solche, die von einem Unternehmen in eigener Forschungs- und Entwicklungsleistung entwickelt wurden und grundlegend neu sind, die fundamental verbessert wurden oder eine Abwandlung bestehender Produkte darstellen. Auch neue Marken, die ein Unternehmen aus eigener Anstrengung entwickelt hat, fallen unter diesen Begriff.

Eine **Erfindung** hingegen bezeichnet die Erforschung einer gänzlich neuen Technologie oder eines neuen Produktes. Hierbei ist es unwesentlich, ob die Erfindung angeboten oder nachgefragt wird beziehungsweise ob sie einen konkreten Verbrauchernutzen hat.

Beispiele für Erfindungen sind etwa die Glühlampe, das Telefon oder das Auto, Beispiele für Produktinnovationen dagegen die Kompaktleuchtstofflampe, eine Video-Türsprechanlage oder ein Navigationsgerät für das Auto, da hier die Technik bereits existierte, aber neue Applikationen gefunden wurden.

2. a) Richtig.

b) Falsch: Das Marktpotenzial einer Produktidee wird im Rahmen der Analyse der Marktfähigkeit eingeschätzt.

c) Falsch: Die Leitlinien für die Erprobung neuer Produkte in Testmärkten werden in der Marketingstrategie festgelegt.

d) Richtig.

e) Richtig.

f) Richtig.

g) Falsch: Die wirtschaftliche Attraktivität neuer Produktideen wird in der Analyse der Marktfähigkeit beurteilt.

h) Falsch: Die Vorauswahl von Konzepten kann z. B. anhand von Bewertungsmodellen im Ideen-Screening beurteilt werden.

3. **Lösung A ist richtig.** Als erster Schritt für einen erfolgreichen Produktinnovationsprozess steht immer die Entwicklung einer Innovationsstrategie. Sie definiert die Ziele, koordiniert die Arbeit aller beteiligten Funktionsbereiche, legt die Verteilung von Arbeitsaufgaben fest und fördert eine proaktive Einstellung der Unternehmensleitung durch die frühzeitige und strukturierte Beschäftigung mit dem Thema „Produktinnovation".

Die Marketingstrategie wird regelmäßig **nach** der Konzeptentwicklung und nach den ersten Konzepttests und **vor** der Produktentwicklung zu definieren sein, da sie Zielmarkt, Positionierung, Absatzprognosen, Marktanteil und Gewinnziele festlegt und damit für die Analyse der Marktfähigkeit und für die Entscheidung für eine Markteinführung wesentlich ist.

4. Der Produktentwicklungsprozess kann in neun Schritte gegliedert werden:

1. Entwicklung einer Innovationsstrategie
2. Suche nach Produktideen
3. Ideen-Screening
4. Konzeptentwicklung und Konzepttest
5. Definition der Marketingstrategie
6. Analyse der Marktfähigkeit einer Produktidee
7. Entwicklung des Produktes
8. Testmarkterprobung
9. Markteinführung

Die **Entwicklung einer Innovationsstrategie** dient der Fokussierung der Arbeit des gesamten Teams durch Vorgabe von Zielsetzungen und Richtlinien im Innovationsprozess. Sie koordiniert die innerbetrieblichen Disziplinen und die Arbeit der beteiligten Fachabteilungen, regelt die Aufteilung und die Delegation von Aufgaben im Zuge des Prozesses und hat zudem den Effekt, dass das Management eine proaktive Einstellung zur Innovation im Unternehmen entwickelt. In einer Produktinnovationscharta können zudem die Gründe für die Innovationsförderung dargelegt werden, die im Fokus stehenden Produkte, Märkte oder Technologien eingegrenzt und die verschiedenen Innovationsziele präzisiert werden. Auch Vorgaben, in welcher Weise neue Produkte in die Märkte eingeführt werden sollen, können hier definiert werden.

Bei der **Suche nach Ideen** sollte ein Unternehmen planvoll und systematisch vorgehen. Auf diese Weise wird sichergestellt, dass die Ideen zum Unternehmen, zu seiner Geschäftstätigkeit und zu seiner strategischen Zielsetzung passen und in kontrollierter Weise an einem zentralen Punkt ankommen und aufgenommen werden. Außerdem muss die Idee zu einem konkreten Produkt weiterentwickelt werden können. Produktideen haben verschiedene Ursprünge. Sie können aus der Organisation selbst kommen (z. B. über ein betriebliches Vorschlagswesen), von Kunden (z. B. systematische Marktforschung, Fokusgruppendiskussionen) oder von Konkurrenten, die ein erfolgreiches Produkt eingeführt haben. Absatzmittler (sie stehen in direktem Kontakt mit dem Kunden) und Lieferanten (sie können Hinweise auf neuartige Fertigungsverfahren oder auch Technologien geben) zählen ebenso zu den potenziellen Quellen für neue Produktideen wie Wissenschafts- und Technologieparks, Messen oder Kongresse.

Ist das Ziel der Ideensuche, eine möglichst hohe Anzahl an Ideen zu generieren, so hilft das **Ideen-Screening** bei der Filterung. Es sollen nur zukunftsträchtige und erfolgversprechende Ideen weiterverfolgt und unbrauchbare Ideen herausgefiltert werden. Hilfreich können standardisierte Formulare sein, in welche Ideen eingetragen werden, um von einem interdisziplinären Team gesichtet und hinsichtlich eines zu definierenden Fragenkataloges bewertet zu werden.

In der Phase der **Konzeptentwicklung** wird aus der Produktidee durch Formulierung der auf den Konsumenten zugeschnittenen Nutzenbündel ein Produktkonzept, welches durchaus mit Blick auf eine höhere Akzeptanz des späteren Kunden unter Einbeziehung desselben entwickelt werden kann. Produktkonzepte werden anschließend im Rahmen eines **Konzepttests** einer Interessentengruppe aus dem Zielmarkt vorgelegt, um konkrete Reaktionen zu erhalten. Kann hierdurch auch keine absolut sichere Vorhersage über den Erfolg eines Konzeptes erstellt werden, so lassen sich doch Tendenzen und Strömungen potenzieller Konsumenten feststellen und daraus Anregungen ableiten, wie sich das Konzept verbessern oder seine Attraktivität steigern lässt.

Für ein erfolgversprechendes Produktkonzept wird nun eine **Marketingstrategie** entwickelt, die auf drei wesentliche Fragen Antworten geben soll: Sie wird den Zielmarkt definieren und die Positionierung des späteren Produktes festlegen, Angaben über Absätze und den geplanten Marktanteil machen sowie die Gewinnziele der ersten Jahre festlegen. Weiterhin enthält sie kurzfristige Planungsvorgaben und wesentliche Elemente des Produktes wie Preis oder Distribution. Schließlich werden durch die Marketingstrategie auch langfristige Prognosen zu Verkaufs- und Gewinnzielen sowie der Ausgestaltung des Marketing-Mix gemacht.

Die **Marktfähigkeit**, also die wirtschaftliche Attraktivität eines neuen Konzeptes, wird nun auf Basis der in der Marketingstrategie formulierten Ziele und Prognosen sowie der voraussichtlichen Kosten untersucht. Stehen die gewonnenen Daten im Einklang mit den Unternehmenszielen, folgt als nächster Schritt die **Produktentwicklung**, in der regelmäßig größere Investitionen (z. B. in Werkzeuge, Maschinen) oder neue Ressourcen fällig werden. Ein erster Schritt wird je nach Produktkomplexität ein Prototyp sein, der mit allen Funktionen des endgültigen Produktes ausgestattet sein sollte und in angemessenem Zeit- und Kostenrahmen hergestellt werden kann. Der Prototyp dient der Erprobung des Konzepts, zunächst im Labor, später bei den potenziellen Kaufinteressenten.

Hat ein Produkt die Labortests und die ersten Konsumentenerprobungen bestanden, kann es unter annähernd realistischen Bedingungen in einem **Testmarkt** getestet werden. Dieser erlaubt es einem Anbieter, das komplette Marketingprogramm unter realen Bedingungen zu testen und hierdurch wesentliche Erkenntnisse über Positionierung, Logistik, Akzeptanz, Markengebung oder auch über den Preis zu gewinnen. Die so gewonnenen Erkenntnisse werden die Basis für Absatz- und Gewinnprognosen bilden. Da eine solche Testmarkterprobung mit hohen Kosten verbunden ist, wird ein Unternehmen nur dann diese Methode wählen, wenn die mit der Markteinführung verbundenen Risiken sehr hoch sind. Auch der Zeitplan spielt eine Rolle: Ein Testmarkt kann einem Konkurrenten

Aufschlüsse über das neue Produkt und damit Zeit geben, sich auf dessen flächendeckende Einführung vorzubereiten. Liegt das neue Produkt von Konzeption oder Nutzenwert nahe bei bereits existierenden Produkten, kann ein Anbieter auch versuchen, aufgrund von Erfahrungswerten eine Prognose zu erstellen und sich daraufhin gegen einen Testmarkt entscheiden. Testmärkte sind in der Regel immer dann sinnvoll, wenn Zweifel am Erfolg bestehen und die Einführung mit hohen Investitionen verbunden ist.

Hat die Unternehmensleitung mit den Testmarktergebnissen die notwendige Entscheidungsgrundlage, ob ein Produkt eingeführt werden soll, kann es an die Planung der eigentlichen **Markteinführung** gehen. Hier geht es im Wesentlichen um die Frage nach dem richtigen Zeitpunkt, nach den Märkten, auf denen das Produkt eingeführt werden soll, nach der Zielgruppe und nach der Art und Weise der Einführung.

5. Ist ein Anbieter von den Erfolgsaussichten eines neuen Produktes überzeugt, beginnt der Markteinführungsprozess, der in der Regel mit hohen Kosten verbunden ist. Vor der Produkteinführung muss sich ein Anbieter mit den vier folgenden Fragen beschäftigen: Wann? Wo? An wen? Wie?

Wann – die Frage nach dem richtigen Zeitpunkt: Der Einführungszeitpunkt ist nicht nur aufgrund der Saisonalität einiger Produkte wie Eiscreme wichtig, sondern er muss in jeder Hinsicht optimal sein. Wird ein Wettbewerber ein vergleichbares Produkt auf den Markt bringen, muss geprüft werden, ob das Unternehmen noch vor dem Konkurrenten einführen kann. Sind die Außendienstmitarbeiter zum geplanten Zeitpunkt mit einer Promotion-Kampagne für ein anderes Produkt beschäftigt, stellt sich die Frage, ob die Einführung verschoben werden sollte, bis im Vertrieb wieder freie Kapazitäten zur Verfügung stehen.

Auch der konjunkturelle Kontext spielt eine wichtige Rolle. So führte ein Hersteller von Hausinstallationstechnik im Frühjahr 2007 in Spanien eine neue Linie von Lichtschaltern und Steckdosen ein. Im Herbst 2007 geriet das Land in eine tiefe Immobilienkrise, in deren Folge die Hochbau-Tätigkeit – ein wesentlicher Performance-Indikator für den Markt der Elektroinstallation – zum Erliegen kam und die Wirtschaft in eine Rezession geriet. Die Produkteinführung wurde in diesem schwierigen wirtschaftlichen Umfeld ein Misserfolg und hätte – in Kenntnis der gesamtwirtschaftlichen Situation – verschoben werden sollen.

Wo – die Frage nach den Märkten, auf denen die Produkteinführung stattfinden soll: Ein Produkt kann zunächst lokal oder regional eingeführt werden, bevor es flächendeckend vertrieben wird. Ein solches Verfahren wird als zeitlich abgestufte Markteinführung bezeichnet und ist typisch für Unternehmen mit begrenzten Kapazitäten. Finanzstarke Unternehmen mit etabliertem Vertriebsnetz optieren meistens für die Einführung in größeren Regionen oder Ländermärkten mit anschließender Expansion in weitere Länder. Global agierende Anbieter wählen immer häufiger die gleichzeitige Markteinführung in allen bedienten Märkten. Die globale Markteinführung hat den großen Vorteil, der Konkurrenz keine Gelegenheit zu einer Reaktion zu geben und ist häufig bei neuen Technologien erfolgsentscheidend.

Der finanzielle Rahmen und die begrenzten Ressourcen machen es zum Beispiel einem mittelständischen Anbieter von Türsprechanlagen schwer, außerhalb seines Stammlandes tätig zu werden. In seinem Heimatmarkt führend hat dieser Anbieter im Ausland keine starke Marktposition. Würde das Unternehmen mitsamt seiner Technologie aufgekauft, verlöre es so zwar seine Unabhängigkeit, erhielte jedoch damit finanzielle Mittel und die Möglichkeit, zu expandieren.

An wen – die Frage nach der Zielgruppe: Im Rahmen der vorab erarbeiteten Marketingstrategie sollten die Zielgruppen für das neue Produkt identifiziert worden sein. Für eine große Effizienz in der Kommunikation sollten zunächst Multiplikatoren angesprochen werden, also Gruppen, deren Meinung oder Handeln Einfluss auf die Kaufentscheidung der Konsumenten ausübt. Das können besonders intensive Nutzer sein, aber auch Innovatoren und Meinungsführer. Will ein Konsumgüterhersteller eine neue Zahnpasta auf den Markt bringen, könnte er einen Zahnarzt gewinnen, der einem breiten Publikum die Vorteile genau dieses Produktes erklärt. Ein Hersteller von Steckdosen könnte einen Elektro-Installateur in seiner Werbung einsetzen, der seine eigenen kleinen Kinder im Haushalt schützt, indem er Steckdosen mit erhöhtem Berührungsschutz („Kindersicherung“) des Herstellers verwendet. In beiden Beispielen handelt es sich um Meinungsführer, die aufgrund der ihnen zugetrauten Fachkompetenz Einfluss auf die Kaufentscheidung bestimmter Konsumenten haben werden.

Wie – die Frage nach der Art der Produkteinführung: Hier geht es um die ressourcenkompatible Ausgestaltung des Marketing-Mix, sprich um die Verwendung des zur Verfügung stehenden Budgets für Marketing und für andere Maßnahmen. Es können verschiedene Schwerpunkte im Mix gesetzt werden: Die Kommunikation kann zum Beispiel vollständig ohne Printmedien stattfinden oder nur durch direkte Zielkundenansprache; es kann ein selektiver Vertriebsweg mit exklusiver Ansprache potenzieller Kunden oder eine breite Einführung und ein intensives Massenmarketing gewählt werden.

Ein Hersteller für hochwertige Tiernahrung entschied sich vor diesem Hintergrund beispielsweise, eine neue Linie der Hunde- und Katzennahrung exklusiv zu positionieren. Es wurde ein selektiver Vertriebsweg aufgebaut (Veterinäre, Tierkliniken, Züchter) und intensiv mit Meinungsführern (Veterinäre, Tierpfleger) gearbeitet, die das Kernversprechen glaubwürdig transportierten.

6. Nach dem Prozess der Produktentwicklung liegt die Herausforderung für ein Unternehmen darin, ein Produkt möglichst lange erfolgreich auf dem Markt zu verkaufen. Ziel ist es in der Regel, einen Gewinn zu erwirtschaften, der die Entwicklungs- und Produktionskosten sowie das unternehmerische Risiko kompensiert. Dies geschieht nicht vom ersten Tag an und wird sicher auch nicht über die gesamte Lebensdauer der Fall sein. Im Lebenszyklus eines Produktes auf dem Markt lassen sich typischerweise vier Phasen unterscheiden: Einführung, Wachstum, Reife und Degeneration.

Die **Markteinführungsphase** beginnt mit der Vorstellung des Produktes an potenzielle Nachfrager. Typische Merkmale dieser Phase sind langsam anlaufende Verkäufe, die in der Regel aufgrund hoher Aufwendungen für Vertrieb und Werbung nicht kostendeckend sind. Auch müssen Lagerbestände bei Absatzmittlern aufgebaut werden, die oft vorfinanziert werden müssen. Das Unternehmen wird in dieser Phase der noch geringen Marktakzeptanz eher Grundversionen beziehungsweise Basisausstattungen seines Produktes anbieten. Die Marketingaktivitäten werden auf die Zielgruppen konzentriert, von denen man annimmt, dass sie am ehesten kaufen werden, also jene des Käufertyps „Innovator" (early adopter).

Wenn das Produkt die Bedürfnisse der Konsumenten befriedigt, wird es bald verstärkt nachgefragt werden. Zu den Erstkäufern kommen neue Nachfrager hinzu. Das Produkt befindet sich nun in der **Wachstumsphase**. Die Gewinne steigen und ziehen Nachahmer an, die das Produkt imitieren beziehungsweise mit neuen Funktionalitäten ausstatten und auf diese Weise den Markt vergrößern. Werbeausgaben bleiben auf dem gleichen Niveau, haben aber neben der Erhöhung der Produktbekanntheit den weiteren Zweck, Produkttreue aufzubauen und die eigene Position vor der Konkurrenz zu schützen. Das Preisniveau verändert sich ebenfalls kaum, und da die Stückkosten durch höhere Absätze sinken, steigt der Gewinn des Unternehmens. Diese Phase des Marktwachstums sollte möglichst lang ausgedehnt werden, beispielsweise durch Produktvarianten, neue Marktsegmente oder weitere Vertriebswege.

In der **Reifephase** verlangsamt sich der Nachfrageanstieg, da der Wettbewerb durch viele weitere Hersteller schärfer geworden ist. Die Preise beginnen zu sinken, Werbeaktivitäten werden erhöht, um die verbleibende Nachfrage auf das eigene Produkt zu lenken. Durch erhöhten Entwicklungsaufwand sollen Produkte mit verbesserten Funktionalitäten angeboten werden, was die Gewinne sinken lässt und erste Anbieter aus dem Markt drängen kann. Wesentlich in dieser Phase ist die Anpassung des Produktes an sich ändernde Bedürfnisse der Kunden. Produktinnovationen können hierbei helfen, die eigene Position zu verteidigen.

Gehen die Absatzzahlen aufgrund von Marktsättigung, geänderten Kundenbedürfnissen, technischem Fortschritt oder aufgrund von Verdrängungswettbewerb zurück, tritt das Produkt in seine **Degenerationsphase** ein. Diese ist gekennzeichnet durch den Marktaustritt verschiedener Wettbewerber aufgrund sinkender Gesamtnachfrage, durch Sortimentsbereinigungen bei den verbleibenden Anbietern und durch tendenziell sinkende Preise. Der Vertrieb kann beschränkt werden auf wenige, absatzstarke Händler. Auch Sonderverkäufe mit niedrigeren Preisen zur Lagerbestandsreduktion sind nun möglich. Produkte, die nur noch wenig nachgefragt werden, sollten im Zuge eines aktiven Produktlebenszyklusmanagements aus dem Angebot genommen werden, da mit ihnen durchaus auch Risiken verbunden sein können (Ressourcenbindung, Lagerkosten, Imageprobleme etc.).

7. In der Markteinführungsphase, der ersten Phase eines Produktes am Markt, stehen dem Anbieter bei der Ausgestaltung des Marketing-Mix mehrere Möglichkeiten zur Verfügung: Mit den Variablen „Preisstellung" (hoch/niedrig) und

„Werbeaufwendungen“ (niedrig/hoch) lassen sich insgesamt vier Möglichkeiten abgrenzen, deren bedeutendste die **Skimming-Strategie** (**Abschöpfungsstrategie**; hoher Preis, niedriges Werbebudget) und die **Penetrationsstrategie** (niedriger Preis, hohes Werbebudget) sind.

Bei der **Abschöpfungsstrategie** wählt der Anbieter bewusst einen hohen Preis bei geringem Werbebudget und spricht gezielt den Konsumententyp der „Innovatoren“ (early adopters) an, der bereit ist, einen hohen Preis für eine frühe Nutzung zu zahlen. Das Produkt oder sein Nutzen sollte den Kaufinteressenten bekannt sein, damit die Werbeausgaben niedrig gehalten werden können. Auch sollte die Konkurrenz nicht kurzfristig reagieren und ebenfalls in den Markt eintreten können. Ziel ist in diesem Falle die Abschöpfung (skimming) möglichst hoher Gewinne.

Auch ist es möglich, bei hohem Preis eine intensive Werbung zu betreiben, wenn der Zielgruppe der Produktnutzen nicht bekannt ist. Der Vorteil für das Unternehmen liegt in diesem Fall trotz hoher Werbeausgaben in einer schnellen Ansprache preisunsensibler Käufer.

Im Falle der **Penetrationsstrategie** wählt das Unternehmen einen niedrigen Preis und unterstützt die Einführung mit massiven Werbemaßnahmen und einem hohen Budget, um preissensible Käufer zum Kauf eines ihnen unbekannten Produktes zu bewegen. Diese Strategie zielt auf schnelle Marktpenetration und auf einen schnellen Aufbau von Marktanteil, um die eigene Position zu festigen und den Markteintritt von Konkurrenten zu erschweren.

Handelt es sich um ein Unternehmen, dem nur begrenzte Ressourcen für die Markteinführung zur Verfügung stehen, kann trotzdem ein geringer Preis gewählt werden, wenn die Käufer preissensibel reagieren. In diesem Fall ist die sehr sorgfältige und präzise Zielgruppenansprache aufgrund der knappen Werbemittel wesentlich für den Erfolg.

Für welche Einführungsstrategie ein Anbieter sich auch entscheidet, sie muss zur geplanten Produktpositionierung passen und stellt nur den ersten Schritt einer vollständigen Marketingplanung dar. Im weiteren Verlauf des Produktlebens, insbesondere beim Übergang von einer Phase in die nächste, sind alle Elemente des Marketing-Mix entsprechend anzupassen.

8. In der Reifephase eines Produktes hat sich der Nachfrageanstieg verlangsamt und das Auftauchen weiterer Anbieter hat den Wettbewerb verschärft. Die Werbeausgaben steigen, um die Nachfrage auf das eigene Produkt zu ziehen. Schwächere Unternehmen scheiden bereits wieder aus dem Markt aus. In dieser Situation hat ein Anbieter zur Verteidigung der eigenen Position verschiedene Möglichkeiten: Er kann sich für die Marktentwicklung entscheiden, für die Produktentwicklung oder für eine Änderung seines Marketing-Mix.

Entscheidet er sich für eine **Marktentwicklung**, so versucht er, den Verbrauch seines Produktes zu erhöhen oder die Nutzung zu intensivieren. Die Vergrößerung der Auslassöffnung einer Zahnpastatube kann – zumindest vorübergehend, nämlich bis der Verbraucher diese Änderung bemerkt und sein Verbrauchsverhalten anpasst – einen solch höheren Verbrauch generieren. Das Unternehmen kann auch versuchen, weitere, bisher noch nicht angesprochene Zielgruppen zu erschließen oder vorhandene Kunden durch direkte Ansprache (z. B. Newsletter) zu Nachkäufen zu bewegen.

Im Falle der **Produktentwicklung** hat der Anbieter die Möglichkeit, das Produkt an sich in Bezug auf Qualität, Funktionalität, Design oder auf weitere Merkmale zu ändern. Zur Qualitätsverbesserung gehört beispielsweise eine längere Lebensdauer oder eine von den „Kinderkrankheiten" der ursprünglichen Produktversion befreite Produktvariante. Das Produkt kann ebenso um neue Funktionalitäten ergänzt werden, um das Nutzenversprechen für den Konsumenten zu erhöhen, etwa wenn neue technologische Möglichkeiten zur Verfügung stehen. Ändert man weitere Ausstattungsmerkmale, beispielsweise das Design, oder führt man neue Produktvarianten ein, so erhöht sich insgesamt die Attraktivität eines Produktes. Ein Hersteller von Tiernahrung hat in der Vergangenheit einen Fleisch-Stick für Hunde auf den Markt gebracht und nach dessen erfolgreicher Einführung zahlreiche (Geschmacks-)Varianten geschaffen, die seine Position im Markt verteidigen und es dem Wettbewerb schwer machen, eigene Produkte zu platzieren.

Es sind auch **Änderungen im Marketing-Mix** zur Erhöhung des Absatzes möglich. Sonderplatzierungen im Handel, verstärkte Werbeaktivitäten und Promotionspackungen mit Mehrinhalt versprechen eine – zumindest kurzfristige – Verkaufssteigerung. Der Vertrieb über neue Kanäle ist ein weiteres Mittel der Absatzsteigerung ebenso wie Preissenkungen oder Zusatzleistungen, die dem Produkt erneut einen Vorteil vor dem Wettbewerb verschaffen sollen.

9. Befindet sich ein Produkt in der Reifephase, so hat es in der Regel bereits weitere Wettbewerber angezogen. Der Wettbewerb hat sich intensiviert und der Nachfrageanstieg hat sich verlangsamt. Erste Unternehmen scheiden durch den Konkurrenzdruck wieder aus und die Werbeausgaben steigen, um möglichst viele Nachfrager von dem eigenen Produkt zu überzeugen.

Entscheidet sich der Anbieter in dieser Situation für die Strategie der Produktentwicklung, also für Innovationen am Produkt, so kann er neben Qualitätsverbesserungen oder Funktionsergänzungen auch die Einführung weiterer Produktvarianten in Betracht ziehen, um die Attraktivität seines Produktes zu steigern. Weitere Ziele dieser Vorgehensweise sind – sofern das Produkt im Handel vertrieben wird –, die Sichtbarkeit der eigenen Marke durch verschiedene Varianten zu erhöhen, indem eine massive Präsenz im Regal geschaffen wird, und dem Wettbewerb den Zugang zum (begrenzten) Regalplatz zu versperren. Bei den Kaufinteressenten vor dem Regal erhöht sich auf diese Weise die Markenbekanntheit und das Markenbewusstsein. Das Unternehmen erhofft sich zudem, Nachfrage vom Wettbewerb auf das eigene Produkt zu lenken und bestehende Kunden zu weiteren Käufen zu bewegen, um die neuen Varianten zu testen.

Die Nachfrage nach dem Produkt eines Unternehmens ist jedoch nicht unbegrenzt steigerungsfähig: Bestimmte Konsumenten können vom Anbieter nicht erreicht werden, beispielsweise weil sie reine Preiskäufer sind und der Anbieter sein Produkt außerhalb ihrer Preisbereitschaft positioniert hat. Aufgrund von Markentreue oder einer speziellen Präferenzstruktur kann der Anbieter auch nur eine begrenzte Anzahl der beim Wettbewerb kaufenden Konsumenten für sein Produkt überzeugen. Die Zahl der Kunden, die mehrere Produktvarianten kaufen, um sie zu testen, ist ebenfalls begrenzt. Mit steigender Zahl der Varianten besteht die Gefahr, dass ein Konsument nicht weitere Produkte kauft, sondern die Käufe des ursprünglichen Produktes zugunsten einer Produktvariante verlagert. Das Unternehmen kannibalisiert durch die neuen Varianten sein Ursprungsprodukt selbst; dessen Absatz sinkt, ohne dass der Gesamtabsatz der Produkte steigt. Auch eine (zu) reiche Variantenauswahl hat bei einigen Konsumenten den gegenteiligen Effekt. Sie fühlen sich am Regal im Moment der Kaufentscheidung überfordert und werden tendenziell eher auf ein Produkt mit weniger Varianten ausweichen.

10. Im Lebenszyklus eines Produktes geht irgendwann der Absatz zurück. Hierfür kann es verschiedene Gründe geben: Entweder ist der Markt gesättigt, die Bedürfnisse haben sich gewandelt, der Wettbewerb hat das eigene Produkt verdrängt oder technische Fortschritte machen es obsolet. Mit dem Absatz geht auch der Gewinn zurück und einige Unternehmen ziehen sich vom Markt zurück, andere straffen ihr Sortiment oder schränken die Distribution ein. Das Management muss in diesem Fall die Entscheidung treffen, ob das Produkt weitergeführt oder ob es vom Markt genommen werden soll. Führt ein Unternehmen ein schwaches Produkt weiter, sind verschiedene Gefahren mit dieser Entscheidung verbunden, die das Management antizipieren sollte.

Ein Produkt verursacht immer einen bestimmten Verwaltungsaufwand. Allein seine Existenz nimmt Ressourcen in Anspruch (unternehmensinterne Datenbanken etc.) und die Management-Kapazitäten sind in der Regel bei starken Produkten effizienter eingesetzt. Das Produkt muss betreut werden: Es sollten kontinuierlich Preisanpassungen durchgeführt, Lagerbestandsentscheidungen getroffen und Abschreibungsszenarien entworfen werden, um der sinkenden Nachfrage vom Markt gerecht zu werden. Desgleichen sind die Vorgaben für den Vertrieb (Innen- und Außendienst) ständig anzupassen und anders zu priorisieren. Die so gebundenen Kapazitäten für die Betreuung eines schwachen Produktes könnten im Sinne der Wirtschaftlichkeit besser für starke oder neue Produkte eingesetzt werden.

Ist ein Produkt so weit von den aktuellen Kundenbedürfnissen und Nutzenerwartungen entfernt, dass es ein negatives Image bekommt, so kann dieses Image auf andere Produktlinien oder auf das gesamte Unternehmen abfärben. Das Image eines fortschrittlichen Unternehmens, Technologieführer in seiner Branche und ständig am Puls der Zeit zu sein, wird so schnell konterkariert und kann sich ins Gegenteil wenden. Hat das Unternehmen mehrere schwache Produkte im Angebot und versäumt notwendige Produktverbesserungen oder Neuentwicklungen, kann es zu einem Ungleichgewicht im Portfolio kommen, welches wiederum hohe Kosten für das Unternehmen verursachen kann. Aufgrund von niedrigen Preisen erwirtschaften veraltete Produkte häufig keinen ausreichenden Deckungsbeitrag mehr.

13 Marketing für Dienstleistungen

Verschiedene Gründe haben dazu geführt, dass die Nachfrage nach Dienstleistungen in großen Volkswirtschaften in den letzten Jahrzehnten stark angestiegen ist: Wachsender Wohlstand, technologische Fortschritte, komplexere Umfeldbedingungen und die Auslagerung von Unternehmensfunktionen sind einige davon. Infolgedessen sind auch Marketingkonzepte immer stärker auf die Besonderheiten des Dienstleistungssektors abgestimmt worden. Als Dienstleistung bezeichnet man ein immaterielles Produkt, eine Leistung, die von einem Anbieter einem Nachfrager zum Kauf angeboten wird und die keinen sächlichen Eigentumserwerb zur Folge hat. Ihre Erstellung kann mit einem realen Produkt verbunden sein oder auch nicht. Vier Besonderheiten kennzeichnen eine Dienstleistung:

Ihre **Immaterialität oder Nichtgreifbarkeit** drückt aus, dass die Leistung vor der Kaufentscheidung weder angefasst, anprobiert, angehört oder angesehen werden kann. Da die Ungewissheit vor der Kaufentscheidung ein wesentliches Merkmal ist, wird Vertrauen zum Anbieter zu einer wesentlichen Komponente im Kaufentscheidungsprozess. Die **Beteiligung von Leistungserbringer und Nutzer** bedeutet, dass die Erbringung der Dienstleistung ohne den sie erbringenden Menschen oder ohne die sie verrichtende Maschine nicht ausgeführt werden kann. Die gleichzeitige Integration des externen Faktors (nämlich des Kunden) erfordert die Anwesenheit des Nachfragers oder die eines seiner Güter. Eine weitere Eigenschaft ist die **schwankende Dienstleistungsqualität**. Diese hängt davon ab, wer die Leistung wann, wo und wie erbringt. Standardisierte Abläufe und Prozesse sollen helfen, eine gleichbleibende Leistung zu erbringen. Qualitätsmanagement und standardisierte Abläufe oder der Einsatz von Maschinen sollen für gleichbleibende Qualität sorgen. Schließlich ist auch die **Nichtlager- und Nichttransportfähigkeit** ein typisches Merkmal, das Dienstleistungen kennzeichnet und ein bestimmtes Verhalten auf Angebotsseite und Nachfrageseite erfordert.

Erfolgreiches Marketing für Dienstleistungen bezieht auch die Mitarbeiter mittels interner Marketingaktivitäten in die Dienstleistungswertschöpfungskette mit ein, da deren Kundenorientierung und Motivation wesentlichen Einfluss auf positive Erlebnisse des Kunden haben. Die Mitarbeiter wiederum befinden sich bei der Entstehung der Leistung in einer Wechselbeziehung mit dem Nutzer und müssen das interaktive Marketing beherrschen, um die Erwartungen des Kunden zu erfüllen.

Neben wettbewerbsfähiger Differenzierung gegenüber der Konkurrenz muss sich ein Dienstleistungsanbieter durch ein hohes Niveau an Qualität und Produktivität seiner Leistung auszeichnen. Die Differenzierung kann erfolgen über das Leistungsangebot, über die Leistungserstellung und über das Image. Zur Sicherung eines hohen Qualitätsniveaus muss der Anbieter zunächst die Erwartungen der Kunden herausfinden, bevor er die Dimensionen der Dienstleistungsqualität definiert. Durch steigende Kosten sind auch Dienstleistungsanbieter gezwungen, die Produktivität zu steigern. Sie können dies durch bessere Mitarbeiterschulung, durch eine „Mechanisierung“ von

Vorleistungen oder Hilfsarbeiten, durch Schaffung effektiverer Dienstleistungen, durch die Auslagerung bestimmter (Hilfs-)Prozesse auf den Kunden oder durch Verwendung neuer Technologien erreichen.

Fragen und Aufgaben

1. Welche der folgenden Aussagen zu den Besonderheiten von Dienstleistungen sind richtig, welche falsch?

a) Immaterialität: Dienstleistungen sind nicht greifbar.

b) Die Beteiligung von Leistungserbringer und Nutzer kann nicht voneinander getrennt werden.

c) Der Kauf einer Dienstleistung kann nicht von ihrer Nutzung getrennt werden.

d) Durch die Integration des externen Faktors kann die Qualität einer Dienstleistung auf hohem Niveau konstant gehalten werden.

e) Nichtlagerfähigkeit: Dienstleistungen werden im Moment der Erbringung konsumiert.

f) Schwankungen in der Qualität können trotz sorgfältiger Personalauswahl und Mitarbeiterschulungen nicht ausgeschlossen werden.

g) Ein nachgelagertes Beschwerdemanagement hat im Falle des Dienstleistungsmarketing keine wesentliche Bedeutung.

h) Im Rahmen des internen Marketing muss ein Dienstleistungsanbieter vor allem Vertrauen aufbauen, da eine Dienstleistung nicht greifbar und damit vergleichbar ist.

2. Nennen und erläutern Sie die vier Kernmerkmale einer Dienstleistung.

3. Erläutern Sie, worauf der starke Nachfragezuwachs nach Dienstleistungen in den letzten Jahren zurückzuführen ist.

4. Welche besondere Bedeutung kommt dem Beschwerdemanagement im Dienstleistungsmarketing zu? Illustrieren Sie dies an einem Beispiel.[1]

5. Was wird im Rahmen des Dienstleistungsmarketing als internes und was als interaktives Marketing bezeichnet?

6. Durch welche „3Ps“ werden die „4Ps“ des klassischen Marketing im Dienstleistungsmarketing ergänzt?

7. Wie kann sich ein Anbieter von Dienstleistungen gegenüber der Konkurrenz differenzieren?

---

1 Siehe P. Kotler, G. Armstrong, V. Wong und J. Saunders: Grundlagen des Marketing. München: Pearson 2011, Einführende Fallstudie „Alles für diesen Moment – die kundenorientierte Kampagne der Lufthansa“, S. 688-691.

8. Erläutern Sie das Konzept der Wertschöpfungskette der Dienstleistung.

9. Wo liegen die Besonderheiten beim Qualitätsmanagement für Dienstleistungen? Gehen Sie dabei insbesondere auf das Gap-Modell ein.

10. Entscheiden Sie, ob die folgenden Aussagen richtig oder falsch sind:

a) Ein Dienstleistungsanbieter legt sein Hauptaugenmerk auf das externe Marketing, also die Beziehung seiner Mitarbeiter als Leistungsersteller zum Kunden.

b) Das klassische externe Marketing (4Ps) wird im Bereich des Dienstleistungsmarketing um drei weitere Komponenten erweitert, um der besonderen Bedeutung der Servicemitarbeiter bei der Leistungserstellung Rechnung zu tragen.

c) Aufgrund der Immaterialität einer Dienstleistung spielen Meinungsführer im externen Marketing des Herstellers eine besonders wichtige Rolle.

d) Die Integration des externen Faktors bei der Dienstleistungserstellung bedeutet, dass zur Erbringung der Leistung Maschinen herangezogen werden.

e) Die Qualität von Dienstleistungen kann durch Schulungen und Mitarbeitermotivation konstant gehalten werden.

f) Die Abstimmung von Angebot und Nachfrage ist bei einer Dienstleistung wichtiger als bei einem materiellen Gut.

Lösungshinweise

1. a) Richtig.

b) Richtig.

c) Falsch: Die Erbringung einer Dienstleistung kann nicht von ihrer Nutzung getrennt werden. Der Kauf erfolgt nicht notwendigerweise im Moment der Nutzung.

d) Falsch: Die Integration des externen Faktors bezeichnet die Integration des Kunden oder eines ihm gehörenden Gutes in den Prozess der Dienstleistungserstellung. Die Qualität der Dienstleistung ist in hohem Maße von diesem externen Faktor abhängig und damit auch Schwankungen unterworfen.

e) Richtig.

f) Richtig.

g) Falsch: Die Nichtgreifbarkeit einer Dienstleistung macht es dem Kaufinteressenten schwer, sich für einen Anbieter zu entscheiden, da er die Leistung vor dem Kauf nicht ausprobieren kann. Insofern spielt Vertrauen, das der Anbieter beim potenziellen Kunden aufbauen muss, eine wesentliche Rolle im Kaufentscheidungsprozess. Kommt es doch einmal zu einem Negativerlebnis, so muss der Anbieter alles tun, um die Unzufriedenheit des Beschwerdeführers mit der Dienstleistung in einen positiven Gesamteindruck zu wandeln, etwa durch Gutschriften oder durch andere Gesten. Insofern kommt dem nachgelagerten Beschwerdemanagement eine wichtige Rolle zu.

h) Falsch: Im Rahmen des internen Marketing, also dem Marketing im Innenverhältnis eines Unternehmens zu seinen Mitarbeitern, muss der Anbieter durch sorgfältige Personalauswahl und durch intensive Schulung versuchen, die Kundenorientierung und die Qualität der zu erbringenden Leistung möglichst hoch zu halten. Vertrauen hingegen spielt eine wesentliche Rolle im externen Marketing, nämlich in der Beziehung des Unternehmens zu seinen Kunden.

2. Als Dienstleistung wird ein immaterielles Gut bezeichnet, das von einem Anbieter einem oder mehreren Nachfragern zum Kauf angeboten wird, ohne dass mit dem Kauf ein sächlicher Eigentumserwerb verbunden ist. Die Erbringung einer Dienstleistung kann, muss aber nicht in Verbindung mit einem materiellen Gut stehen. Hieraus ergeben sich folgende vier Kernmerkmale: Immaterialität, Beteiligung von Leistungserbringer und Nutzer, schwankende Qualität sowie fehlende Lager- und Transportfähigkeit einer Dienstleistung.

Immaterialität oder **Nichtgreifbarkeit** bedeutet, dass eine Dienstleistung vor dem Kauf nicht aus- oder anprobiert, angefasst, angesehen oder angehört werden kann. Kennzeichnend für den Kaufentscheidungsprozess ist damit eine große Ungewissheit seitens des Nachfragers, ein erhöhtes Risiko für den Kaufinteressenten gegenüber dem Kauf eines materiellen Gutes. Der Anbieter muss dem Konsumenten Indizien für die Qualität seiner Leistung bringen und muss versuchen, diese auf irgendeine Art greifbar und messbar zu machen. Dies kann idealerweise über eine konsistente Vermittlung einer gewählten Kernaussage über alle Kundenkontaktpunkte hinweg erfolgen: Angefangen bei der Gestaltung des Logos und dem Markenauftritt über die Kommunikation zum Kunden, die Ausstattung der Geschäftsräume bis hin zur Kleidung und dem Verhalten der Mitarbeiter. Auch die Rolle von Meinungsführern und zufriedenen Kunden ist größer als bei sächlichen Produkten, da diese durch die Vermittlung ihrer Erfahrungen die risikobehaftete Kaufentscheidung potenzieller Konsumenten beeinflussen können.

Bei der Erbringung einer Dienstleistung ist regelmäßig die **Beteiligung von Leistungserbringer und Nutzer** erforderlich: Ohne den die Leistung erbringenden Menschen oder die sie verrichtende Maschine kann sie nicht ausgeführt werden. Beide Seiten tragen zu Erfolg oder Misserfolg der Dienstleistung bei. Diese Interaktion ist ein weiteres typisches Merkmal einer Dienstleistung. Auch andere Nichtbeteiligte (Kunden oder Nicht-Kunden) können jedoch im Moment der Leistungserstellung anwesend sein und diese beeinflussen. Hier hat der Anbieter ausreichend Vorkehrungen zu treffen, dass eine Beeinträchtigung der von ihm angebotenen Dienstleistung möglichst nicht stattfindet.

Aus der unmittelbaren Beteiligung von Menschen ergibt sich regelmäßig eine **schwankende Qualität** der erbrachten Leistung, welche davon abhängt, wer die

Leistung wann, wo und wie erbringt. Aus diesem Grunde kommt einem Qualitätsmanagement, einer sorgfältigen Mitarbeiterauswahl und einer regelmäßigen Personalschulung erhöhte Bedeutung zu. Standardisierte Abläufe allein reichen nicht aus, um gleichmäßig gute Qualität zu erreichen. Durch geeignete Programme können Mitarbeiter eines Anbieters zu kundenorientiertem Verhalten motiviert werden, etwa durch Kundenbewertungen oder „Mitarbeiter der Woche"-Programme. Auch das Beschwerdemanagement muss kundenorientiert sein, da ein eventuelles Negativerlebnis dem Kunden durch einen möglichst positiven Umgang mit seiner Beschwerde (kundenfreundliche Kontaktmöglichkeit des Anbieters; die Vermittlung des Gefühls, der Beschwerde wird nachgegangen, Rückmeldung etc.) nicht im Gedächtnis haften bleiben sollte.

Schließlich ist auch die **Nichtlager-** und **Nichttransportfähigkeit** ein typisches Merkmal, das Dienstleistungen kennzeichnet. Diese Simultanität von Leistungserbringung und Nutzung hat verschiedene typische Verhaltensweisen zur Folge, sowohl auf der Angebots- als auch auf der Nachfrageseite. Im Falle einer gleichbleibenden Nachfrage kann sich ein Anbieter durch Planung auf die erforderlichen Kapazitäten einstellen. Ein Nachfrager kann darauf vertrauen, im von ihm gewünschten Moment die nachgefragte Leistung erbracht zu bekommen. Schwieriger wird es, wenn die Nachfrage schwankend ist. Ein Anbieter von Reiseleistungen kann zum Beispiel zur Hauptferienzeit weitere Unterkünfte anmieten, um der erhöhten Nachfrage zu begegnen. Auf der Nachfrageseite kann der Preis regulierend wirken, wenn der Anbieter zur Hauptreisezeit die Preise stark erhöht und in nachfragearmen Zeiten senkt.

3. Das Wachstum des Dienstleistungssektors in den letzten 20 Jahren hat dazu geführt, dass in vielen großen Volkswirtschaften der Dienstleistungsanteil am Bruttoinlandsprodukt bei weit über 50 Prozent liegt. Die Gründe hierfür sind vielfältig, im Wesentlichen lassen sich die folgenden Faktoren anführen: **gestiegener Wohlstand**, **technologische Entwicklung**, zunehmend **komplexe Rahmenbedingungen** auf den Märkten und ein Trend zum **Auslagern bestimmter Unternehmensfunktionen (Outsourcing)**.

Gestiegener Wohlstand hat in der Gesellschaft verschiedene Umwälzungen hervorgerufen. Durch höhere Einkommen und mehr Freizeit steigt die Nachfrage nach Freizeitaktivitäten und sportlichen Angeboten. Höhere Mobilität führt zu einer verstärkten Nachfrage nach Reisen und Tourismusangeboten und eine finanziell immer besser ausgestattete und gesundheitlich rüstigere Rentnergeneration führt zu einem Nachfrageanstieg für spezifische Dienstleistungen (z. B. seniorengerechte Reisen). Zudem fragen viele Privathaushalte nun Dienstleistungen nach, die sie vorher selbst erledigt haben (Haushaltshilfen, Gärtnerarbeiten etc.).

Die rasante Technologieentwicklung der letzten Jahre hat nicht nur in Unternehmen zu einem verstärkten Einsatz von Computern, Unterhaltungselektronik oder Mobiltelefonen geführt, sondern auch in Privathaushalten. Die komplexer werdenden Geräte erfordern immer häufiger unterstützende Dienstleistungen, entweder für den Aufbau, die Installation oder die Wartung.

Die Marktumfeldbedingungen sind in nahezu allen Branchen komplexer geworden. Die durch moderne Kommunikationstechnologien entstandene weit höhere Markttransparenz erfordert von Unternehmen hohe Kompetenzen in vielen Bereichen, welche sich diese über Nachfrage bei externen Dienstleistern, zum Beispiel bei Marktforschungsunternehmen, verschaffen.

Diese komplexeren Umfeldbedingungen erhöhen zudem den Zeit- und Kostendruck in den Unternehmen. Bestimmte Aufgaben werden ausgelagert und von spezialisierten Anbietern zugekauft, um innerhalb der eigenen Struktur keine weiteren Fixkosten aufzubauen und in Zeiten einer sich abschwächenden Nachfrage schnell und flexibel reagieren zu können. Außerdem konzentrieren sich viele Unternehmen wieder auf ihre Kernkompetenzen. Im Zuge dieses Prozesses werden bestimmte Funktionen oder Dienstleistungen fremd nachgefragt. Als Beispiel hierfür ist die Lohnabrechnung für die Mitarbeiter oder der Service für die unternehmenseigene IT zu nennen.

4. Die Immaterialität einer Dienstleistung führt beim Kaufinteressenten zu einer hohen Unsicherheit vor der Kaufentscheidung. Der Kauf einer Dienstleistung ist stärker risikobehaftet als der Kauf eines materiellen Produktes, da die Leistung vor ihrer Erbringung nicht ausprobiert, angesehen, angefasst oder angehört werden kann. Insofern muss der Anbieter vor dem Kauf versuchen, beim Nachfrager Vertrauen in die Qualität seiner Leistung aufzubauen, diese messbar und greifbar zu machen. Er kann versuchen, über Meinungsführer oder zufriedene Kunden (z. B. „Kunden werben Kunden"-Programme) auf den Kaufentscheidungsprozess des Konsumenten Einfluss zu nehmen. In seiner Kommunikation zum Kunden kann ein Anbieter von Dienstleistungen ebenso wie ein Anbieter materieller Güter versuchen, sich zu positionieren und neben der Schaffung von Vertrauen auch gezielt Emotionen (Geborgenheit, Lifestyle etc.) anzusprechen und auszulösen.

Eine Fluggesellschaft kann bei ihren Kunden einen emotionalen Mehrwert aufbauen, indem der Kernnutzen (Transport von A nach B) mit besonderen Zufriedenheitsmomenten ihrer Kunden verknüpft und gezeigt wird. Vertrauen und Kundenorientierung sollten klar, konsistent und über alle Märkte einheitlich durch den Unternehmensauftritt vermittelt werden. Kommt es nun zu Negativerlebnissen – ist also die Nutzenerwartung des Kunden nicht oder nicht vollumfänglich erfüllt und sein Vertrauen damit enttäuscht worden –, muss das Unternehmen auch im Umgang mit der Kundenbeschwerde professionell und kundenorientiert reagieren. Das beginnt mit der Möglichkeit des Kunden, seine Beschwerde leicht zu adressieren (z. B. bequem über ein Feedback-Formular auf der Internetseite). Der Beschwerdeführer muss das Gefühl haben, dass seine Beschwerde professionell bearbeitet wird und dass das Unternehmen bemüht ist, ihm eine Rückmeldung zu geben. Er muss davon überzeugt werden, dass sein dem Anbieter entgegengebrachtes Vertrauen durchaus gerechtfertigt war (und zukünftig sein wird), und dass es sich im Falle seines Negativerlebnisses um einen absoluten Ausnahmefall handelt. Schafft der Anbieter das nicht, kann dies imageschädigend wirken und die Kommunikation von emotionalem Markenwert und Vertrauensaufbau unterlaufen.

Mit steigendem Kundenwert werden diese Bemühungen immer wichtiger, da es für den Anbieter deutlich kostengünstiger ist, Bestandskunden zu binden als Neukunden zu gewinnen. Ein regelmäßiger, identifizierter Airline-Kunde („Vielflieger") hat für das Unternehmen somit einen beträchtlichen Wert. Seiner Bindung und dem Ausräumen des einer Beschwerde zugrunde liegenden Negativeindrucks muss daher im Rahmen eines professionellen Beschwerdemanagements höchste Priorität eingeräumt werden.

5. In Ergänzung zum externen Marketing (die klassischen 4Ps im Außenverhältnis Unternehmen – Kunde) erweitert das Dienstleistungsmarketing die Betrachtung um diejenigen, deren Aufgabe es ist, die Leistung zu erbringen: Die Mitarbeiter – von ihrem Bemühen hängen die Qualität der Dienstleistung und die Zufriedenheit des Kunden wesentlich ab. Als **internes Marketing** bezeichnet man die Investition eines Unternehmens in die Leistungsfähigkeit und Motivation der Mitarbeiter im Kundenkontakt. Mitarbeiter müssen neben fachlicher Aus- und Weiterbildung auf Marktorientierung geschult werden und permanent nach möglichst umfassender Erfüllung der Kundenerwartungen streben. Sie sind Teil des Bildes, das das Unternehmen über das externe Marketing an den Markt vermitteln möchte und müssen im Sinne eines konsistenten Images die gleiche Kundenorientierung erkennen lassen.

Der Begriff **„interaktives Marketing"** dagegen charakterisiert die Beziehung der Mitarbeiter im Kundenkontakt (also der Leistungsersteller) zu den Nachfragern (den Nutzern) und stützt sich auf die Simultanität von Leistungserbringung und Nutzung unter Beteiligung des Konsumenten (oder eines ihm gehörenden Gutes). Die wahrgenommene Qualität einer Dienstleistung hängt wesentlich von der Art und Weise ihrer Erbringung ab: Es existiert eine Wechselwirkung zwischen Käufer und Erbringer. Somit geht die Beurteilung durch den Kunden über rein technische Faktoren hinaus und wird beispielsweise auch von emotionalen Kriterien beeinflusst. Der Gesamteindruck der Dienstleistung soll beim Kunden insgesamt ein Positiverlebnis hinterlassen und ihm das Gefühl vermitteln, mit Inanspruchnahme dieser Leistung die richtige Entscheidung getroffen zu haben. Auf diese Weise kann der Kunde an das Unternehmen gebunden werden, es entsteht ein Vertrauensverhältnis, das die Kaufentscheidung im Falle eines Wiederholungskaufs vereinfacht, da der Konsument nun auf eigene positive Erfahrungen zurückgreifen kann.

6. Im Dienstleistungsmarketing werden die „4Ps" des klassischen Marketing (product, price, place, promotion) durch „3Ps" ergänzt: Die **Mitarbeiter (people)**, das **Umfeld (physical environment)** und das **Verfahren** oder den **Ablauf**, wie die konkrete Leistung erstellt wird **(process)**.

Der Anbieter muss neben dem externen Marketing im Außenverhältnis des Unternehmens zu seinen Kunden im Innenverhältnis internes Marketing betreiben, um die Erbringung der Dienstleistung zur Zufriedenheit der Kunden sicherzustellen. Ebenso müssen die Mitarbeiter im Moment der Leistungserstellung mit dem Kunden das interaktive Marketing beherrschen.

Ein Dienstleister kann sich also unter Nutzung der drei spezifischen Ps von der Konkurrenz differenzieren. Er kann die Mitarbeiter, die die Leistung erbringen, besser ausbilden als die der Konkurrenz beziehungsweise ihre Zahl erhöhen. Seine Mitarbeiter können beispielsweise gezielt auf Kundenorientierung geschult werden und ein höheres Einfühlungsvermögen als der Wettbewerb zeigen. Das Unternehmen kann auch das Umfeld, in dem die Leistung erbracht wird, derart gestalten, dass ein für den Kunden vertrauenerweckender Eindruck entsteht, sich dieser wohlfühlt und seine Entscheidung für diese Dienstleistung bestätigt sieht. Durch die Verwendung moderner Technologien kann ein Anbieter zudem Wettbewerbsvorteile erzielen, wenn hierdurch eine Nutzenerhöhung für den Kunden eintritt oder dessen Erwartungen in höherem Masse erfüllt werden. Im Falle einer Flugreise führt etwa der Internet-Check-In am heimischen PC oder per Mobiltelefon zu einer Verkürzung der Wartezeit. Durch neue technologische Möglichkeiten wird Onlinebanking ermöglicht, welches sich zunehmend verbreitet und dem Nutzer erlaubt, die Kerndienstleistung in Anspruch zu nehmen, ohne Umwege machen oder am Schalter warten zu müssen.

7. Beim Kauf eines materiellen Gutes kann der Kaufinteressent technische und andere Charakteristika verschiedener Güter vergleichen. Er kann das Produkt ausprobieren, ansehen oder anfassen. Der nichtmaterielle Charakter einer Dienstleistung macht diese vor dem Kauf unvergleichbar mit Wettbewerbsangeboten. Werden Dienstleistungen unterschiedlicher Anbieter vom Kunden zudem als gleichwertig angesehen, wird der Kaufentscheidungsprozess stärker vom Preis beeinflusst als vom Nutzenversprechen des Anbieters. Unternehmen, die Dienstleistungen anbieten, nutzen daher oft den **Preis**, um sich vom Wettbewerb zu differenzieren. Da Preisdifferenzierungen leicht von der Konkurrenz kopiert werden können, lassen sich hieraus oftmals keine dauerhaften Wettbewerbsvorteile erzielen; lediglich die Gewinne werden geschmälert. Doch neben dem Preis kann sich ein Anbieter einer Dienstleistung auch über das Leistungsangebot, bei der Leistungserstellung und durch sein Image differenzieren.

Eine Differenzierung beim **Leistungsangebot** kann einem Hersteller vorübergehend oder dauerhaft ein Alleinstellungsmerkmal und damit einen Wettbewerbsvorteil verschaffen und ihn damit für bestimmte Kunden oder Kaufinteressenten alternativlos machen. Selbst wenn solche Zusatzelemente kopiert werden, sollte das Unternehmen nicht darauf verzichten. Die Suche nach immer neuen Differenzierungselementen wird sein Image als innovativer und kundenorientierter Anbieter prägen, auch das kann einen Wettbewerbsvorteil in sich darstellen.

Konstante Dienstleistungsqualität ist wegen der Interaktion zwischen Erbringer und Nutzer äußerst schwierig zu erreichen. Kundenorientierte Unternehmen werden ihre Mitarbeiter intensiv schulen und auf die Erbringung der Leistung vorbereiten, um einen positiven Gesamteindruck beim Konsumenten zu erzielen. Ein Anbieter kann sich bei der **Leistungserstellung** in dreierlei Hinsicht vom

Wettbewerb differenzieren: Durch seine Mitarbeiter, durch das Umfeld, in dem die Leistung erbracht wird, und durch den Erstellungsprozess. Besser geschulte und einfühlsamere Mitarbeiter können ein höheres Zufriedenheitserlebnis beim Kunden vermitteln als der Wettbewerb. Das Unternehmen kann das Umfeld ansprechend gestalten, idealerweise erfolgt ein Imagetransfer auf die Qualität der zu erbringenden Leistung. Ist ein Restaurant zum Beispiel sehr aufwendig dekoriert und sorgfältig lichttechnisch in Szene gesetzt, so kann dies bereits beim Betreten des Raumes ein Wohlfühlerlebnis auslösen und den Kunden darin bestärken, die richtige Entscheidung bei der Wahl des Restaurants getroffen zu haben, obwohl die eigentliche Dienstleistung noch nicht vollständig erbracht worden ist. Auch der Ablauf der Dienstleistungserstellung kann unterschiedlich organisiert werden. Ein Anbieter kann sich etwa durch die Verkürzung oder Vermeidung von Wartezeiten durch ein leistungsfähiges Planungsmanagement positionieren.

Wirkungsvoller, jedoch aufgrund der besonderen Eigenschaften von Dienstleistungen auch schwieriger und langwieriger, ist der **Aufbau eines differenzierenden Images**, welches beim Kunden positive Erlebniserwartungen auslöst. Dies kann geschehen durch konsequente Kundenorientierung und Leistungsbereitschaft, ergänzt durch eindeutige Farb- oder Symbolverwendung. Als Beispiel kann der Autovermieter SIXT gelten, der die Farbkombination orange und schwarz konsequent in allen Kundenkontaktpunkten anwendet, von der Kommunikation über die Mitarbeiteruniformen und die Ausstattung der Schalter bis zum Internetauftritt und den Schlüsselanhängern seiner Mietwagen. Hinzu kommt eine deutlich spürbare Kundenorientierung der Mitarbeiter, der hohe Anspruch an Service und Qualität ist ausdrücklich im Unternehmensleitbild verankert und bildet einen deutlichen Wettbewerbsvorteil (*www.sixt.de*).

8. Erfolgreiche Anbieter von Dienstleistungen betreiben nicht nur externes Marketing zum Kunden, sondern bemühen sich gleichermaßen um die Mitarbeiter, die wesentlich an der Erzeugung von Kundennutzen beteiligt sind (internes Marketing). Die Qualität einer Dienstleistung hängt davon ab, wer sie wann und wie erbringt. In dieser Wechselbeziehung zwischen Leistungserbringer (Mitarbeiter) und Nutzer (Kunde) kommt es darauf an, dem Kunden Zufriedenheit zu vermitteln. Nach dem Konzept der Wertschöpfungskette eines Dienstleistungsanbieters ist Gewinn nicht nur auf die Kundenzufriedenheit zurückzuführen, sondern auch auf die Zufriedenheit der Mitarbeiter und auf ihre Loyalität mit dem Unternehmen. Diese Kette hat fünf Glieder:

Interne Grundvoraussetzungen für die Qualität der Leistung sind zum Beispiel strenge Kriterien bei Personalauswahl und -schulung, ein motivierendes Arbeitsumfeld mit moderner Ausstattung und hoher Unterstützung der Mitarbeiter im Kundenkontakt.

Diese Kriterien sind Voraussetzung für die **Zufriedenheit der Servicemitarbeiter**, für ihre **Loyalität gegenüber dem Unternehmen** und für ihr **ausgeprägtes Engagement**. Engagierte, produktiv arbeitende Mitarbeiter führen zu einem **höheren Nutzen** und **Wert der Dienstleistung für den Kunden**. Nimmt ein Konsument die

Dienstleistung und deren Erstellung als effektiv und effizient wahr, so wird er **Zufriedenheit verspüren, vom Anbieter überzeugt sein** und sich erneut für diesen entscheiden. Die Bindung treuer Kunden ist für einen Dienstleistungsanbieter besonders wichtig, da Vertrauen vor der Kaufentscheidung durch die Nichtgreifbarkeit der Leistung eine besondere Rolle spielt und zufriedene Kunden sich nicht nur erneut für das Unternehmen entscheiden, sondern auch zu Multiplikatoren („Mund-zu-Mund-Propaganda") werden können. Hieraus wiederum ergeben sich für den Anbieter **weitere Gewinne** und **Wachstumschancen**.

Die Erreichung der Unternehmensziele „Gewinn" und „Wachstum" beginnt in diesem Modell also mit dem Bemühen um diejenigen, deren Aufgabe es ist, sich um den Kunden zu bemühen.

9. Beständig höhere Qualität als die Konkurrenz zu liefern, stellt einen wichtigen Wettbewerbsvorteil dar. In Unternehmen, die materielle Güter produzieren, sind Standards zur Qualitätssicherung festgeschrieben worden, werden Prozesse und Abläufe standardisiert und verschiedene Produktionsschritte durch Maschinen erledigt. Qualität ist im produzierenden Gewerbe und im Falle von materiellen Gütern absolut und messbar. Minderqualität kann durch strenge Kontrollen nach der Produktion, aber noch vor dem Inverkehrbringen festgestellt und die entsprechenden Güter herausgefiltert werden. Der Kunde erhält materielle Produkte in nahezu fehlerfreier Qualität. Die Besonderheit bei der Erstellung von Dienstleistungen ist die Beteiligung von Leistungserbringer und Nutzer. Die Leistung wird im Moment ihrer Erstellung konsumiert und ist daher weder lagerfähig noch wegen verfehlter Qualitätsziele heraus zu sortieren.

Die Qualität einer Dienstleistung ist nicht physikalisch messbar, sie ist kein absoluter Wert, sondern wird vielmehr definiert durch die Qualität des Erstellungsprozesses und die Qualitätserwartungen des Kunden. Zur Definition von Qualitätszielen wird im Gegensatz zur Produktion materieller Güter („zero defects") eher das Ziel, keinen Kunden zu verlieren („zero customer defections") herangezogen. Das Unternehmen muss die Erwartungen des Kunden kennen, um sie zu erfüllen. Die objektive Bewertung der Erstellung einer Dienstleistung und das subjektive Empfinden ihrer Qualität durch den Kunden bleibt eine äußerst schwierige Aufgabe für das Unternehmen. Zur Lösung dieser Schwierigkeit kann von Dienstleistungsanbietern das sogenannte Gap-Modell zur Messung der Dienstleistungsqualität herangezogen werden, welches die Diskrepanzen zwischen Erwartungen und subjektivem Empfinden zu messen versucht.

Fünf Qualitätsdiskrepanzen können hierbei eine verminderte Qualitätswahrnehmung der Dienstleistung hervorrufen. Es kann eine Diskrepanz geben zwischen **Kundenerwartung** und **deren Wahrnehmung durch das Management**. Eine weitere Diskrepanz kann vorliegen zwischen **den vom Management wahrgenommenen Kundenerwartungen** und **deren Umsetzung in interne Spezifikationen zur Dienstleistungsqualität**. Die **interne Spezifikation** wiederum kann von der **tatsächlich erbrachten Leistung** abweichen. Zwischen der **tatsächlich erstellten Leistung** und **den im Rahmen des externen Marketing an den Kunden ausge-**

sandten Versprechen kann es Abweichungen geben, die zu Unzufriedenheit führen, ebenso wie zwischen **Kundenerwartung** und **Kundenwahrnehmung einer Dienstleistung**. Da diese letztgenannte Abweichung aus den vorhergehenden resultiert und als aussagekräftige Messgröße für Dienstleistungsqualität dient, kommt ihr eine besondere Bedeutung zu.

10. a) Falsch: Als externes Marketing wird das Verhältnis des Unternehmens zum Kunden bezeichnet. Die Einbeziehung der Mitarbeiter und die dahingehende Erweiterung des Konzepts des klassischen Marketing um ergänzende Komponenten (3Ps: people, physical environment, process) ist für den Anbieter einer Dienstleistung jedoch wesentlich für den Erfolg und die Wahrnehmung der Leistungsqualität durch den Kunden. Im Innenverhältnis Unternehmen – Mitarbeiter spricht man auch von internem Marketing, im Verhältnis der Servicemitarbeiter zum Kunden von interaktivem Marketing.

b) Richtig.

c) Richtig.

d) Falsch: Die Integration des externen Faktors bei der Dienstleistungserstellung bedeutet, dass der Kunde oder ein ihm gehörendes materielles Gut in den Prozess der Dienstleistungserstellung einbezogen ist. Diese Beteiligung von Leistungserbringer und Nutzer ist eine Kerncharakteristik einer Dienstleistung.

e) Falsch: Bei der Erstellung der Dienstleistung und deren Nutzung sind Menschen beteiligt, die regelmäßig zu einer schwankenden Dienstleistungsqualität führen. Zwar kann durch sorgfältige Personalauswahl und Schulungen ein möglichst konstantes Qualitätsniveau angestrebt werden, durch eine Vielzahl komplexer Einflussfaktoren auf die Erbringung der Leistung kann eine Konstanz jedoch nicht garantiert werden.

f) Richtig.

14 Grundsatzüberlegungen und Strategien zur Preissetzung

In den letzten Jahren haben nicht-preisorientierte Maßnahmen im Marketing zwar an Bedeutung gewonnen, doch spielt der Preis nach wie vor eine zentrale Rolle innerhalb des Marketing-Mix. Den **Preis im engsten Sinn** definieren wir dabei als die Geldsumme, die für ein Produkt oder für eine Dienstleistung verlangt wird. Aus einer **weiteren Perspektive** versteht man darunter die Summe aller Werte, die ein Verbraucher für den Nutzen, den ein Produkt oder eine Dienstleistung ihm stiftet, auszugeben bereit ist.

Zahlreiche interne und externe Faktoren beeinflussen die Preisentscheidung. Dabei bilden die Kundenwahrnehmung des Produktwerts die **Preisobergrenze** und die Produktkosten die **Preisuntergrenze**. Zudem müssen folgende Faktoren berücksichtigt werden:

- Marketingziele, Marketingstrategie, Marketing-Mix
- Markt- und Nachfragesituation
- Wettbewerberstrategien und Wettbewerberpreise
- Organisation des Unternehmens
- Sonstige Einflüsse aus dem wirtschaftlichen Umfeld

Die Strategie der Preissetzung wird vorwiegend vom angestrebten Zielmarkt und von Positionierungszielen bestimmt.

Der Preis ist zwar das Instrument des Marketing-Mix mit der größten Flexibilität, doch stellt seine Bestimmung – insbesondere auf Märkten, in denen viele Anbieter vielen Nachfragern gegenüberstehen (Polypol) – eine sehr schwer zu lösende Aufgabe dar. Ob der „richtige" Preis festgelegt wurde, entscheidet letztendlich der Verbraucher. Dieser wägt ab, ob der Preis dem empfundenen Wert entspricht. Die (subjektive) Kundenwahrnehmung des Werts stellt damit die Preisobergrenze dar. Unternehmen versuchen daher, die Preisbereitschaften unterschiedlicher Zielgruppen abzuschätzen, um in einer Nachfragekurve die wahrscheinlichen Absatzmengen pro Periode bei unterschiedlichen Preisniveaus abzubilden. Je unelastischer die Nachfrage auf Preisänderungen reagiert, desto höher kann man den Preis ansetzen.

Orientiert sich das Unternehmen bei der Festsetzung des Preises an der Wertwahrnehmung des Kunden, so spricht man von der **wertorientierten Preissetzung (value-based pricing)**. Beispiele für diese Art der Preisfestlegung sind Good-value-Preisstrategien wie die Dauerniedrigpreisstrategie (konstante Dauerniedrigpreise mit wenigen bzw. keinen Preisaktionen oder die High-Low-Pricing-Strategie (höheres Preisniveau insgesamt, aber häufige Preisaktionen). Im Gegensatz dazu kommt die **kostenorientierte Preissetzung** zum Einsatz, wenn man ausgehend vom Produkt die Herstellkosten berechnet und mit einem angemessenen Gewinnaufschlag versieht.

Die Preissetzung stellt einen dynamischen Prozess dar, wobei sich der Preis im Zeitablauf ändern und unterschiedlichen Kundensegmenten und Situationen angepasst werden kann. Die Preissetzungsstrategien ändern sich in der Regel, während ein Produkt seinen Lebenszyklus durchläuft.

Bei der Einführung neuer Produkte kann das Unternehmen grundsätzlich zwischen der **Marktabschöpfungsstrategie** und der **Marktdurchdringungsstrategie** wählen. Bei der Marktabschöpfungsstrategie (skimming pricing) werden anfänglich hohe Preise festgesetzt und sukzessive gesenkt, um so in jedem Marktsegment eine möglichst hohe Marge zu realisieren, sprich die Preisbereitschaft abzuschöpfen. Bei der Marktdurchdringungsstrategie (penetration pricing) hingegen wird anfangs ein niedriger Preis festgesetzt, um dadurch möglichst schnell einen hohen Marktanteil zu erzielen.

Stellt das Produkt einen Teil einer Produktlinie oder einer Produktfamilie dar, so sucht man eine Preisstruktur, die eine Gewinnmaximierung des gesamten **Produktprogramms** ermöglicht. Dabei sind neben Entscheidungen über Preisstufen zwischen den einzelnen Produkten auch solche über die Preise für Zubehör, Komplementärprodukte, Koppelprodukte oder Produktbündel zu treffen.

Um der unterschiedlichen Wertwahrnehmung verschiedener Kundentypen und Kaufsituationen Rechnung zu tragen, bedienen sich Unternehmen unterschiedlicher **Preisanpassungsstrategien**. Dazu zählen Rabatte und Preisnachlässe, die diskriminierende Preissetzung, die psychologische Preissetzung, Preissetzung bei Sonderaktionen, geografisch differenzierte Preissetzung, dynamische Preissetzung und die internationale Preissetzung.

Bei angestrebten **Preisänderungen** liegt die Herausforderung für das Unternehmen vor allem in der Antizipation der Reaktionen der Käufer und der Wettbewerber auf diese. Wird es selbst mit Preisänderungen der Konkurrenz konfrontiert, gilt es zu hinterfragen, welche Ziele die Mitbewerber damit verfolgen, ob die Änderung temporär oder dauerhaft ist und inwiefern diese Preiskorrektur Einfluss auf den Absatz der eigenen Produkte hat.

Fragen und Aufgaben

1. Beschreiben Sie die Charakteristik des Preises und die Rolle der Preispolitik im Rahmen des Marketing-Mix.
2. Warum ist es wichtig, die Wertwahrnehmung der Kunden bei der Festlegung von Preisen zu berücksichtigen?
3. Welche Rolle kommt den Kosten bei der wertorientierten beziehungsweise der kostenorientierten Preissetzung zu?
4. Was versteht man unter der Preiselastizität der Nachfrage? Finden Sie Beispiele für eine elastische und eine unelastische Nachfrage.
5. Beschreiben Sie, zwischen welchen Möglichkeiten der Preissetzung ein Hersteller bei einer echten Produktinnovation wählen kann und erläutern Sie diese.

6. Welche unterschiedlichen „Konstruktionen" muss ein Unternehmen berücksichtigen, wenn es die Profitabilität im gesamten Produktprogramm optimieren will? Finden Sie jeweils ein Beispiel.

7. Erläutern Sie kurz die (diskriminierende) Preissetzung nach Kundensegmenten, Produkten, Orten und Zeit. Nennen Sie jeweils zwei Beispiele.

8. Welche Voraussetzungen müssen erfüllt sein, um die diskriminierende Preissetzung erfolgreich anzuwenden?

9. Welche der folgenden Aussagen zur psychologischen Preissetzung sind richtig, welche falsch?

a) Die psychologische Preissetzung bezieht sich vor allem auf die psychologische Wirkung von Preisen.

b) Vorhandene Produkterfahrung oder die Möglichkeit einer eingehenden Qualitätsprüfung vor dem Kauf rücken den Preis als Kaufentscheidungskriterium in den Vordergrund.

c) Als Referenzpreis bezeichnet man die Vorstellung von Kaufinteressenten darüber, was ein bestimmtes Produkt kosten kann oder darf.

d) Anbieter können Referenzpreise nicht beeinflussen.

e) Der Referenzpreis wird geprägt durch frühere Erfahrungen mit dem Produkt, Preisvergleiche oder situative Faktoren.

10. Welche der folgenden Aussagen zum Erfahrungskurvenkonzept sind richtig, welche falsch?

a) Das Konzept der Erfahrungskurve dient bei einem gegebenen Preis der Ermittlung der Absatzmenge, bei der die Gewinnschwelle erreicht wird.

b) Die Erfahrungskurve beschreibt das Kostensenkungspotenzial, das mit jeder Verdopplung der kumulierten Produktionsmenge einhergeht.

c) Um die Vorteile der Erfahrungskurve nutzen zu können, spielt ein hoher Marktanteil eine große Rolle.

d) Um die Vorteile der Erfahrungskurve nutzen zu können, sollte der Anbieter mit einer Hochpreisstrategie in den Markt eintreten.

Lösungshinweise

1. Der Preis war lange Zeit der entscheidende Faktor im Kaufentscheidungsprozess. Dies gilt auch heute noch für stark standardisierte (Massen-)Produkte oder Rohstoffe oder für das Kaufverhalten von Kundengruppen mit geringer Kaufkraft. In vielen Bereichen hat der Preis jedoch in den letzten Jahren zugunsten anderer, nicht-preisbezogener Kriterien wie Marke, Prestige oder Service an Bedeutung verloren.

Während die anderen Elemente des Marketing-Mix zunächst Kosten produzieren, stellt der Preis das einzige Instrument mit direktem Einfluss auf Umsatz und Einnahmen dar. Der Preis kann kurzfristig variiert werden, während eine Produktänderung, die Neuausrichtung der Kommunikation oder der Aufbau eines weiteren Vertriebskanals einen deutlich größeren zeitlichen Vorlauf verlangen. Diese Flexibilität und Reaktionsschnelligkeit stellt aber gleichzeitig auch ein großes Problem dar, denn so leicht, wie Preissenkungen durchgeführt werden können, so schwierig gestaltet es sich, diese im Nachhinein entweder zu korrigieren oder aber langfristig Gewinne zu erzielen.

Da durch die zunehmende Verbreitung des Internet auf vielen Märkten eine sehr große Preistransparenz herrscht, wird der Druck auf die Preise tendenziell verschärft.

2. Der Kauf eines Produktes stellt für den Kunden einen Tausch dar. Er tauscht etwas von Wert (den Kaufpreis) gegen etwas anderes, das für ihn einen Wert besitzt (nämlich den Nutzen, den er aus dem Besitz oder dem Gebrauch eines Produktes zieht), ein. Damit wird deutlich, dass die Nutzenerwartung des Kaufinteressenten darüber entscheidet, welchen Preis er zu zahlen bereit ist. Die Nutzenerwartung – und damit die Wertwahrnehmung der Kunden – stellt also die Preisobergrenze für das Unternehmen dar. Setzt der Anbieter den Preis höher, wird er keine Produkte verkaufen. Es ist jedoch nicht immer leicht, diesen wahrgenommenen Wert richtig einzuschätzen, denn anders als der Materialwert eines Smartphones lassen sich Faktoren wie „Spaß“, „Prestige“ oder „Erreichbarkeit“ deutlich schwieriger quantifizieren. Zudem wird die Bewertung dieser Kriterien von Person zu Person aufgrund ihrer individuellen Wertestrukturen und Bedürfnisse unterschiedlich ausfallen. Auch in verschiedenen Situationen kann die Wertwahrnehmung, und damit die Preisbereitschaft, variieren. So ist man beispielsweise bereit, in einer angesagten „In-Kneipe“ ein Vielfaches des Preises für eine Coca-Cola auszugeben – verglichen mit dem Preis beim wöchentlichen Einkauf im Supermarkt.

Aufgrund der großen Subjektivität der Nutzenerwartungen der Konsumenten versuchen Unternehmen, Käufergruppen mit unterschiedlichen Wertwahrnehmungen spezifische Angebote zu unterbreiten (iPod classic, iPod touch, iPod nano, iPod shuffle, jeweils mit unterschiedlichen Speicherkapazitäten). Sie hoffen, damit einen möglichst großen Teil der Konsumentenrente abschöpfen zu können.

3. Bei der **kostenorientierten Preissetzung** geht das Unternehmen vom Produkt aus. Es entwickelt ein seiner Ansicht nach gutes Produkt, summiert dessen Herstellungskosten und legt dann einen Preis fest, der kostendeckend ist und einen bestimmten Gewinn realisiert. Dem Marketing kommt dann die Aufgabe zu, die Kaufinteressenten zu überzeugen, dass der Wert des Produktes seinen Preis rechtfertigt. Erweist sich der Preis als zu hoch, muss sich das Unternehmen entweder mit kleineren Spannen oder mit einem niedrigeren Umsatz zufriedengeben. Beides führt zu einer enttäuschenden Gewinnsituation. Die Kosten stehen also hier am Anfang des Prozesses der Preissetzung.

Anders verhält es sich bei der **wertorientierten Preissetzung**. Hier werden den Preisen nicht die Kosten zugrunde gelegt, sondern die Wertwahrnehmung der Kunden. Der Anbieter versucht möglichst genau die Bedürfnisse der Konsumenten zu analysieren und den wahrgenommenen Wert eines entsprechenden Produktangebots zu erfassen. Analog dazu wird ein Zielpreis für das Produkt festgelegt. Nach Abzug einer angemessenen Gewinnspanne gelangt man dann zu den maximal akzeptierten Kosten für das Produkt. Hier sind es also der geplante Produktwert aus Kundensicht und der Preis, die die Entscheidungen über das Produktdesign und die in Kauf genommenen Kosten beeinflussen. Die Kosten stellen damit einen limitierenden Faktor für die Produktentwicklung dar.

4. Die Nachfragekurve (oder Preis-Absatz-Funktion) bezeichnet die Beziehung zwischen dem festgesetzten Preis (y-Achse) und der daraus resultierenden Nachfrage (x-Achse). Grundsätzlich geht man davon aus, dass ein Käufer mit beschränktem Budget bei einer Preissteigerung weniger von einem Gut konsumieren wird und die Nachfragekurve somit negativ geneigt ist. Eine Ausnahme bilden einige Luxusgüter, deren Konsum mit dem Preis steigt.

Die **Preiselastizität der Nachfrage** beschreibt, wie stark die Nachfrage auf eine Preisänderung reagieren wird und ist definiert als Quotient aus Nachfrageänderung (in Prozent) und Preisänderung (in Prozent). Führt eine Preisänderung für ein Produkt zu einer relativ kleinen Nachfrageänderung, so spricht man von einer **unelastischen Nachfrage**: Das Produkt lässt sich nicht so leicht substituieren. Beispiele hierfür sind Medikamente, kundenspezifische Industriegüter oder Kraftstoff. Als **elastisch** hingegen bezeichnet man die Nachfrage nach Gütern, bei denen eine Preisänderung zu einer relativ großen Nachfrageänderung führt. Als Beispiele hierfür sind typische Angebotsprodukte wie Kaffee oder Kaffeefilter, die lagerfähig sind und dadurch für den Käufer beim Kauf eine geringe Dringlichkeit aufweisen oder Lebensmittel, zu denen es viele Substitute oder Angebote von anderen Herstellern gibt, zum Beispiel Schokolade, zu nennen.

Bei einer eher elastischen Nachfragefunktion kann es sinnvoll sein, den Preis so lange zu senken, bis zusätzliche Kosten für Produktion und Vertrieb den zusätzlichen Umsatz übertreffen. Dabei sollte der Hersteller aber nicht den Einfluss des Preises auf die Qualitätswahrnehmung vernachlässigen.

5. Die Preisstrategie wird in der Regel an die einzelnen Phasen des Produktlebenszyklus eines Produktes angepasst. Eine besonders sorgfältige Planung verlangt die Phase der Produkteinführung, da hier noch keine Erfahrungswerte (Absatzzahlen bei einem bestimmten oder unterschiedlichen Preisniveaus) vorliegen – und da gleichzeitig die Weichen für die gesamte Lebensdauer des Produktes gestellt werden.

Ist einem Hersteller eine echte Produktinnovation gelungen, so kann er grundsätzlich zwischen zwei Strategien wählen: Zwischen der Marktabschöpfungsstrategie und der Marktdurchdringungsstrategie.

Die **Marktabschöpfungsstrategie (skimming pricing)** zielt darauf ab, den höchstmöglichen Gewinn aus den Exklusivrechten an der Innovation zu erzielen und so die Entwicklungskosten möglichst schnell zu amortisieren. Unternehmen setzen dabei zu Beginn hohe Preise fest, die dann sukzessive gesenkt werden, um die Zahlungsbereitschaft der Kunden Schicht für Schicht vom Markt „abzuschöpfen". Diese Strategie verfolgte beispielsweise Apple mit dem iPhone, das zunächst mit einem so hohen Preis in den Markt eingeführt wurde, dass nur die vergleichsweise kleine Gruppe der Innovatoren – sprich diejenigen Konsumenten, die sich durch Risikofreude und Spaß an Neuem auszeichnen – bereit war, das Produkt zu erwerben. Sukzessive wurde der Preis gesenkt, so dass zunächst die frühen Adopter nachzogen und derzeit die frühe Mehrheit bereits im Besitz eines solchen Smartphones ist.

Folgende Voraussetzungen sollten für die Anwendung der Marktabschöpfungsstrategie erfüllt sein:

- Qualität und Image des Produktes müssen es erlauben, einen hohen Preis verlangen und eine gewisse Zeit beibehalten zu können.
- Die Gruppe der Kaufinteressenten, die bereit sind, den hohen Preis zu zahlen, muss ausreichend groß sein.
- Das vergleichsweise kleine Absatzvolumen darf nicht zu einem Kostennachteil in irgendeiner betrieblichen Funktion (z. B. Beschaffung, Produktion, Logistik) führen, der den Erlös zunichtemachen würde.
- Der Vorsprung an Fach- und Methodenwissen muss so groß sein, dass er eine gewisse Zeit bestehen kann, bevor Nachahmerprodukte zu niedrigeren Preisen auf den Markt kommen.

Die **Marktdurchdringungsstrategie (penetration pricing)** hingegen ist auf maximalen Absatz angelegt und beschreibt ein gegensätzliches Vorgehen. Der Hersteller setzt dabei zu Beginn auf niedrige Preise, um den Markt möglichst schnell und tief zu durchdringen. Dies erfolgt vor allem, um in möglichst kurzer Zeit eine große Anzahl von Käufern vom eigenen Angebot zu überzeugen und so rasch einen großen Marktanteil zu erreichen. Aus dem hohen Absatzvolumen ergeben sich fallende Kosten, welche wiederum weitere Preissenkungen ermöglichen. Der so aufgebaute Kostenvorsprung kann als Markteintrittsbarriere für Mitbewerber dienen. Diese Strategie eignet sich für Produktbereiche, in denen Folgekäufe, Cross-Selling, der Aufbau von Wechselbarrieren oder das Durchsetzen von technischen Standards eine große Rolle spielen. Mobilfunknetzbetreiber verfolgen diese Strategie, indem sie Handys bei Vertragsbindung stark subventionieren.

Verschiedene Bedingungen begünstigen die Marktdurchdringungsstrategie:

- Der Markt muss durch eine starke Preissensibilität gekennzeichnet sein, damit niedrigere Preise ein größeres Marktwachstum erzeugen können.
- Die Produktions- und Distributionskosten müssen mit zunehmendem Absatzvolumen fallen.
- Der niedrige Preis sollte beibehalten werden und dazu beitragen, den Wettbewerb auszuschließen – ansonsten ist der Preisvorteil nur temporär gegeben.

6. Um die Profitabilität im gesamten Produktprogramm zu optimieren, lassen sich fünf Konstellationen unterscheiden:

Preissetzung innerhalb der Produktlinie – Definition bestimmter Preisstufen zwischen den einzelnen Produkten: Kauft man einen Zauberstab von Esge (Küchengerät zum Zerkleinern und Pürieren), so hat man die Auswahl zwischen unterschiedlichen Ausführungen (Farbe, Material) und unterschiedlich starken Motoren. Von der einfachen weißen Variante in Plastik mit einem 120 Watt-Motor für 74,99 Euro über die Variante in Bronze-Design mit 160 Watt-Motor für 169,99 Euro bis hin zur Gastro-Version mit 350 Watt und extra langem Stab für große Mengen für 199,99 Euro. Ähnliches gilt für die unterschiedlichen Varianten innerhalb der iPods: iPod shuffle, iPod nano, iPod touch, iPod classic – jeweils mit unterschiedlicher Speicherkapazität, die Preisspanne reicht von 49 Euro für den iPod shuffle mit 2GB bis hin zu 389 Euro für den iPod touch mit 64 GB.

Preissetzung für Zubehör – Abstimmung des Preises für das Basisprodukt mit ergänzenden Produkten: Als Beispiele hierfür sind Handy und Kopfhörer, Headset, Schutzhülle und Ausstattungsvarianten bei Autos zu nennen. Im Automobilbereich verfolgen deutsche und japanische Hersteller eine unterschiedliche Strategie in Bezug auf die Ausstattung eines Autos. Während man bei deutschen Premium-Herstellern wie Mercedes, BMW oder Audi den Preis der zumeist sehr dürftig ausgestatteten Basisversion eines Autos durch die individuelle Wahl von Extras leicht um 50 Prozent erhöhen kann, verfolgt beispielsweise Toyota mit seiner Premium-Marke Lexus die Strategie, die bereits umfangreich ausgestatteten Basismodelle nur durch einige wenige Ausstattungspakete zu ergänzen.

Preissetzung für Komplementärprodukte – Abstimmung des Preises für das Basisprodukt mit dem für Produkte, die zwangsläufig mit dem Hauptprodukt verwendet werden müssen: Als Beispiele hierfür sind Drucker und Patronen, Staubsauger und Beutel, Handy und Ladegerät, Nintendo 3DS und entsprechende Spiele zu nennen. In diesen Fällen wird das Basisprodukt häufig zu einem relativ geringen Preis angeboten, die ergänzenden Produkte jedoch zu einem vergleichsweise hohen Preis. Der niedrige Preis soll die Kunden zunächst zum Kauf anregen, zu Folgekäufen zwingen und die Preistransparenz der Kosten des Produktes über die gesamte Lebensdauer (total cost of ownership) verringern.

Preissetzung für Koppelprodukte – Festsetzung von Preisen für Produkte, die im Produktionsprozess anderer Produkte zwangsläufig anfallen: In der chemischen, der fleischverarbeitenden oder der holzverarbeitenden Industrie fallen Koppelprodukte an. Falls diese nicht verwertbar sind und ihre Entsorgung Kosten verursacht, muss dies bei der Preisgestaltung des Hauptproduktes berücksichtigt werden. In einigen Fällen lassen sich diese Koppelprodukte jedoch verkaufen, was die Hauptprodukte über einen niedrigeren Verkaufspreis wettbewerbsfähiger machen kann. Dies wäre der Fall, wenn ein Sägewerk die Abfallprodukte Rindenmulch, Sägespäne oder Sägemehl weiter verkauft.

Preissetzung für Produktbündel – Die Zusammenfassung mehrerer Produkte zu einem Produktbündel erfordert eine besondere Preissetzung: Beispiele sind Komplettarrangements von Hotels, die Übernachtung, Verpflegung und Freizeitaktivitäten umfassen oder Theaterabonnements sowie die Kombination von Computerhardware mit -software oder Ausstattungspakete (z. B. Sport) im Automobilbereich. Produktbündelung kann den Kunden veranlassen, Produkte sofort zu kaufen, die er sonst vielleicht erst zu einem späteren Zeitpunkt oder auch teilweise bei Wettbewerbern erworben hätte. Der Preisvorteil muss jedoch ausreichend groß sein, um den Kunden zum Kauf des Bündels zu veranlassen.

7. Beispiele für **diskriminierende Preissetzung nach...**

- **Kundensegmenten:** Unterschiedliche Kunden zahlen für dasselbe Produkt unterschiedliche Preise.

  Folgende Beispiele sind denkbar: Preisnachlass für Studierende oder Rentner im öffentlichen Personennahverkehr oder im Kino, Journalistenrabatt beim Autokauf, erhöhte Eintrittspreise zu nationalen Denkmälern für ausländische Touristen in Indien, Beamtentarife bei Versicherungen, Mitarbeiterrabatt in Kaufhäusern.

- **Produkten:** Unterschiedliche Versionen eines Produktes werden zu unterschiedlichen Preisen angeboten, die jedoch nicht ausschließlich in den Herstellungskosten begründet sind, sondern vielmehr in den unterschiedlichen Wertwahrnehmungen der Käufer.

  Folgende Beispiele sind denkbar: Unterschiedliche Farben von Laptops, Autos oder Fotoapparaten, Küchengeräte mit unterschiedlichen Wattleistungen, MP3-Player mit unterschiedlichem Speichervolumen, grobes Meersalz versus Streusalz für den Winter.

- **Orten:** An unterschiedlichen Orten werden für das gleiche Produkt unterschiedliche Preise verlangt oder unterschiedliche Preise nach unterschiedlichen Platzpräferenzen der Kunden festgesetzt.

  Folgende Beispiele sind denkbar: Der Preis für eine Flasche Mineralwasser ist an der Bergstation eines Skiortes deutlich höher als im Tal, das Benzin ist gewöhnlich an Autobahntankstellen teurer als in der Stadt, das belegte Brötchen am Flughafen teurer als beim Bäcker „um die Ecke", das gleiche Produkt im Feinkostladen teuer als im Supermarkt, viele Produkte sind über das Internet günstiger zu beziehen als über den stationären Einzelhandel. Oder: Unterschiedliche Platzkategorien im Kino, Theater oder Fußballstadion, unterschiedliche Klassen im Zug oder Flugzeug.

- **Zeit:** Je nach Saison, Wochentag oder Uhrzeit gelten unterschiedliche Preise.

  Folgende Beispiele sind denkbar: Günstigere Preise in der Vorsaison bei Reiseveranstaltern oder auch Frühbucherrabatte, günstigere Preise außerhalb des Berufsverkehrs im öffentlichen Personennahverkehr (z. B. Wochenendtarife), „Happy Hour" in Cafés oder Bars, um Gäste durch günstigere Getränkepreise zu einem früheren Zeitpunkt in das Lokal zu locken.

8. Folgende Voraussetzungen müssen erfüllt sein, um die diskriminierende Preissetzung erfolgreich anzuwenden:

- Der Markt muss segmentierbar sein, und die Segmente müssen unterschiedliche Nachfrageintensitäten aufweisen.
- Angehörigen von Marktsegmenten, die in den Genuss niedrigerer Preise kommen, darf es nicht möglich sein, die Produkte an Kunden aus den anderen Segmenten weiterzuverkaufen, da sie damit die vorgesehene Preisstruktur untergraben würden.
- Der Wettbewerb sollte ähnliche Preissetzungs- und Segmentierungskriterien einsetzen. Ferner sollte die Konkurrenz nicht in der Lage sein, das Unternehmen im teureren Segment zu unterbieten.
- Die durch die Marktsegmentierung entstehenden Kosten sollten unter den zusätzlichen, durch Preisunterschiede erzielten Einnahmen liegen.
- Die Preisdifferenzierung muss legal sein.
- Die differenzierten Preise sollten die tatsächlichen Unterschiede bezüglich des wahrgenommenen Nutzens durch den Kunden widerspiegeln.
- Die Preisdifferenzierung sollte langfristig nicht zu Unmut oder Unzufriedenheit bei den Käufern führen.

9. a) Richtig.

b) Falsch: Wenn Kunden mit einem Produkt sehr vertraut sind oder die Qualität eingehend prüfen konnten, spielt der Preis eine eher untergeordnete Rolle. Liegen jedoch keine Erfahrungen mit dem Produkt vor oder lässt sich die Qualität nicht einschätzen, wird häufig der Preis als Qualitätsindikator herangezogen.

c) Richtig.

d) Falsch: Anbieter können Referenzpreise, also die Preisvorstellungen der Kaufinteressenten, sehr wohl beeinflussen, indem sie das Umfeld der Warenpräsentation gezielt auswählen. Platziert man ein Produkt neben teureren, hochwertigen Produkten, so erwartet der Kunde, dass es zu derselben Preisklasse gehört. Eine weitere Möglichkeit ist der Hinweis auf die – höhere – „unverbindliche Preisempfehlung des Herstellers" oder den höheren Preis eines Wettbewerbers.

e) Richtig.

10. a) Falsch: Die Absatzmenge, bei der die Gewinnschwelle bei gegebenem Preis erreicht wird, lässt sich durch die Break-Even-Analyse ermitteln.

b) Richtig.

c) Richtig.

d) Falsch: Um die Vorteile der Erfahrungskurve nutzen zu können, sollte ein Anbieter bereits frühzeitig im Produktlebenszyklus einen hohen Marktanteil anstreben, da mit steigender Produktionsmenge Lerneffekte realisiert werden und die Stückkosten über die Fixkostendegression sinken. Die Notwendigkeit, frühzeitig eine große Nachfrage zu realisieren, legt daher eher eine Niedrigpreisstrategie nahe.

15 Integrierte Marketingkommunikation

Das beste Produkt zu einem attraktiven Preis nützt nichts, wenn niemand von seiner Existenz weiß. Die Kommunikation der Unternehmensleistung spielt daher eine zentrale Rolle und sollte professionell koordiniert und durchgeführt werden, sodass alle relevanten Zielgruppen über die unterschiedlichen Wege mit konsistenten Inhalten und einer bestimmten Tonalität konfrontiert werden. Dies wird umso deutlicher, denkt man an die vielen unterschiedlichen Kundenschnittstellen zum Unternehmen, deren Zuständigkeiten sehr häufig in unterschiedlichen Abteilungen des Unternehmens verortet sind. Auch der Einsatz von externen Dienstleistern wie Werbe-, Media- oder Direktmarketing-Agenturen unterstreicht die Notwendigkeit von klaren Vorgaben und einer **integrierten Marketingkommunikation**.

Um mit den unterschiedlichen Zielgruppen der Kommunikation wie Kunden, potenziellen Käufern, Handelsunternehmen, Medienvertretern, politischen Parteien, Organisationen oder der allgemeinen Öffentlichkeit konsistent und koordiniert in Kontakt zu treten und die Werbe- und Marketingziele zu erreichen, bedarf es eines abgestimmten **Systems der Marketingkommunikation**, auch **Kommunikations-Mix** genannt, das sich als spezifische Mischung aus Werbung, persönlichem Verkauf, Verkaufsförderung, Öffentlichkeitsarbeit und Direktmarketing darstellt.

Integrierte Kommunikation betreiben heißt daher, die Zielgruppe zu identifizieren und ein maßgeschneidertes Programm zu konzipieren und umzusetzen, welches die gewünschte Wirkung bei der Zielgruppe erzielt. Je genauer dabei deren Informations- und Kommunikationsverhalten bekannt ist, desto spezifischer können die einzelnen Kommunikationswege gestaltet und Ressourcen zugeteilt werden.

Der **Kommunikationsvorgang** startet wie erwartet beim Sender, der bestimmte Inhalte an den Empfänger kommunizieren möchte. Dazu nutzt er eine bestimmte Kodierung, eine Verschlüsselung (Musik, Farben, Düfte, Worte, etc.). Diese Botschaft wird dann über verschiedene Medien verbreitet und trifft auf den Empfänger, der die Inhalte erst nach einer Dekodierung der Botschaft versteht. Auf diesem Weg kann es zu verschiedenen Störungen kommen. Der Empfänger reagiert auf die dekodierte Botschaft zum Beispiel mit einer Einstellungsänderung (positivere Einstellung zur Marke) oder einem bestimmten Verhalten (Markenwahl, Kauf).

Die Bestimmung der **Kommunikationsziele** hängt davon ab, in welchem der sechs Stadien zunehmender Kaufbereitschaft sich die Zielgruppe in Bezug auf das Produkt befindet. Diese Stadien sind:

- Bekanntheit des Produkts
- Detailwissen über das Produkt
- Positive Einstellung zum Produkt
- Präferenz für das Produkt

- Überzeugung vom Produkt
- Kaufabsicht

Handelt es sich um ein neues Produkt, muss zunächst Bekanntheit erzielt werden. Verfügt die Zielgruppe jedoch bereits über detailliertes Produktwissen, liegt das Kommunikationsziel im Erreichen einer positiven Einstellung zum Angebot.

Nach Festlegen der Zielsetzung der Kommunikation muss eine **Botschaft** mit einem prägnanten Inhalt und einer entsprechenden Struktur entworfen werden. Die **Instrumente** des persönlichen und nicht-persönlichen Verkaufs werden ausgewählt und das **Feedback** des Marktes eingeholt.

Fragen und Aufgaben

1. Was versteht man unter „integrierter Marketingkommunikation"?
2. Mit wem kommuniziert das Unternehmen? Nennen Sie mögliche Zielgruppen der Kommunikation.
3. Nennen und erläutern Sie die wichtigsten Instrumente der Kommunikation.
4. Beschreiben Sie, warum es für Unternehmen wichtig ist (und heute wichtiger denn je), integriert zu kommunizieren.
5. Beschreiben Sie den Ablauf von Kommunikationsvorgängen an einem Beispiel.
6. Bitte geben Sie an, welche der folgenden Aussagen zu den Methoden der Festlegung des Kommunikationsbudgets richtig und welche falsch sind:
   a) Bei der Festlegung des Budgets anhand verfügbarer Mittel werden ausgehend vom Gesamtumsatz bestimmte operative Kosten und Kapitalaufwendungen vom Gesamtumsatz abgezogen, um dann einen Teil des verbleibenden Rests als Werbebudget festzulegen.
   b) Die Festlegung des Budgets anhand verfügbarer Mittel berücksichtigt insbesondere die Effekte, die kommunikative Maßnahmen auf den Umsatz haben und ermöglicht so mittelfristig eine verlässliche Planung.
   c) Die Festlegung des Werbebudgets als Prozentsatz des Umsatzes hat den Vorteil, antizyklische Werbung zu ermöglichen.
   d) Die Methode der Festlegung des Werbebudgets als Prozentsatz des Umsatzes stellt sicher, dass sich das Unternehmen seine Marketingkommunikation auch „leisten" kann.
   e) Bei der Festlegung des Budgets im Vergleich zur Konkurrenz orientiert man sich an den durchschnittlichen Werbeausgaben in der Branche und profitiert somit von dem gesammelten Fachwissen der Branche. Damit liegt man immer auf der richtigen Seite.
   f) Die Festlegung des Budgets anhand der zu bewältigenden Marketingaufgaben stellt die einfachste und sinnvollste Methode der Budgetbestimmung dar.

7. Was versteht man unter der Push-Strategie im Vergleich zur Pull-Strategie im Rahmen der Marketingkommunikation?

8. Welche Schlussfolgerungen kann der Marketing-Manager zu den in der folgenden Abbildung dargestellten Ergebnissen der Messung der Werbewirkung der beiden hypothetischen Marken A und Marke B ziehen?

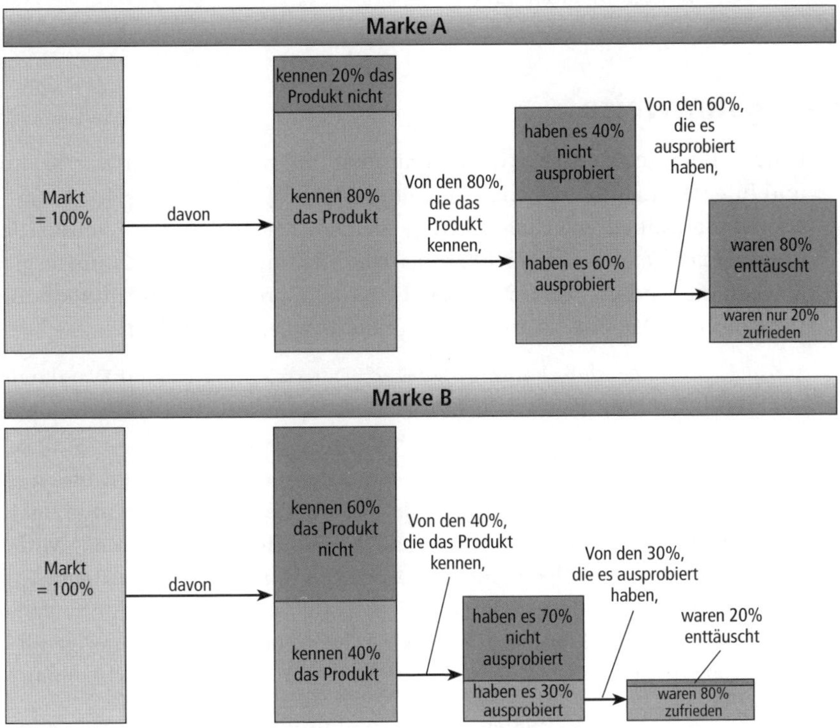

9. Welche der folgenden Aussagen ist richtig, welche falsch?

a) Werbung zielt darauf ab, gute Beziehungen zu den verschiedenen Umfeldern eines Unternehmens und ein positives Bild von ihm in der Öffentlichkeit aufzubauen.

b) Verkaufsförderung umfasst kurzfristige Anreize für den Außendienst, den Handel oder Konsumenten, um den Verkauf eines Produkts oder einer Dienstleistung zu unterstützen.

c) Unter Direktmarketing fasst man alle Varianten von nicht persönlich durchgeführten Präsentationen oder Darstellungen von Ideen, Gütern oder Dienstleistungen in Medien, die vom Auftraggeber bezahlt werden, zusammen.

d) Öffentlichkeitsarbeit ist dadurch gekennzeichnet, dass sie maßgeschneidert, reaktionsschnell, interaktiv und nicht öffentlich ist.

e) Der persönliche Verkauf beschreibt mündlich vorgetragene Präsentationen gegenüber einem oder mehreren Kaufinteressenten oder das persönliche Verkaufsgespräch mit dem Zweck, das vorgestellte Produkt oder die präsentierte Dienstleistung zu verkaufen und eine persönliche Kundenbeziehung aufzubauen.

Lösungshinweise

1. Unter „integrierter Marketingkommunikation" versteht man die Koordination und Integration aller Botschaften über das Unternehmen und seine Produkte über alle Kommunikationskanäle hinweg mit dem Ziel, eine klare, einheitliche und unwiderstehliche Botschaft über das Unternehmen, seine Leistungen und seine Marken zu senden. Dazu muss das Unternehmen alle Kontaktpunkte mit seiner Umwelt (den Anspruchsgruppen) kennen und berücksichtigen.

2. *„Man kann nicht nicht kommunizieren"*: Dieses Zitat von Paul Watzlawick weist auf die ganze Bandbreite von möglichen Kommunikationszielgruppen hin, die ein Unternehmen im Rahmen seiner Kommunikationsstrategie berücksichtigen muss. Im Vordergrund stehen sicher aktuelle und potenzielle Kunden. Daneben spielen aber auch Medienvertreter, politische Parteien, (gemeinnützige) Organisationen, Bürgerinitiativen, Anwohner, Anteilseigner, Lieferanten, Mitbewerber, Mitarbeiter oder die allgemeine Öffentlichkeit eine große Rolle, denn sie nehmen das Unternehmen aus verschiedenen Blickwinkeln und mit unterschiedlichen Interessen wahr und sollten die für sie relevanten Inhalte entsprechend der Vorgaben der integrierten Marketingkommunikation übermittelt bekommen.

3. Die fünf wichtigsten Elemente des Kommunikations-Mix sind Werbung, Verkaufsförderung, Öffentlichkeitsarbeit, persönlicher Verkauf und Direktmarketing.

Werbung: Vom Auftraggeber bezahlte Präsentationen oder Darstellungen von Ideen, Gütern oder Dienstleistungen in (Massen-)Medien (nicht persönlich). Durch Werbung lassen sich breite Bevölkerungsschichten relativ kostengünstig erreichen, eine Interaktion ist jedoch nicht möglich.

Verkaufsförderung: Kurzfristige Anreize für den Konsumenten, den Handel oder den Außendienst, um den Verkauf eines Produkts oder einer Dienstleistung kurzfristig zu unterstützen. Um schnelle Reaktionen zu erzielen, werden dem Kunden zusätzliche Anreize in Form eines Zusatznutzens geboten. Will man dem Konsumenten zeitlich befristet einen Kaufanreiz bieten, so können einerseits Preisaktionen („3 Stück zum Preis von 2 Stück") zum Tragen kommen, andererseits Gewinnspiele, Treueaktionen (Sammeln von Treuepunkten auf dem Produkt in einem Aktionszeitraum gegen Belohnung), kleine Geschenke am Produkt oder Verkostungen am Point of Sale.

Öffentlichkeitsarbeit: Instrument zur Schaffung und Pflege von guten Beziehungen zwischen dem Unternehmen und seinen verschiedenen Anspruchsgruppen mit dem Ziel, einen positiven Gesamteindruck bei den unterschiedlichen Zielgruppen zu erreichen. Der Auftraggeber zahlt nicht direkt für diese Maßnahmen. Dies wirkt sich positiv auf die Glaubwürdigkeit aus (z. B. durch Berichte über das Unternehmen oder seine Produkte im redaktionellen Teil einer Zeitschrift) und kann auch zum Erreichen von Zielgruppen führen, die Werbung oder Außendienstmitarbeitern aus dem Weg gehen.

Persönlicher Verkauf: Persönlicher Kontakt zwischen Verkäufer und einem oder mehreren Kaufinteressenten mit dem Ziel, ein Produkt oder eine Dienstleistung vorzustellen, den Kunden davon zu überzeugen und zum Kauf zu bewegen. Die Vorteile der persönlichen Kommunikation liegen auf der Hand:

- Mindestens zwei Parteien kommunizieren im Verkaufsgespräch miteinander, sodass jede Partei agieren, das Gegenüber beobachten und sofort reagieren kann.
- Ein guter Verkäufer versucht, die Bedürfnisse seines Kunden so gut wie möglich (mit dem eigenen Produktangebot) zu befriedigen, sodass sich mit der Zeit eine vertrauensvolle und stabile Beziehung entwickelt – dies kann von einer stabilen Geschäftspartnerschaft bis zu persönlicher Freundschaft reichen.
- Durch die persönliche Ansprache durch den Verkaufsmitarbeiter ist der Kaufinteressent gezwungen, sich intensiver mit dem Produkt auseinanderzusetzen als zum Beispiel beim Kontakt mit einer Werbebotschaft – auch wenn er zum Schluss freundlich ablehnt.

Direktmarketing: Pflege direkter Beziehungen zu sorgfältig ausgesuchten Kunden, um eine unmittelbare Reaktion zu erhalten und langfristige Kundenbeziehungen herzustellen. Dies kann über Briefpost, Telefon, E-Mail, das Internet oder auch mobile Endgeräte erfolgen. Kennzeichen von Direktmarketing sind:

- nicht öffentlich: Werbebotschaft wird nur vom Empfänger eingesehen, zum Beispiel bei personalisierten Briefen.
- zeitlich unmittelbar und reaktionsschnell, zum Beispiel bei personalisierten E-Mails.
- maßgeschneidert: lässt sich auf die spezifischen Bedürfnisse der Zielperson oder Zielgruppe ausrichten, zum Beispiel die Empfehlungen bei Amazon.
- interaktiv: aufgrund des Dialogs zwischen Anbieter und Verbraucher kann die Kommunikation jederzeit angepasst werden. Für die Empfehlungen von Amazon heißt das, der Verbraucher sucht und kauft und erhält dafür immer angepasstere beziehungsweise spezifischere Empfehlungen.

4. Das Aufsplitten der Massenmärkte in immer kleinere Segmente beziehungsweise Teilmärkte bedeutet auch eine Umorientierung in der Marketingkommunikation von der Massenkommunikation (z. B. über TV-Werbung) hin zu einer individuell abgestimmten Kommunikation, die es erlaubt, enge Beziehungen zu Kunden in kleinen Teilmärkten aufzubauen. Als Beispiel wären hierfür die von Amazon versandten E-Mails mit kundenspezifischen Empfehlungen zu nennen, die auf der Analyse des Kaufverhaltens basieren. Dies erfordert umso mehr die genaue Analyse der Bedürfnisse der Kunden und das Abstimmen des Marketing-Mix auf diese.

Zudem hat die starke Verbreitung des Internet die Kommunikationswege massiv verändert. Auf der einen Seite kam eine Vielzahl an Kommunikationsmöglichkeiten hinzu, wie mobile Endgeräte (Handy, Tablet PCs oder zukünftig das Auto), Social Media (wie Facebook oder Twitter), Chat oder auch das digitale Fernsehen, auf der anderen Seite hat sich durch Web 2.0 die Richtung der Kommunikation verändert. Der Endverbraucher ist nicht mehr länger nur Rezipient, also **Konsument** der gesendeten Botschaften, sondern vielmehr in der Lage, selbst Inhalte zu **produzieren**. Man spricht daher heute auch von **Prosumenten**. Immer mehr – vor allem jüngere – Nutzer sind mit ihren Smartphones quasi rund um die Uhr online.

Diese vielen Interaktionsmöglichkeiten eröffnen den Unternehmen auf der einen Seite ein großes Potenzial, die Kommunikation zu individualisieren. Dies reicht von der spezifischen Ansprache per E-Mail, SMS, Chat oder über soziale Netzwerke bis hin zur Nutzung von Ortungsdiensten der Netzprovider, die es lokalen Händlern ermöglichen, Kunden, die sich in der Nähe des eigenen Ladengeschäfts befinden, mit einem gezielten Angebot anzulocken. Auf der anderen Seite stellen sie ein großes Risiko dar, denn der Anbieter kann die Inhalte, die über das Unternehmen, seine Produkte oder auch seine Mitarbeiter in das Netz gestellt werden, nicht mehr kontrollieren. Die Verbreitung erfolgt im wahrsten Sinne des Wortes in Sekundenschnelle und weltweit.

Berücksichtigt man allein diese vielen verschiedenen Schnittstellen, die aus der rasanten Entwicklung des Internet resultieren, und die Vielzahl unterschiedlicher Mitarbeiter, die damit betraut sind E-Mails zu beantworten oder in Foren oder Blogs zu diskutieren, so lässt sich erahnen wie wichtig es ist, dass alle für die Kommunikation Verantwortlichen des Unternehmens in einer abgestimmten Form mit den Kunden kommunizieren.

Gelingt dies nicht, erreicht den Verbraucher eine verwirrende Vielzahl von Botschaften, die kein konsistentes und trennscharfes Bild in seinem Kopf schaffen können. Das Bild, das er von einem Unternehmen oder dessen Leistung hat, ist nämlich das Resultat aller Botschaften, die ein Unternehmen über alle Kanäle hinweg aussendet und die den Konsumenten erreichen.

5. Ein Hersteller von Milchprodukten **(Sender)** möchte beispielsweise über die Produkte seiner Marke die Botschaft senden, dass diese naturbelassen sind und einen hohen Genuss bieten. Dazu **kodiert** er diese Inhalte zum Beispiel mit Bildern von saftigen grünen Blumenwiesen, grasenden Kühen, und der handwerklichen Fertigung der Produkte auf einem Bauernhof („naturbelassen") sowie mit einer Person, die sichtbar genussvoll, zum Beispiel mit geschlossenen Augen, ein Milchprodukt verzehrt und einer appetitlichen Darstellung des Produkts selbst („hoher Genuss"). Unterlegt werden die Bilder mit einer entspannenden Musik oder einem Jingle, das heißt einer bestimmten Tonfolge, die als Erkennungszei-

chen für die Marke oder das Unternehmen fungiert. Die auf diese Weise kodierte **Botschaft** trifft dann beispielsweise über die Ausstrahlung im Fernsehen **(Medien)** auf den Endverbraucher **(Empfänger)**, der sie entsprechend seiner Sozialisation und seines Erfahrungshorizonts **dekodieren** wird. Im Idealfall verfügt der Empfänger über denselben „Schlüssel" wie der Sender, sodass er die Inhalte wie beabsichtigt versteht. Die Botschaft kann nun eine **Reaktion** hervorrufen, sei es, dass der Empfänger seine Einstellung zu der beworbenen Marke ändert oder bei seinem nächsten Einkauf ein Produkt dieser bestimmten Marke wählt. In manchen Fällen wird sich der Konsument an das Unternehmen wenden, zum Beispiel mit einem Lob, mit Anregungen oder mit einer Beschwerde zum Produkt, oder aber das Unternehmen holt aktiv Feedback von den Konsumenten im Rahmen der Marktforschung ein. Dieses kann sich zum Beispiel auf die Bekanntheit der Marke, die Zufriedenheit mit dem Produkt oder auch die Erinnerung an den Werbespot beziehen.

Nicht immer läuft dieser Prozess so idealtypisch ab, es kann auch zu **Störungen** kommen. Angefangen bei technischen Problemen bei der Übermittlung (Bildstörung), über Ablenkungen in der Werbepause (Essen oder Trinken) bis hin zu Problemen bei der Dekodierung der Botschaft. Letzteres spielt im Rahmen internationaler Werbekampagnen eine große Rolle, wenn kulturelle Unterschiede nicht ausreichend berücksichtigt werden und Sender und Empfänger nicht über die gleichen „Schlüssel" verfügen.

6. a) Richtig.

b) Falsch: Die Festlegung des Budgets anhand verfügbarer Mittel berücksichtigt nicht die Effekte, die kommunikative Maßnahmen auf den Umsatz haben. Wenn die Ergebnisse der Geschäftstätigkeit rückläufig sind und möglicherweise durch verstärkte Investitionen in Marketingaktivitäten gesteigert werden könnten, lässt diese Methode dazu keinen Spielraum, sondern stellt im Gegenteil noch weniger Mittel bereit. So lässt sich nur prozyklisch werben, sprich man kann die Kommunikationsaktivitäten ausbauen, wenn es dem Unternehmen gut geht. Häufig wäre aber gerade in Zeiten, in denen der Markterfolg geringer ausfällt, eine Ausweitung der kommunikativen Maßnahmen vonnöten (antizyklisch). Diese Methode der Budgetfestlegung führt aus den vorgenannten Gründen zu einer großen Unsicherheit bei der Budgetplanung.

c) Falsch: Die Argumentation ist ähnlich wie bei *Antwort b.* Auch hier fehlen in Zeiten rückläufiger Umsatzzahlen die Mittel für eine antizyklische Werbung.

d) Richtig.

e) Falsch: Vordergründig scheint das Argument „Die Gesamtheit der Branche kann nicht irren" schlüssig, doch berücksichtigt es nicht, dass jedes Unternehmen eine unterschiedliche Ausgangssituation und unterschiedliche Marktchancen hat. Die Produkte mögen sich in unterschiedlichen Stadien des Produktlebenszyklus befinden und somit völlig unterschiedliche Anforderungen an die kommunikative Unterstützung haben. Somit erfordert die Einführung eines neuen Produkts deutliche höhere Unterstützung als die Erinnerung an ein bereits etabliertes. Auch der Marktführer sieht sich anderen kommunikativen Rahmenbedingungen gegenüber als ein Mitbewerber mit einem sehr kleinen Marktanteil. Und: Warum sollten es die anderen besser wissen?

f) Falsch: Die Festlegung des Budgets anhand der zu bewältigenden Marketingaufgaben stellt zwar die sinnvollste Methode dar, aber auch eine sehr aufwendige. Die Notwendigkeit, die Kommunikationsziele im Detail zu formulieren, die daraus resultierenden Teilaufgaben abzuleiten und mit einer Kostenschätzung zu belegen, erfordert eine intensive Auseinandersetzung mit den Marketingzielen und -aufgaben. Die Marketing- und Geschäftsleitung muss sich mit dem Zusammenhang zwischen Marketingausgaben und Absatzerfolg beschäftigen. Deckt letzterer nicht die Kosten für die kommunikativen Maßnahmen, müssen entweder die Umsatz- oder Gewinnziele oder die Maßnahmen angepasst werden. Die größte Schwierigkeit liegt jedoch in der Prognose, welche Maßnahme mit welcher Intensität welchen Erfolg nach sich ziehen wird. Zudem verfolgen Marketingmaßnahmen nicht immer quantitative Ziele, sondern häufig auch Größen wie Bekanntheit oder Einstellungsänderung.

7. Bei der **Push-Strategie** richtet der Hersteller seine Marketingaktivitäten an nachgelagerte Stufen des Absatzkanals, insbesondere den Handel, um so seine Produkte im übertragenen Sinne durch den Absatzkanal bis zum Endverbraucher zu schieben beziehungsweise in den Markt hinein zu drücken (to push). Im Konsumgüterbereich geschieht dies vor allem mit Key Account Managern und Außendienstmitarbeitern, die in persönlichen Gesprächen um die Listung der Produkte und die Umsetzung der Listung werben: Um die Erlaubnis, Platz in den Regalen der Händler gegen Listungsgeld zur Verfügung gestellt zu bekommen und um sicherzustellen, dass dieser auch tatsächlich in den Märkten von den eigenen Produkten beansprucht wird.

Die **Pull-Strategie** funktioniert umgekehrt: Der Hersteller richtet seine Marketingaktivitäten, insbesondere die Werbung, an den Endverbraucher und will diesen dadurch veranlassen, die Produkte im Handel nachzufragen und so einen Sog zu erzeugen. Auf diese Weise wird das Produkt durch den Absatzkanal gezogen (to pull).

Im Konsumgüterbereich findet man in der Praxis häufig eine Kombination aus beiden Strategien.

8. Die Kommunikationsstrategie für Marke A hat gut funktioniert. Sie hat eine hohe Bekanntheit mit 80 Prozent erzielt und eine hohe Kaufbereitschaft, die sich in der Erstkaufrate manifestiert. Allerdings war die Zufriedenheit der Kunden nach dem Erstkauf sehr gering: Nur 20 Prozent der Käufer sind zufrieden mit dem Produkt. Der Marketing-Manager muss sich nun fragen, ob es ein seriöses Produktproblem gibt oder ob die Werbung möglicherweise zu viel versprochen hat.

Anders sieht es im Fall von Marke B aus. Das Produkt überzeugt nach Trial (Erstkauf), allerdings konnte die Kommunikationsstrategie sich im Werbeumfeld weder durchsetzen – nur 40 Prozent der Zielgruppe kennt das Produkt – noch eine überzeugende Erstkaufbereitschaft generieren; 30 Prozent haben das Produkt nach Kontakt mit der Werbung gekauft. Es sind jedoch 80 Prozent der Erstkäufer zufrieden mit dem Produkt. Hier sollte die Kommunikationsstrategie noch einmal hinterfragt und überarbeitet werden: Wurden die richtigen Medien ausgewählt? War die Gestaltung der Werbemittel zielgruppengerecht? Wurden für die Zielgruppe relevante Botschaften vermittelt?

9. a) Falsch: Dies ist die Aufgabe der Öffentlichkeitsarbeit.

b) Richtig.

c) Falsch: Hierbei handelt es sich um Werbung.

d) Falsch: Dies sind Charakteristika des Direktmarketing.

e) Richtig.

16 Werbung und Öffentlichkeitsarbeit

Ein Unternehmen muss dem Verbraucher – neben dem Anbieten eines guten Produktes oder einer Dienstleistung – auch ein Nutzenversprechen kommunizieren und in seinem Bewusstsein verankern. Als Kommunikationsmittel über die Massenmedien können hierfür **Werbung** und **Öffentlichkeitsarbeit** verwendet werden. Als Werbung wird jede bezahlte Form nicht-persönlicher Präsentation und Förderung von Ideen, Gütern oder Dienstleistungen in Massenmedien durch einen identifizierbaren Absender bezeichnet. Die Entscheidungsfindung in der Werbung vollzieht sich in fünf Schritten: Definition des Werbeziels, Festlegung des Budgets, Entwicklung der Botschaft, Auswahl der Medien und Messung der Werbewirkung.

Mit Werbung lassen sich grundsätzlich drei Arten von Zielen verfolgen: Sie kann informieren, überzeugen oder erinnern. Das Werbebudget kann auf verschiedene Arten festgelegt werden: Auf Basis der zur Verfügung stehenden Mittel, als prozentualer Anteil vom Gesamtumsatz, im Vergleich zur Konkurrenz und anhand der zu erreichenden Ziele. Weitere Faktoren wie die Stellung des Produkts im Lebenszyklus, sein Marktanteil, die Intensität des Wettbewerbs, die Werbefrequenz oder der Grad der Produktdifferenzierung haben ebenfalls Einfluss auf das Budget. Gute Werbebotschaften sind in einem intensiven Werbeumfeld besonders wichtig. Sie entstehen durch die Formulierung effizienter und aussagekräftiger Aussagen, die im Vorfeld ihrer Umsetzung an einem größeren Kreis getestet und selektiert werden müssen. Bei der Umsetzung muss das Kreativkonzept durch Auswahl von Stilelementen, Stimmungen, Worten und Platzierung vermittelt werden. Die Auswahl der einzusetzenden Medien befasst sich mit Reichweite, Frequenz und Zielen für deren Einsatz. Zunächst müssen die Hauptmedien bestimmt werden, bevor die Medienfeinplanung und die Terminierung des Medieneinsatzes erfolgen können. Die Frage der Werberendite ist für viele Unternehmen zu einem aktuellen Thema geworden. Werbemaßnahmen sollten regelmäßig auf Kommunikationswirkung und messbare Absatzveränderungen überprüft werden, wobei Kommunikationseffekte leichter messbar sind als monetäre Effekte wie etwa die durch eine Werbekampagne ausgelöste Absatz- und Umsatzsteigerung.

Soll eine Werbekampagne für den internationalen Markt entwickelt werden, muss das Unternehmen die bestehenden kulturellen, politischen, sozioökonomischen und rechtlichen Unterschiede berücksichtigen und sich zwischen international standardisierter Werbung oder der Berücksichtigung der jeweiligen Umfeldbedingungen entscheiden. In direktem Zusammenhang mit dieser Entscheidung steht die Frage nach zentraler oder dezentraler Planung und Durchführung der Kampagne.

Durch Öffentlichkeitsarbeit kann ein Unternehmen die Öffentlichkeit, den Handel und die Kunden beeinflussen und anstreben, gute Beziehungen zu allen Ansprechpartnern aufzubauen und zu pflegen. Es geht um eine positive Meinungsbildung zugunsten des eigenen Unternehmens in der internen (Mitarbeiter, Geldgeber etc.) und der externen Teilöffentlichkeit (Kunden, Presse etc.). Dabei soll ein positiver Gesamteindruck vermittelt, aber auch möglicherweise kursierende negative Informationen entkräftet werden. Instrumente der Öffentlichkeitsarbeit sind beispielsweise öffentliche Reden, PR-Events, Informationsmaterial über vergangene, aktuelle und zukünftige Aktivitäten des Unternehmens, eine stimmige und durchgängige Corporate Identity, soziales Engagement, Sponsoring-Aktivitäten und die Unternehmenswebsite.

Fragen und Aufgaben

1. Grenzen Sie die Begriffe „Werbung“ und „Öffentlichkeitsarbeit“ voneinander ab.

2. Skizzieren Sie den Prozess der Entscheidungsfindung in der Werbung.

3. Welche Ziele werden mit Werbung verfolgt? Nennen Sie Beispiele.

4. Welche Gefahr ist mit einem (zu) guten Kreativkonzept verbunden?

5. Welche der folgenden Aussagen sind richtig, welche falsch?

a) Werbung kann in drei Kategorien unterschieden werden, in informierende Werbung, in überzeugende Werbung und in erinnernde Werbung.

b) Ziel von Werbung ist die unmittelbare Auslösung eines Kaufimpulses.

c) Die wichtigste Kenngröße bei der Festlegung des Werbebudgets ist der Gesamtumsatz des Unternehmens im abgelaufenen Wirtschaftsjahr.

d) In einem wettbewerbsintensiven Umfeld ist Kreativität in der Werbung wichtiger als die Höhe des Werbebudgets.

e) Die Auswahl der Medien beeinflusst die Höhe des Werbebudgets.

6. Skizzieren Sie zwei Mittelwege zwischen Standardisierung und Differenzierung internationaler Werbung.

7. Welche Kriterien beeinflussen die Wahl zwischen zentraler und dezentraler Steuerung und Umsetzung einer internationalen Werbekampagne?

8. Welche Schritte beinhaltet Öffentlichkeitsarbeit?

9. Erläutern Sie sieben wichtige Instrumente der Öffentlichkeitsarbeit.

10. Welche der folgenden Aussagen sind richtig, welche falsch?

a) Öffentlichkeitsarbeit setzt auf gute Kontakte zu den Massenmedien, um für bezahlte Inhalte eine gute Platzierung zu erhalten.

b) Öffentliche Reden von Mitarbeitern, PR-Events sowie der Internet-Auftritt eines Unternehmens sind wichtige Instrumente der Öffentlichkeitsarbeit.

c) Sponsoring als Instrument der Öffentlichkeitsarbeit beruht auf dem Prinzip von Leistung und Gegenleistung.

d) Öffentlichkeitsarbeit kommt ohne Zieldefinition aus, da die zu kommunizierenden Nachrichten eher zufällig ausgewählt und verbreitet werden.

e) Die Nutzung des Internet als direkten Kommunikationskanal zum Verbraucher macht eine Einschaltung von Journalisten zur Verbreitung von Nachrichten überflüssig.

Lösungshinweise

1. Ein Unternehmen muss neben dem Angebot eines Produkts oder einer Dienstleistung auch die Information der Verbraucher sicherstellen. Hierzu gehört die Kommunikation des Nutzens eines Guts sowie dessen Positionierung im Bewusstsein der Kunden, was in vielen Fällen über die Massenmedien geschieht. **Werbung** bezeichnet in diesem Sinne alle bezahlten Formen nicht-persönlicher Präsentation und Förderung von Ideen, Gütern oder Dienstleistungen in Massenmedien durch einen identifizierbaren Absender. Nicht nur Unternehmen nutzen Werbung, auch gesellschaftliche Institutionen, Vereine oder Kirchen können Werbung treiben, um Einstellungen zu ändern oder Präferenzen aufzubauen. Werbung ist das einflussreichste Instrument unter den Kommunikationsaktivitäten.

In Abgrenzung zur Werbung wird **Öffentlichkeitsarbeit** definiert als Verbreitung positiver Nachrichten über das Unternehmen, seine Engagements oder vergangene, aktuelle oder zukünftige Aktivitäten. Ziel ist die Erreichung eines positiven Images bei internen (Mitarbeiter, Geldgeber etc.) und externen (Kunden, Presse etc.) Teilöffentlichkeiten. Öffentlichkeitsarbeit ist das am wenigsten systematisch eingesetzte Instrument, obwohl es enorme Potenziale bietet, kostengünstig Bekanntheit und Präferenzen für Unternehmen, Marke oder Produkte aufzubauen. Voraussetzung ist die professionelle Entwicklung und systematische Verbreitung von Nachrichten aus dem Unternehmen oder seinem Umfeld. Zudem hat eine öffentliche Berichterstattung zumeist einen Glaubwürdigkeitsbonus, sodass über eine weite Verbreitung interessanter Mitteilungen in den Medien zum Teil bessere, auf jeden Fall aber kostengünstigere Erfolge erzielt werden können als mit bezahlter Werbung.

2. Die Durchführung einer Werbekampagne hängt von fünf Grundsatzentscheidungen ab.

Die **Definition der Ziele** einer Werbemaßnahme ist regelmäßig der erste Schritt zur Durchführung einer Kampagne. Diese Definition baut auf der Festlegung des Zielmarktes, der Positionierung der Marke und dem gewählten Marketing-Mix auf und definiert die Rolle der Werbung im gesamten Marketingprogramm. Mit Werbung können drei Kategorien von Zielen erreicht werden: Zu informieren, zu überzeugen oder zu erinnern. Werbung soll den Verbraucher durch die verschiedenen Stufen der Kaufbereitschaft führen und entweder auf eine kurzfristige Aktion zielen (z. B. Kauf eines Sonderangebots) oder aber mittelfristig ausgelegt sein und auf Aufbau und Stärkung eines Markenimages ausgerichtet sein, um eine andauernde Kundenbindung zu erreichen.

Für die **Festlegung des Werbebudgets** kommen verschiedene Möglichkeiten in Frage. Es kann in Prozent vom Umsatz festgelegt werden oder anhand verfügbarer Mittel. Eine Festlegung im Vergleich mit der Konkurrenz ist ebenso eine Möglichkeit wie anhand der zu bewältigenden Marketingaufgaben. Weiterhin gibt es verschiedene spezifische Faktoren, die den Entscheidungsprozess beeinflussen, etwa die Position des Produkts im Lebenszyklus (je neuer das Produkt ist, je höher ist tendenziell das Werbebudget) oder dessen Marktanteil. Bei hohem

Marktanteil ist in der Regel ein geringeres Budget erforderlich als bei niedrigem. Auch die Intensität des Wettbewerbs – hohe Werbeausgaben aller Beteiligten führen auch zu höherem eigenen Werbebudget –, die Häufigkeit der Werbung und die Notwendigkeit zur Produktdifferenzierung bei ähnlichen Produkten haben Auswirkungen auf die Höhe des Werbebudgets.

Die Entwicklung der Werbestrategie besteht aus zwei Komponenten, der **Entwicklung der Botschaft** und der **Auswahl der Medien**. Beide Schritte sind eng verzahnt, sie können den jeweils anderen beeinflussen, insofern arbeiten mittlerweile viele Mediaplaner mit der Kreativagentur oder -abteilung zusammen, um optimal abgestimmte Ergebnisse zu erhalten. Bei der Entwicklung der Botschaft hat sich vor dem Hintergrund eines intensiven Wettbewerbsumfeldes gezeigt, dass Kreativität wichtiger ist als die Höhe der zur Verfügung stehenden Mittel. Das der Botschaft zugrunde liegende Kreativkonzept sichert die Aufmerksamkeit des Betrachters sowie die Erinnerbarkeit und damit die Effizienz der Werbemaßnahme. Die für den Transport der Botschaft verwendeten Medien werden festgelegt, indem Entscheidungen über Reichweite und Kontakthäufigkeit, Mediengattung, Werbeträger und Timing der Kampagne getroffen werden.

Die **Messung der Werbewirkung** spielt für die meisten Unternehmen eine zunehmend wichtige Rolle. Das Management will wissen, ob sich Werbung „lohnt", das heißt ob es für die investierten Mittel einen angemessenen Rückfluss gibt – entweder in Form von erhöhtem Absatz oder durch Erreichung sonstiger Ziele wie etwa Markenbekanntheit. Dabei ist die Messung von Kommunikationseffekten von Anzeigenkampagnen weitaus einfacher zu realisieren als die Messung der monetären Effekte. Wie hoch die Absatzsteigerung in Folge einer Werbekampagne genau ist, lässt sich nur schwer herausfinden, da Absatzvariationen in der Regel von mehr Faktoren als nur der Werbung abhängen. Um dennoch Veränderungen von Einstellungen, Präferenzen oder Markenbekanntheit zu erforschen, verwenden Marktforscher häufig den Vergleich zweier Situationen, nämlich der Ausgangssituation vor dem Start der Werbemaßnahme und die Situation am Markt nach Start beziehungsweise nach Beendigung der Werbeaktivität. Sollten definierte Ziele nicht erreicht werden, muss man die Ursachen (z. B. zu niedriges Budget oder unpräzise Zielgruppenansprache) untersuchen und die gewonnenen Erkenntnisse bei späteren Maßnahmen berücksichtigen.

3. Werbung soll die Personen einer definierten Zielgruppe informieren, sie überzeugen oder sie erinnern. Dementsprechend lassen sich Werbeziele in drei Kategorien unterteilen: **Informierende Werbung, überzeugende Werbung** und **erinnernde Werbung**.

Informierende Werbung kann den Markt über neue Produkte oder über Preisänderungen informieren. Typisches Beispiel sind etwa Wurfsendungen einer Supermarktkette für wöchentliche Sonderangebote.

Überzeugende Werbung will eine bereits bestehende Nachfrage auf das eigene Produkt lenken. Sie kann eine Markenpräferenz aufbauen, den Wechsel zur eigenen Marke initiieren oder Einstellungen beim Verbraucher verändern.

Betrachtet man das Beispiel des TV-Spots der Marke Landliebe, in dem die Landliebe-Bauern zu Wort kommen, um über die traditionelle Fütterung der Kühe ohne Gentechnik zu berichten, so verfolgt diese Werbung das Ziel, über diese besondere Art der Fütterung zu informieren und so über den Aufbau einer Markenpräferenz zu überzeugen.

Erinnernde Werbung soll dem Verbraucher klar machen, dass er in absehbarer Zeit ein Produkt oder eine Dienstleistung benötigt oder ihn erinnern, wo er das Gut oder die Leistung kaufen kann. Kfz-Werkstätten erinnern ihre Kunden gerne an den Winter (Einladung zum Werkstattbesuch zwecks „Wintercheck") oder an bevorstehende Termine zur Hauptuntersuchung, verbunden mit dem Angebot, das Auto vorab zu prüfen und anschließend zur Untersuchung vorzuführen.

4. In einer hochpreisigen und zersplitterten Medienlandschaft kommt dem Kreativkonzept eine übergeordnete Bedeutung zu: Es sichert die Aufmerksamkeit des Betrachters sowie die Erinnerbarkeit und damit die Effizienz der Botschaft. Zur Entwicklung eines guten Kreativkonzepts wird zunächst die Botschaft entworfen, anschließend verschiedene Slogans getestet und der vielversprechendste ausgewählt, bevor die Werbebotschaft umgesetzt wird.

Die Gefahr eines (zu) guten Kreativkonzepts besteht in der hohen Erinnerbarkeit der Umsetzung (etwa über lustige oder spannende Geschichten), ohne dass der Verbraucher die Marke oder das Produkt erinnert. In diesem Fall verselbständigt sich die zur Umsetzung verwendete Technik, bestimmte gestalterische Elemente oder die Grundstimmung und dominiert die Botschaft. Die Werbemaßnahme verfehlt ihren Zweck, da das Ziel (informieren, überzeugen oder erinnern) in der Regel nicht erreicht worden ist.

5. a) Richtig.

b) Falsch: Werbung kann drei Kategorien von Zielen verfolgen: Zu informieren, zu überzeugen oder zu erinnern. Neben der Auslösung eines Kaufimpulses sind vor allem der Aufbau von Markenpräferenz, die Änderung von Einstellungen oder die Erhaltung der Produktbekanntheit mögliche Ziele von Werbung.

c) Falsch: Ein Unternehmen hat vier Möglichkeiten, sein Werbebudget festzulegen: Anhand verfügbarer Mittel, als Prozentsatz des Umsatzes, als Festlegung im Vergleich zum Wettbewerb oder anhand der zu bewältigenden Marketingaufgaben.

d) Richtig.

e) Falsch: Nach der Definition der Ziele einer Werbemaßnahme wird in der Regel das Budget festgelegt, anschließend im Rahmen der Werbestrategie die Botschaft entwickelt und die Medien ausgewählt, bevor die Werbewirkung gemessen wird. Insoweit beeinflusst eher die Höhe des Werbebudgets die Medienauswahl als umgekehrt.

6. Will ein Unternehmen die Bekanntheit seiner Marke im internationalen Umfeld stützen oder steigern, ist auch hier die Werbung ein mögliches Mittel, allerdings mit deutlich komplexeren Problemstellungen. Es geht im Wesentlichen um die Fragestellung nach internationaler Standardisierung der Werbung, also einem einheitlichen Werbekonzept und seiner Umsetzung in allen Märkten, oder Differenzierung, also der Berücksichtigung lokaler Gegebenheiten bei der Umsetzung der Kampagne. Die Vorteile einer Standardisierung sind offensichtlich: Kostenersparnisse bei der Konzeption und Umsetzung, ein hoher Koordinationsgrad selbst bei globalen Maßnahmen und ein weltweit einheitlicher Markenauftritt und Unternehmensimage. Jedoch sind der Standardisierung auch Grenzen in Form von kulturellen, politischen, sozioökonomischen und rechtlichen Gegebenheiten in den verschiedenen Ländern gesetzt. Sollen die jeweiligen Umfeldfaktoren berücksichtigt werden, weil beispielsweise das Produkt stark kulturgebunden ist oder das Kaufverhalten der Zielgruppen in den jeweiligen Märkten stark differiert, wird man den Weg der Differenzierung bei Entwurf und Umsetzung der Werbemaßnahme wählen, nämlich die völlige Anpassung an lokale Bedingungen. Zwischen diesen beiden Ausprägungen gibt es zwei weitere Alternativen, die in Betracht gezogen werden können: Die **notwendige lokale Anpassung bei grundsätzlich standardisierter Werbekampagne** und die **Standardisierung durch Clusterbildung**.

Bei der ersten Variante wird zunächst ein globales Werbekonzept als Rahmen entworfen, das auf Konsistenz und Effizienz ausgerichtet ist. Innerhalb dieses Rahmens werden dann die Programme für die einzelnen Märkte unter Anpassung an die jeweils relevanten Umfeldbedingungen ausgearbeitet. Der Vorteil dieser Variante ist die Standardisierung der Botschaft, die in allen Märkten vermittelt wird, bei gleichzeitiger Berücksichtigung lokaler oder nationaler Bedürfnisse und Erwartungen der Käufer. So hat ein international agierender Hersteller von Gebäudesystemtechnik für eine neue Serie von Schaltern und Steckdosen zunächst eine internationale Dachstrategie entwickelt, in der die Kernbotschaft zur emotionalen Positionierung des Produkts formuliert war. Die ursprünglich geplante Ausrollung als international standardisierte Kampagne wurde nach vorherigen Markttests in allen Märkten Europas nicht umgesetzt. Die Integration lokaler Gegebenheiten ermöglichte eine Anpassung an die verschiedenen Märkte und ihre Besonderheiten unter Beibehaltung der Kernbotschaft. So hat im vorliegenden Fall die Abbildung von Kindern in manchen Märkten keine Akzeptanz, in anderen werden bestimmte Physiognomien abgebildeter Menschen nicht angenommen und in wieder anderen Märkten war eine höhere technische Ausprägung der Botschaft erforderlich.

Die zweite Variante ist die Standardisierung durch Clusterbildung. Hierbei werden Länder oder Märkte in homogene Gruppen eingeteilt, die ähnliche wirtschaftliche, demografische, kulturelle oder rechtliche Merkmale aufweisen. In diesen Märkten kann dann ein standardisiertes Werbekonzept entworfen und umgesetzt werden, ohne relevante Unterschiede zu übersehen oder gegen bestimmte Konventionen zu verstoßen. Die Möglichkeiten dieser Gruppenbildung sind jedoch begrenzt. Oft werden die sogenannten D-A-CH-Staaten (Deutschland, Österreich, Schweiz) als ein mögliches Cluster gesehen, da sie weitgehend einem

Sprachraum angehören. In der Realität jedoch gibt es eine Vielzahl von Unterschieden, sei es kultureller Art, in Lebensweise oder im Kaufentscheidungsprozess. Auch technische Unterschiede gestalten eine Standardisierung im Cluster für bestimmte Produktgruppen schwierig, für andere wiederum sind diese bedeutungslos. Es kann daher keine allgemein gültige Antwort auf die Frage nach dem richtigen Standardisierungsgrad internationaler Werbung gegeben werden. Die Marketingverantwortlichen müssen die Zielmärkte sehr gründlich auf relevante Unterschiede und Gemeinsamkeiten bezüglich Standardisierung oder Differenzierung untersuchen, um diese Entscheidung fallbezogen treffen zu können.

7. Nach der Wahl zwischen Standardisierung, Differenzierung oder einer Mischform bei Entwurf und Umsetzung einer internationalen Werbekampagne muss entschieden werden, ob die Kampagne zentral oder dezentral gesteuert wird. Diese Entscheidung hängt direkt mit der Wahl eines standardisierten oder differenzierten Ansatzes für die internationalen Werbeaktivitäten zusammen.

Fünf Kriterien beeinflussen die Entscheidung zwischen Zentralisierung und Dezentralisierung: Die **Unternehmens- und Marketingziele**, die **Einheitlichkeit des Produktangebots**, die **Ausstrahlung** und das **Image des Angebots, kulturelle Empfindsamkeiten** und **rechtliche Einschränkungen**.

Für eine zentrale Steuerung von Werbung und Kommunikation wird sich ein Unternehmen wahrscheinlich entscheiden, wenn seine globalen Marketingziele als prioritär gegenüber den Zielen des jeweiligen Inlandsmarktes angesehen werden. Will ein Unternehmen beispielsweise ein globales Image aufbauen und eine konsistente Botschaft in alle Märkte senden, würde es sich aller Wahrscheinlichkeit nach für eine zentrale Steuerung der Kampagne entscheiden. Haben Marketingziele der Länder oder Regionen einen hohen Stellenwert oder sollen kurzfristig Gewinne mitgenommen werden, wählt es eine dezentrale Entscheidungsfindung.

Die Gleichartigkeit des Produktangebots auf den unterschiedlichen Ländermärkten ist ein weiterer Faktor, der die Entscheidung für zentrale oder dezentrale Steuerung der Werbemaßnahmen beeinflusst. Handelt es sich um gleichartige oder gleiche Produkte, sollte ein einheitlicher Ansatz der Kommunikationsaktivitäten gewählt werden, was tendenziell für eine zentrale Steuerung der Werbeaktivitäten spricht.

Sind Ausstrahlung und Image als wesentliche kaufentscheidende Kriterien des zu bewerbenden Angebots in den verschiedenen Ländern oder Kulturen sehr unterschiedlich, kommt nur eine dezentrale Steuerung der Werbemaßnahmen unter Berücksichtigung der lokalen Besonderheiten in Frage. Bei annähernd gleicher Wahrnehmung kann das Unternehmen eine gemeinsame, standardisierte Werbebotschaft erarbeiten und diese zentral steuern.

Bestehen kulturelle Unterschiede bezüglich Verwendung und Nutzung eines Produkts, sollte das Unternehmen diese in einer jeweils angepassten Art und Weise ansprechen und die Werbung dezentralisieren. Insbesondere im Bereich von Nahrungsmitteln gibt es eine Vielzahl regional unterschiedlicher Sitten und Präferenzen, die für eine dezentrale Steuerung der Werbeaktivitäten sprechen.

Auch der Rechtsrahmen der internationalen Märkte hat einen Einfluss auf die Organisation und Steuerung der Werbung. Dezentrale Verantwortung ist notwendig, wenn stark abweichende gesetzliche Regelungen oder Richtlinien in den jeweiligen Ländern eine zentrale Steuerung schwierig machen oder ausschließen. So ist es denkbar, dass man in einzelnen Märkten bestimmte Produkteigenschaften ausloben darf, welche in anderen Märkten nur unter sehr restriktiven Bedingungen verwendet werden dürfen oder in der Werbung gänzlich verboten sind.

8. Das Potenzial der Öffentlichkeitsarbeit wird von vielen Unternehmen nicht oder nur unvollständig genutzt. Um wirksam Öffentlichkeitsarbeit zu betreiben, ist ein systematisches Vorgehen in folgenden Schritten erforderlich: **Definition der Ziele der Öffentlichkeitsarbeit**, **Festlegung der Botschaften** und **der Instrumente, Planung** und **Durchführung** sowie **Messung** und **Bewertung der Aktivitäten** und **ihrer Ergebnisse**.

Die Ziele der Öffentlichkeitsarbeit hängen in erster Linie von den zu vermittelnden Informationen oder Inhalten ab. Unter Berücksichtigung der allgemeinen Kommunikationsziele des Unternehmens und in Abhängigkeit von der anvisierten Zielgruppe können dann die konkreten Ziele definiert werden.

Getreu dem Motto „Tue Gutes und rede darüber!“ muss man nun Geschichten suchen, über die die Öffentlichkeit unter Berücksichtigung der vorab definierten Ziele informiert werden soll. In der Regel gibt es eine Vielzahl von Aufhängern für Geschichten aus dem Unternehmen, etwa engagierte Mitarbeiter, Beiträge des Unternehmens zu Nachhaltigkeit oder lokalen sozialen Aktionen oder gesamtgesellschaftlich relevante Fakten. Diese Botschaften, die alle auf die Erreichung der gewünschten Wirkung in der Öffentlichkeit (Imagewirkung) gerichtet sein müssen, werden nun systematisch den Medien übermittelt.

Bei der Umsetzung der PR-Planung muss die Abteilung für Öffentlichkeitsarbeit sensibel vorgehen. Oft hängt der Erfolg einer Pressemitteilung nicht nur von der Großartigkeit der Geschichte ab, sondern auch von einer zielgerichteten Ansprache der Medien und einer guten Beziehung zur Presse allgemein. Eine Mitteilung (etwa in Form eines redaktionellen Beitrags) muss zum Inhalt des Mediums und dessen Zielgruppe passen, ebenso muss das Unternehmen die Beziehung zu den Medien unterhalten und pflegen.

Die Wirkung der Öffentlichkeitsarbeit ist sehr schwierig zu messen: Zum einen, weil sie meist ergänzend zu weiteren Kommunikationsmaßnahmen angewendet wird, zum anderen, weil sie oft nur indirekt wirkt. Rein quantitative Ansätze messen zwar die Häufigkeit der Berichterstattung in den Printmedien, doch ist dieses Ergebnis nicht sehr aussagekräftig, da es nichts über die tatsächliche Zahl der Leser oder über deren Meinung zur betreffenden Meldung aussagt.

9. Instrumente der Öffentlichkeitsarbeit sind zahlreich und bauen fast immer auf einer Information und ihrem aktuellen Bezug zum Unternehmen auf. Es werden Nachrichten gesucht über neue Produkte oder Dienstleistungen, aber auch über das Unternehmen generell oder über seine Mitarbeiter. Verfügt ein Unternehmen beispielsweise über eine sehr erfolgreiche Betriebssportgruppe mit regelmäßigen

Erfolgen auch in überregionalen Wettbewerben, kann diese Art von Information sehr gut für gezielte Mitteilungen an die Öffentlichkeit verwendet werden, ohne dass über Produkte etc. gesprochen wird. Im Folgenden werden sieben wichtige Instrumente der Öffentlichkeitsarbeit erläutert.

Reden von Mitarbeitern, die diese anlässlich öffentlicher Veranstaltungen gehalten haben, sind eine gute Quelle von Informationen für die Öffentlichkeit. Banken, Kommunen, Handelskammern oder Berufsverbände organisieren häufig Foren oder Podiumsdiskussionen, zu denen kompetente Mitarbeiter von Unternehmen eingeladen werden, um über das Unternehmen und seine Aktivitäten zu berichten.

PR-Events wie Produkteinführungen, Pressekonferenzen oder Tagungen ermöglichen die Vermittlung von Inhalten auf direktem (Teilnehmer und Publikum vor Ort) und indirektem Wege (Medienberichterstattung) an eine große Zielgruppe und die interessierte Öffentlichkeit.

Über **allgemeines Informationsmaterial** kann das Unternehmen sich selbst und seine Aktivitäten darstellen, seine Verflechtungen im gesellschaftlichen und wirtschaftlichen Umfeld erklären und besondere Engagements besonders hervorheben, beispielsweise soziale oder umweltpolitische Überzeugungen und Aktionen. Viele größere Unternehmen erstellen mittlerweile Nachhaltigkeitsberichte, mit denen die Öffentlichkeit über das Bestreben zu schonender Ressourcenverwendung informiert wird.

Ein abgestimmtes Erscheinungsbild, die **Corporate Identity**, ist für die Wiedererkennung des Unternehmens von großer Bedeutung. Sie bezieht sich auf alle nach außen und innen gerichteten Kontakte und umfasst die Bereiche Corporate Design, Corporate Behavior und Corporate Communication, also die Anpassung von Logo, Drucksachen, Internetauftritt, Gebäuden, Dienstkleidung etc. an ein einheitliches und konsistentes Design, das Verhalten aller Mitarbeiter des Unternehmens im Innen- und Außenverhältnis sowie die Art, wie (und welche) Inhalte kommuniziert werden.

Unternehmen können sich auch **sozial engagieren**, indem sie Geld- oder Sachzuwendungen spenden. Oft erscheinen die Spender in einer Liste der jeweiligen Organisation und werden so der Öffentlichkeit bekannt gemacht. Doch auch das Unternehmen kann seine Unterstützung durch Pressemitteilungen veröffentlichen und seine Hilfe oder das Ziel der geförderten Institution kommunizieren. Dieses Instrument der Öffentlichkeitsarbeit ist insbesondere auch für Mittelständler geeignet. Eine kleinere Firma etwa, die regelmäßig ein Straßenkinderprojekt unterstützt und hierüber berichtet (Kundeninformationen, Website etc.), kann auf diesem Wege eine erhebliche Breitenwirkung erzielen.

Beim **Sponsoring** geht es um die Förderung bestimmter Personen oder Organisationen durch Geld oder Sachmittel beziehungsweise Dienstleistungen gegen eine Gegenleistung. Die bekanntesten Sponsoringbereiche sind Sport, Kultur, Bildung und Wissenschaft. Dieses Instrument eignet sich besonders zum Aufbau oder zur Imageveränderung einer Marke oder für Unternehmen, die neue Produkte oder Dienstleistungen lancieren wollen. In der Praxis können Sponsoring-Partner aus einer Vielzahl von Optionen bei der Ausgestaltung von Leistung und Gegenleistung wählen. Im Sportsponsoring zum Beispiel kann ein Unternehmen den unterstützten Sportler oder Verein nicht nur durch Geld-, sondern auch durch Sachleistungen unterstützen. Produkte können öffentlichkeitswirksam platziert (oder installiert) und Ersatzbedarf bereitgestellt werden. Weiterhin könnte der Sponsor beispielsweise einen VIP-Bereich im Stadion mit seinem Namen benennen, ein oder mehrere Spieler des geförderten Vereins können zu bestimmten vereinbarten Events des Unternehmens (z. B. Fachmessen) für Autogramme bereitstehen oder als Meinungsführer für das Unternehmens werben.

Das **Internet** hat sich in den vergangenen Jahren zu einem zentralen Instrument der Öffentlichkeitsarbeit entwickelt. Auf seiner Website hat das Unternehmen die Möglichkeit, die eigene Darstellung direkt zu steuern und zu kontrollieren, ohne den Umweg über Journalisten zu gehen. Durch seine weite Verbreitung stellt das Internet heute de facto einen direkten Draht zum Verbraucher dar, den Unternehmen nicht nur für Produkt- oder Angebotsinformationen nutzen, sondern auch im Rahmen von Krisenkommunikation oder zur Wiedergabe eines positiven Medien- oder Kundenechos. Das Internet kann die Arbeit von Journalisten flankieren, sie aber nicht ersetzen.

10. a) Falsch: Gute Kontakte zu den Medien sind wichtig, um gezielt und kontrolliert Nachrichten aus dem und über das Unternehmen, über sein Engagement oder seine Mitarbeiter zu kommunizieren, nicht aber, um bezahlte Inhalte zu platzieren.

b) Richtig.

c) Richtig.

d) Falsch: Der Erfolg von Öffentlichkeitsarbeit hängt von deren systematischer Durchführung ab; diese beginnt immer mit der Definition der Ziele. Strukturierte Öffentlichkeitsarbeit kann eine hohe Breitenwirkung erzielen, sofern sie zielgerichtet geplant und durchgeführt wird.

e) Falsch: Das Internet kann Öffentlichkeitsarbeit wirkungsvoll unterstützen, da es eine direkte Kontrolle der Konsistenz von Nachrichten ermöglicht, es ist jedoch kein Ersatz für Journalisten und andere Meinungsbildner, da deren Artikel eine erhebliche Breitenwirkung entfalten können und häufig hohe Glaubwürdigkeit genießen.

17 Persönlicher Verkauf und Verkaufsförderung

Persönlicher Verkauf und Verkaufsförderung sind – ebenso wie Werbung und Öffentlichkeitsarbeit – Elemente der integrierten Kommunikation und nutzen den direkten Kontakt zum Kaufinteressenten, um kundenspezifischen Nutzen zu erzeugen und eine langfristige Kundenbeziehung aufzubauen. Werbung und Öffentlichkeitsarbeit werden eingesetzt, um Markenbekanntheit und Präferenzen aufzubauen, während persönlicher Verkauf und Verkaufsförderung die Kaufentscheidung des Kaufinteressenten beeinflussen und auf die Herbeiführung einer konkreten Handlung gerichtet sind.

In vielen Unternehmen übernimmt der Außendienst den persönlichen Verkauf und hat durch seinen direkten Draht zum Kunden eine Schlüsselrolle inne. Er repräsentiert auf der einen Seite das Unternehmen beim Kunden, der oft nur einen Ansprechpartner kennt. Auf der anderen Seite trägt er die Bedürfnisse des Kunden in das Unternehmen hinein und vertritt damit wie ein Anwalt dessen Interessen. Dies kann je nach Produkttypologie und Unternehmensstruktur bis zur Entwicklung neuer Produkte aufgrund von Kundenwünschen gehen. Anforderungen an den Außendienst werden aufgrund seiner zentralen Bedeutung für das Unternehmen immer größer, hin zu einem marktorientierten Außendienst, der auf lange Sicht sicher effektiver ist als ein rein absatzorientierter. Durch die hohen Kosten, die der Außendienst verursacht, ist eine genaue Analyse, Planung, Durchführung und Kontrolle der Verkaufsaktivitäten erforderlich. Dieser Prozess wird als Vertriebsmanagement bezeichnet und umfasst Zielvorgaben, Strategiebestimmung, Struktur, Größe und Vergütung, Anwerbe- und Auswahlverfahren, Aus- und Weiterbildung, Führung und Kontrolle sowie die Leistungsbewertung des Außendienstes.

Der Prozess des persönlichen Verkaufs läuft in sieben Schritten ab: Nach der **Identifizierung potenzieller Käufer** muss der Außendienstmitarbeiter den **Erstkontakt vorbereiten**. Nach der **Kontaktaufnahme** erfolgt eine **Produktpräsentation**, bevor eventuelle **Einwände vom Verkäufer beantwortet werden**. Nach dem **Kaufabschluss** erfolgt eine **Nachkaufbetreuung**. Das Unternehmen will dem Kunden auch über den Kauf hinaus zeigen, dass dieser ihm wichtig ist. Der Außendienst ist für den Aufbau und die Pflege einer langfristigen Kundenbeziehung das zentrale Bindeglied. Für das Unternehmen ist es in einem wettbewerbsintensiven Umfeld teurer, neue Kunden zu gewinnen als vorhandene zu halten; hier liegt das zentrale Interesse für ein erfolgreiches Kundenbeziehungsmanagement. Kleine Gesten der Freundschaft helfen, eine positive Grundstimmung herzustellen, jedoch sollte man klare Grenzen festlegen, um nicht in den Verdacht des Bestechungsversuchs zu geraten.

Ein Instrument mit zunehmender Wichtigkeit im Kommunikationsmix ist die Verkaufsförderung. Sie zielt durch kurzfristige Bereitstellung eines Zusatznutzens auf die sofortige Umsetzung der Kaufabsicht. Soll sie erfolgreich sein, muss das Unternehmen die richtigen Ziele vorgeben, darauf aufbauend die geeigneten Instrumente auswählen und das optimale Programm entwickeln, welches zunächst getestet und nach seiner Durchführung auf die Zielerreichung überprüft wird. Die Maßnahmen sollten sorgfältig mit allen anderen Elementen des Kommunikationsmix abgestimmt werden, um ein vollständig integriertes Kommunikationsprogramm zu realisieren.

Fragen und Aufgaben

1. Grenzen Sie Werbung und persönlichen Verkauf voneinander ab.
2. Stellen Sie die verschiedenen Schritte im Rahmen des Vertriebsmanagements dar.
3. Welche Konzepte des persönlichen Verkaufs kennen Sie? Wo liegen Unterschiede, wo Gemeinsamkeiten?
4. Stellen Sie die Schritte des persönlichen Verkaufsprozesses dar.
5. Was versteht man unter Verkaufsförderung und auf welchen Ebenen kann sie eingesetzt werden?
6. Zeigen Sie die Grenzen von endverbraucherorientierten Verkaufsförderungsaktionen auf.
7. Auf welche Schwierigkeiten kann ein Unternehmen treffen, das Verkaufsförderungsaktivitäten plant, wenn es sich auf dem Weg zum Endverbraucher eines Absatzmittlers bedient? Geben Sie ein Beispiel.
8. Stellen Sie die Entwicklung eines Verkaufsförderungsprogramms an einem Beispiel dar.
9. Welche der folgenden Aussagen sind richtig, welche falsch?
   a) Unter Sales Force Management (oder Vertriebsmanagement) versteht man die Analyse, Planung, Durchführung und Kontrolle der Verkaufsaktivitäten.
   b) Die Strategie des Außendienstes hängt von den Zielvorgaben ab.
   c) Je größer der Außendienst eines Unternehmens, umso besser ist das Unternehmensergebnis, unabhängig vom gewählten Verkaufskonzept.
   d) Die Marketingziele eines Unternehmens stehen in keinem direkten Zusammenhang mit dem Vergütungssystem des Außendienstes.
   e) Die Struktur des Außendienstes sollte sich nach geografischen Kriterien wie der Postleitzahl richten, um eine größtmögliche Kundennähe zu erreichen.
   f) Faire Absatzziele können zur Motivationssteigerung des Außendienstes führen.

10. Entscheiden Sie, ob folgende Aussagen wahr oder falsch sind.

a) Verkaufsförderungsaktionen sind regelmäßig auf den Endverbraucher ausgerichtet.

b) Persönlicher Verkauf als Instrument der unidirektionalen Kommunikation zum Kunden ist zumeist effektiver als Werbung.

c) Absatzorientierte Verkaufskonzepte zielen auf den Aufbau einer längerfristigen Kundenbeziehung.

d) Das Management von Schlüsselkunden ist eine Variante eines beziehungsorientierten Verkaufskonzeptes.

e) CRM-Systeme werden eingesetzt, um den Außendienst effizient zu kontrollieren.

Lösungshinweise

1. **Werbung** bezeichnet alle bezahlten Formen nicht-persönlicher Präsentation und Förderung von Gütern, Ideen und Dienstleistungen in Massenmedien durch einen identifizierbaren Absender. Sie ist daher eine unidirektionale, einseitige und unpersönliche Kommunikation mit der Zielgruppe mit dem Ziel des Aufbaus oder der Steigerung der Markenbekanntschaft oder der Beeinflussung von Einstellungen und Präferenzen der Verbraucher.

Der **persönliche Verkauf** hingegen zielt auf eine Beeinflussung der Kaufentscheidung des Kaufinteressenten mit dem Ziel der Herbeiführung einer konkreten Handlung ab. Der Verkäufer nutzt den direkten Kontakt zum Kunden und etabliert eine bidirektionale, persönliche Kommunikation und versucht, eine längerfristige Kundenbeziehung aufzubauen. In komplexen Verkaufssituationen ist der persönliche Verkauf effektiver, da durch die Bidirektionalität der Kommunikation der Kundenwunsch besser erkannt werden kann und der Verkäufer seinem Kunden Lösungen anbietet, die oftmals spezifisch zugeschnitten sind.

Werbung und persönlicher Verkauf sind Teil des Kommunikations-Mix und müssen in Abhängigkeit von der jeweiligen Markt-, Unternehmens- beziehungsweise Angebots-/Nachfrage-Situation eng aufeinander und mit den anderen Elementen des Kommunikations-Mix abgestimmt werden.

2. Für viele Unternehmen ist der Außendienst das entscheidende Bindeglied zum Kunden. Er kann durch die persönlichen Kontakte deren Bedürfnisse sehr genau erkennen und Lösungen anbieten. Aufgrund seiner zentralen Rolle steigen die Anforderungen an ihn. Langfristig erfolgreicher wird tendenziell ein marktorientierter statt eines rein absatzorientierten Außendienstes sein. Die steigenden Anforderungen führen auch zu höheren Kosten, die eine genaue Analyse, Planung, Durchführung und Kontrolle der Verkaufsaktivitäten erforderlich macht. Dieser Prozess wird als **Vertriebsmanagement oder Sales-Force-Management** bezeichnet und beinhaltet die folgenden Schritte: **Definition der Zielvorgaben**, **Bestimmung von Strategie und Struktur**, **Anwerbung geeigneter Mitarbeiter** und **deren Aus- und Weiterbildung**, **Festlegung der Vergütung**, **Außendienst-Steuerung** und **Leistungsbewertung**.

Die Zielvorgaben eines Unternehmens für seinen Außendienst können unterschiedlicher Natur sein, von der Neukunden-Akquise und der Information über Produkte und angebotene Dienstleistungen über deren Verkauf hin zu Betreuung und Service. Auch die Informationsbeschaffung und Marktbeobachtung sind potenzielle Ziele für einen Außendienstmitarbeiter. Dabei kann die Vorgabe weit gefasst und der Auslegung des jeweiligen Mitarbeiters obliegen oder aber genau quantifiziert werden, beispielsweise durch Zeitvorgaben für Besuche bei Neukunden oder die Präsentation neuer Produkte. Dies ist durchaus sinnvoll, da ansonsten möglicherweise nur „Bestseller" bei bestehenden Kunden verkauft werden könnten und die Akquise neuer Kunden beziehungsweise der Verkauf neuer Produkte vernachlässigt würden, da diese regelmäßig mit höherem Aufwand verbunden sind (Zeit, Argumentation, Nachfassen etc.).

Die strategische Ausrichtung des Außendienstes hängt eng mit dem Kaufentscheidungsprozess der Kunden zusammen. Von Besuchen eines einzelnen Außendienstmitarbeiters über die Zusammenstellung von Vertriebsteams (etwa aus leitenden Angestellten, Außendienst und Vertriebsingenieur) bin hin zu Gruppenveranstaltungen, in denen Teams auf beiden Seiten Lösungen diskutieren, und dem Seminarverkauf – also des Angebots von Fortbildungsseminaren zum Beispiel zu technischen Innovationen – ist die Bandbreite groß. Weiterhin muss das Unternehmen festlegen, ob es einen eigenen Vertrieb aufbauen möchte und eigene Mitarbeiter einstellt oder ob es auf externe Ressourcen (z. B. Handelsvertretungen oder Makler) zurückgreift. Bei der Festlegung der Struktur bieten sich dem Unternehmen verschiedene Kriterien, es kann die Außendienstmitarbeiter nach geografischen Kriterien wie Regionen oder Postleitzahlgebieten, nach Produkten, nach Kunden oder aber mehrdimensional organisieren. Nach Bestimmung von Strategie und Struktur muss die Zahl der Mitarbeiter im Vertrieb im Spannungsfeld zwischen entstehenden Kosten einerseits und definierten Zielen wie etwa der Besuchshäufigkeit bestimmt werden.

Sind diese Entscheidungen getroffen, muss das Unternehmen die passenden Außendienstmitarbeiter anwerben und auswählen. Dies sollte sehr sorgfältig geschehen, da eine hohe Fluktuation im Außendienst Kosten verursacht (entgangener Umsatz, erneute Kandidatensuche, Know-how-Verlust etc.). Nach Definition der Auswahlkriterien kann die Bewerbersuche beginnen. Man kann bei Mitarbeitern nachfragen, ob jemand potenzielle Kandidaten kennt, Stellenanzeigen in der Presse oder im Internet schalten oder die Hilfe von Agenturen in Anspruch nehmen. Das Auswahlverfahren kann individuell gestaltet werden, von einem einzigen persönlichen Gespräch bis hin zu mehrtägigen Assessment-Centern.

Die Ausbildung der Außendienstmitarbeiter beginnt in der Regel mit grundlegenden Informationen über das Unternehmen, seine Struktur, Geschichte und die aktuellen Ziele. Anschließend erfolgt eine fundierte Produktschulung, da der Mitarbeiter die Produkte, ihre Herstellung und ihren Gebrauch sehr gut kennen muss. Auch Informationen über den Markt, den Wettbewerb und die Kunden sollten vermittelt werden, bevor schließlich eher formale Aspekte wie Reiserichtlinien oder Spesenabrechnungen angesprochen werden.

Die Vergütung eines Außendienstmitarbeiters muss attraktiv sein, um gute Mitarbeiter zu gewinnen. In der Regel setzt sie sich zusammen aus einem fixen Basisgehalt zuzüglich einer erfolgsabhängigen Komponente wie Provisionen in Abhängigkeit vom erzielten Umsatz oder Boni für Beratungs- oder Verkaufserfolge. Hinzu kommen die Erstattung von Spesen und weitere freiwillige Leistungen des Arbeitgebers. Die Gestaltung der Entlohnungskonditionen und die daraus folgenden Aktivitäten des Außendienstmitarbeiters sollten in jedem Fall den Marketingzielen des Unternehmens entsprechen.

Sind die Konditionen festgelegt, nach denen der Mitarbeiter entlohnt wird, muss das Unternehmen diesen führen und kontrollieren, um ihn zum einen anzuleiten, zum anderen zu motivieren. Wie eng dies geschehen sollte, hängt von vielen Faktoren (Erfahrung des Verkäufers, Unternehmensziele, Unternehmensgröße etc.) ab. Führung bedeutet in der Regel, konkrete Vorgaben zu Kundenzielen und -besuchen zu machen, etwa die Neukundenakquise festzuschreiben oder einen Fokus auf neue Produkte in den Verhandlungen zu legen. Auch bezüglich des Zeitmanagements kann das Unternehmen Hilfestellung geben beziehungsweise Vorgaben machen. Insbesondere CRM-Systeme (Customer Relationship Management; CRM) ermöglichen dem Außendienst heute eine präzise Jahresplanung seiner Kundenbesuche, die Analyse seiner Verkaufszahlen und kurzfristige Antworten auf Kundenanfragen etwa nach Lagerbestand oder Lieferfähigkeit. Auch die Motivation des Mitarbeiters, der unter möglicherweise schwierigen Bedingungen arbeitet (häufige Reisetätigkeit, Erfolgsdruck, schwierige Kundengespräche etc.), ist ein wesentlicher Bestandteil im Vertriebsmanagement. Die Leistungsfähigkeit kann gesteigert werden durch ein gutes Arbeitsklima, durch faire Absatzziele und sonstige positive Anreize (Incentives).

Schließlich benötigt das Management Informationen über die Außendienstmitarbeiter, um diese bewerten zu können. Informationsquellen sind hierbei Verkaufsberichte, Arbeitspläne und Besuchsberichte mit Absatzzahlen, Zahl gewonnener Neukunden und sonstigen Fakten aus dem Verantwortungsbereich des Verkäufers. Hiermit hat das Unternehmen die Möglichkeit einer formalen Leistungsbewertung. Dem Mitarbeiter sollte ein konstruktives, stimulierend wirkendes Feedback gegeben werden, um seine Leistung in Zukunft weiter zu optimieren.

3. Persönlicher Verkauf ist der zwischenmenschliche Teil der Marketingkommunikation. Das Unternehmen kommuniziert mittels seines Außendienstes direkt mit aktuellen oder potenziellen Kunden. Hierbei lassen sich zwei Konzepte unterscheiden: Das verkaufs- oder transaktionsorientierte und das kunden- oder beziehungsorientierte Verkaufskonzept. Beiden gemeinsam ist eine gewünschte Beeinflussung der Kaufentscheidung des Käufers zur Herbeiführung einer konkreten Handlung im persönlichen Kontakt.

Das **verkaufsorientierte Konzept** verwendet Techniken, die beim Kunden Entscheidungsdruck aufbauen; es gründet auf der Annahme, dass der Kunde nur unter Druck eine Kaufentscheidung trifft. In dieser Situation können verschiedene Mittel dazu dienen, den psychologischen Entscheidungsspielraum des Kunden zu begrenzen: der gebotene Preis ist nur für eine begrenzte Zeit gültig, das Produkt ist nur noch in begrenzter Stückzahl vorhanden, eine raffinierte Produktpräsentation kann Kosten oder Nachteile bagatellisieren und versierte Verkäufer können Angstkulissen aufbauen.

Mit Blick auf den Aufbau einer langfristigen Kundenbeziehung wenden immer mehr Unternehmen heute das **kundenorientierte Verkaufskonzept** an und trainieren ihre Verkäufer auf die Erkennung von Kundenbedürfnissen. Sie sollen so zu Problemlösern des Kunden werden, denn Kundenbedürfnisse bedeuten Absatzchancen. Fühlt der Kunde sich vom Außendienst verstanden und gut betreut, wird hieraus eine positive Einstellung und schließlich eine Kaufentscheidung resultieren. Außendienstmitarbeiter, die diesen Ansatz verfolgen, sind immer öfter auch in der Lage, Marktdaten und Absatzzahlen zu interpretieren und werden in die Marketingplanung eingebunden, um vor Ort Kundennutzen und -zufriedenheit zu erzielen. Zudem verfolgen viele Unternehmen den Ansatz, mit wichtigen Kunden (Schlüsselkunden) strategische Partnerschaften aufzubauen und durch ein geschicktes Key-Account-Management zu pflegen.

4. Der persönliche Verkauf erfolgt in sieben Schritten. Er beginnt mit der **Identifizierung von potenziellen Käufern** und der **Vorbereitung des Erstkontakts**. Auf die **Kontaktaufnahme** folgt die **Präsentation des Produkts** und eine **Diskussion möglicher Einwände**, bevor es – idealerweise – zum **Kaufabschluss** kommt. Nach dem Kauf muss der Verkäufer für die **Nachkaufbetreuung** bereitstehen, um dem Kunden das Gefühl intensiven Bemühens durch das Unternehmen zu vermitteln.

Ein Außendienstmitarbeiter muss in der Regel viele potenzielle Käufer ansprechen, bevor er tatsächlich einen Verkauf tätigt. Für die **Identifizierung neuer Kunden** muss er sich ein genaues Bild über die Zielgruppe machen und versuchen, diese anzusprechen. Einige Unternehmen stellen ihren Mitarbeitern hierzu Datenbanken zur Verfügung, oft jedoch muss der Verkäufer selbst mögliche Interessenten finden. Er kann durch Gespräche mit Kunden oder Lieferanten neue Kreise erschließen, in Telefon- oder Branchenbüchern Kontakte suchen oder sich Vereinen und Verbänden anschließen, denen mögliche Käufer angehören, und diese kontaktieren.

Der Außendienstmitarbeiter muss den **Erstkontakt** sehr gut vorbereiten. Er sollte sich intensiv mit dem Kunden und seiner Organisationsstruktur auseinandersetzen, in etwa wissen, welchen Bedarf der Kunde haben könnte und wer wann und in welcher Form die Kaufentscheidung trifft. Ebenso muss er entscheiden, ob ein Besuch oder eher ein Anruf in Frage kommt und welcher Zeitpunkt hierfür geeignet erscheint. Für das Erstgespräch sollte er sich Ziele setzen, etwa eine Einschätzung zu erlangen, ob der Kaufinteressent zu einem Kunden werden kann.

Hat sich der Mitarbeiter für eine Art der **Kontaktaufnahme** entschieden, muss er sich überlegen, wie er das Gespräch beginnen will, damit es einen positiven Verlauf nimmt. Entscheidend ist die Schaffung einer positiven Grundstimmung, eine offene Haltung des Verkäufers und aktives Zuhören, um die Bedürfnisse des Kunden zu verstehen. Die dann folgende **Produktpräsentation** sollte klar den Kundennutzen hervorheben und zeigen, auf welche Weise das Produkt sein Problem lösen kann. Möglichen **Einwänden** des Käufers sollte der Außendienstmitarbeiter offen begegnen, nicht ausgesprochene Bedenken versuchen zu entlarven, um weitere Informationen zu übermitteln und zusätzliche Kaufargumente zu finden.

Ist der Verkäufer bis zu diesem Punkt gelangt, sollte er die möglicherweise positiven Signale des Kaufinteressenten auch zu deuten wissen und die Gelegenheit nutzen, zum **Kaufabschluss** zu kommen. Dies kann direkt vor Ort erfolgen oder aber durch eine nachfolgenden Bestellung des Kunden beim Unternehmen (bei der der Verkäufer natürlich seine Hilfe anbietet). In dieser Phase hat er zudem die Möglichkeit, zögernden Kunden Zugeständnisse zu machen in Form von Rabatten oder weiteren Dienstleistungen (beispielsweise kostenlose Lieferung oder Montage). Nach dem Kaufabschluss ist die **Nachkaufbetreuung** im Hinblick auf eine langfristige Kundenbeziehung äußerst wichtig. Eventuelle Zweifel des Kunden können so ausgeräumt, Liefertermine oder andere Informationen können weitergegeben oder Hilfestellung bei Inbetriebnahme oder Erstmontage angeboten werden. Der Kunde muss das Gefühl haben, dass das Unternehmen sich gerade um ihn besonders intensiv bemüht.

5. Verkaufsförderung ist ein Instrument der Marketingkommunikation, welches auf die Auslösung eines Kaufimpulses durch kurzfristige Bereitstellung eines Zusatznutzens ausgelegt ist. Es wird in gewisser Weise ein psychologischer Druck erzeugt, indem dem Kunden nicht nur erläutert wird, warum er ein Produkt kaufen soll (Werbung), sondern ihm vermittelt wird, dass der bei einem Sofortkauf zu realisierende zusätzliche Nutzen in absehbarer Zeit wegfällt. Verkaufsförderungsinstrumente können höchst unterschiedlich sein und auf drei Ebenen eingesetzt werden: **Gegenüber dem Kaufinteressenten**, **gegenüber dem Handel** und **gegenüber dem eigenen Außendienst**.

Soll der **Endverbraucher** zu einem Kauf bewegt werden, kann dies mittels Sonderpreisen, Aktionspackungen (etwa „+ 10% gratis“), Gewinnspielen, Rabattgutscheinen oder durch Zugaben (z. B. ein Whiskyglas für den Käufer einer Flasche Whisky) geschehen. Der Käufer realisiert hier eine „einmalige“ Gelegenheit für einen zusätzlichen Nutzen, sofern er sofort kauft.

Auch der **Handel** kann mit Verkaufsförderungsmaßnahmen motiviert werden, das Produkt aktiv zu verkaufen, etwa durch Sonderplatzierungen oder aktive Maßnahmen des eigenen Personals. Als Belohnung kommen hier Sonderpreise, Gratiswarenlieferungen (Naturalrabatte), aktionsbezogene Rabatte oder Treueprogramme in Frage. Kann der Handel dazu motiviert werden, durch eigene Mitarbeiter das Produkt des Unternehmens aktiv zu verkaufen, so kann das aufgrund der Multiplikatorwirkung unter Umständen sehr effektiv sein.

Für den eigenen **Außendienst** können ebenfalls Stimuli geboten werden, um die Verkäufe zu steigern. Über Prämien, Geschenke, Provisionen oder Auszeichnungen („Verkäufer des Monats") kann man so den Wettbewerb innerhalb der eigenen Vertriebsmannschaft anfachen. Besonders bieten sich auch Koppelungen von Maßnahmen für den Handel und für den Außendienst an, da so gewissermaßen beide am Prozess Beteiligten einen Zusatznutzen realisieren können. Eine solche Koppelung könnte etwa die Auslobung einer Schiffsreise für jene Kunden und Verkäufer sein, die innerhalb eines Jahres ein bestimmtes Umsatzvolumen realisiert haben.

6. Mit einer Verkaufsförderungsaktion für den Endverbraucher kann ein Unternehmen vielfältige Ziele verfolgen: Kurzfristige Absatzerhöhung, langfristiger Ausbau des Marktanteils, Kunden zum Ausprobieren des eigenen Produktes zu motivieren oder von der Konkurrenz wegzulocken oder aber bestehende Kunden von der Weiterverwendung des Produkts zu überzeugen. Generell vorzuziehen sind Aktionen, die das Verhältnis zum Kunden auf- oder ausbauen helfen beziehungsweise die Produktpositionierung verstärken, und welche nicht nur auf eine kurzfristige Erhöhung der Verkaufszahlen hinwirken; diese hätten keine Auswirkungen auf den Markenwert oder die Beziehungen zum Kunden.

Endverbraucherorientierte Verkaufsförderungsaktionen stoßen oft jedoch an ihre Grenzen, da sie Preiskäufer oder Schnäppchenjäger anziehen, nicht jedoch treue Markenkunden der Konkurrenz. Die Gruppe der Markenwechsler ist ständig auf der Suche nach Aktionen oder Promotionen und sucht gezielt nach solchen Zusatznutzen, ohne sich an eine Marke binden zu wollen oder zu lassen. Will ein Unternehmen mit der Aktion etwa seinen Marktanteil ausbauen, würde das in diesem Fall nicht gelingen, da die durch die verkaufsfördernden Maßnahmen hervorgerufene Absatzsteigerung unmittelbar nach Ende der Aktion nicht mehr anhält. Markentreue lässt sich auf diese Weise nicht aufbauen, eher können kurzfristige Nachfragerückgänge oder vorübergehende Produktionsüberhänge kompensiert beziehungsweise potenzielle Kunden motiviert werden, neue Produkte auszuprobieren. Zudem können häufige Preisaktionen auch negative Auswirkungen für das Unternehmen haben, zum einen, weil Kunden diese Markenprodukte unter Umständen nur noch im Sonderangebot kaufen, zum anderen, weil möglicherweise das Markenimage darunter leidet.

7. Auf dem Weg zum Endkunden bedienen sich viele Unternehmen im Rahmen ihrer Distributionspolitik eines oder mehrerer Absatzmittler. Auf diese Weise stehen sie nicht in direktem Kontakt mit den Endverbrauchern ihrer Produkte, sondern mit dem Groß- und/oder Einzelhandel. Verschiedene Maßnahmen der Verkaufsförderung, von denen der Endkunde profitieren soll, können durchgeführt werden, ohne eventuelle Absatzmittler einzubeziehen. Hierzu gehören etwa Coupon-Aktionen (z. B. Ermäßigungs-Gutscheine für einen Nachkauf) oder Geld-zurück-Angebote, bei denen der Kunde einen Beleg an den Hersteller zurücksendet, um einen Teil des Preises erstattet zu bekommen. In aller Regel werden verkaufsfördernde Aktivitäten jedoch mit dem Handel abgesprochen oder diesem zumindest kommuniziert, da dieser durch erhöhte Absätze auch davon profitiert und die Attraktivität seines Verkaufspunktes steigert.

In bestimmten Fällen jedoch können Hersteller und Handel divergierende Ziele verfolgen, wobei der Handel (der für den Hersteller de facto einen Filter auf dem Weg zum Endkunden darstellt) dem Hersteller durchaus bestimmte Aktionen verwehren oder ihren Erfolg begrenzen kann. Am Beispiel eines Herstellers von Schokoladensnacks lässt sich dies illustrieren.

Der Anbieter möchte eine von breiter Werbung in der Region begleitete Verkaufsförderungsmaßnahme starten mit dem Ziel, drei neue Geschmacksvarianten bekannt zu machen. Hierfür will er in Sonderplatzierungen spezielle Displays im Handel aufstellen und die neuen Produkte anbieten, um somit die Information aus der Werbekampagne aufzugreifen und mit einer konkreten Aufforderung zum Kauf abzurunden. Akzeptiert jedoch der Handel keine Sonderplatzierungen oder will er der Marke keinen zusätzlichen Regalplatz für neue Varianten einräumen, so liefe die Aktion des Herstellers teilweise ins Leere. Gründe für die Blockade des Händlers könnten dessen Konzentration auf schnelldrehende Kernprodukte oder aber der Druck des Wettbewerbs sein, Konkurrenzprodukten keinen weiteren Platz im Regal einzuräumen. Bei diesem Händler würde der interessierte Verbraucher die neuen Produkte nicht finden. Das Risiko für den Handel liegt hierbei im möglichen Erfolg der neuen Schokosnacks bei konkurrierenden Handelsunternehmen; unser Beispielhändler wäre in diesem Fall hiervon ausgeschlossen. Für das Unternehmen ist es sinnvoll, sorgfältig Ziele, Programm und Durchführung einer Verkaufsförderungsaktion im Vorfeld mit den Absatzmittlern abzustimmen und idealerweise eine **Win-Win-Situation** zu schaffen, von der beide Seiten profitieren.

8. Angenommen, ein Hersteller von Tiernahrung hat eine neue Range hochwertiger Hundenahrung mit Zusatznutzen entwickelt und plant, diese einzuführen. Eine breit angelegte Werbekampagne in der Fachpresse soll die Zielgruppe sechs Monate lang über die neuen Produkte informieren. Zur Flankierung will der Hersteller verkaufsfördernde Maßnahmen ergreifen, die die potenziellen Käufer zum Ausprobieren und Nachkaufen des Produktes animieren sollen. Sein Ziel ist, möglichst schnell (beispielsweise nach sechs Monaten) eine ungestützte Produktbekanntheit von 10 Prozent bei der Zielgruppe Hundehalter zu erreichen und in der Hälfte der Fachhandelsgeschäfte, die seine Marke führen, mit den neuen Produkten gelistet zu sein. Hierfür plant er Verkaufsförderungsmaßnahmen auf drei Ebenen. Er will den potenziellen Käufer erreichen und überzeugen, die Absatzmittler (den Fachhandel) einbeziehen sowie seinen eigenen Außendienst mit einem speziellen Verkaufswettbewerb motivieren.

Um den Käufer zu einem Erstkauf zu bewegen, wird bereits in der Werbung neben objektiven Informationen zu der neuen Range auf ein Preisausschreiben hingewiesen. Innerhalb des Aktionszeitraumes von sechs Monaten müssen zum Beispiel drei Kaufbelege der neuen Produkte eingesandt werden, um an der Verlosung einer Reise für zwei Personen an ein beliebtes Urlaubsziel teilzunehmen. Eine von vorherigen Aktionen existierende Datenbank mit Hundehaltern wird für ein Mailing genutzt, in dem die Zielgruppe eine Broschüre mit Informationen zur Einführung der neuen Produkte sowie dem Hinweis auf das Preisausschreiben erhält. In den Fachhandelsgeschäften soll zur gleichen Zeit ein Display in einer Sonderplatzierung die Produkte in die Fläche bringen. Am Display hängt ein Dispenser mit der Informationsbroschüre, auf den Packungen findet sich ebenfalls der Hinweis auf das Preisausschreiben. Um die neuen Produkte seinen aktuellen Kunden vorzustellen, überlegt der Anbieter, auf bereits eingeführten Hundefutterverpackungen seiner Marke für die Dauer von zwölf Monaten einen Hinweis auf die neuen Sorten aufzubringen. Hierbei muss er sich jedoch des Risikos einer Kannibalisierung bewusst sein.

Für eine solche Aktion soll auch der Fachhandel gewonnen und motiviert werden. Mit Sonderrabatten versucht man, für Geschäfte mittlerer Größe drei Displays für den Aktionszeitraum in den Handel hinein zu verkaufen (sell-in, push-Effekt). Dem landesweit erfolgreichsten Fachhändler winkt eine Reise für zwei Personen, sofern er einen festgelegten Mindestumsatz realisiert hat. Durch die endverbraucherorientierten Aktionen fördert der Hersteller den sell-out (pull-Effekt) und unterstützt so den Abverkauf am Point of Sale.

Neue Produkte einzuführen ist bei Verwendung von Absatzmittlern und bei knappem Regalplatz in den Geschäften auch für den Außendienst eine große Herausforderung. Nach einer vorgelagerten Produktschulung kann der Vertrieb durch einen speziellen Verkaufswettbewerb zu einer Fokussierung auf die neue Range und den Hineinverkauf in den Handel gebracht werden. Auch hier bietet der Hersteller seinen drei besten Verkäufern, die einen Mindestumsatz überschritten haben, eine Reise für zwei Personen an.

Nach Ablauf des Aktionszeitraumes und Auswahl der Gewinner wird die Aktion bewertet. Hierzu wird den entstandenen Kosten die Zielerreichung gegenüber gestellt. Wie hoch ist die Produktbekanntheit bei der Zielgruppe nach Ablauf der Aktion? In wie vielen Geschäften ist das neue Produktprogramm gelistet? Erst jetzt lässt sich beurteilen, ob die Aktion erfolgreich war oder nicht.

9. a) Richtig.

b) Richtig.

c) Falsch: Die Größe des Außendienstes muss unter Berücksichtigung der definierten Ziele sowie der entstehenden Kosten bestimmt werden. Je größer eine Vertriebsmannschaft ist, je höher sind die Vertriebskosten, ohne dass notwendigerweise das Unternehmensergebnis in gleichem Maße steigt. Für den Erfolg sind weitere qualitative Faktoren wie Problemlösungskapazität oder Kundenbeziehung relevant.

d) Falsch: Durch die Vergütung kann und soll der Mitarbeiter motiviert und seine Aktivitäten beeinflusst werden. Wenn ein Unternehmen in seinen Zielen die Neukundenakquise definiert hat, kann beispielsweise eine Provision für jeden neuen Kunden gezahlt werden.

e) Falsch: Die Strukturierung nach geografischen Kriterien ist nur eine von mehreren Möglichkeiten. Welche die geeignetste ist, hängt unter anderem von der Komplexität des Verkaufsvorgangs, von der Branchenstruktur, der Unternehmensgröße und den Kunden ab. Denkbar ist auch eine Kombination verschiedener Kriterien.

f) Richtig.

10. a) Falsch: Verkaufsförderung kann auf den Endverbraucher gerichtet sein, ihre Instrumente können jedoch auch auf Absatzmittler oder den eigenen Außendienst abzielen.

b) Falsch: Persönlicher Verkauf ist ein Instrument der **bi**direktionalen Kommunikation mit dem Kunden. Als solches ist es zumindest in komplexen Verkaufssituationen effektiver als Werbung, da der Verkäufer auf die Bedürfnisse des Kunden gezielt eingehen kann.

c) Falsch: **Kunden- oder beziehungsorientierte Verkaufskonzepte** sind auf das Verstehen von Kundenbedürfnissen ausgelegt und sollen längerfristige Beziehungen zum Kunden entstehen lassen.

d) Richtig.

e) Falsch: Customer Relationship Management-Systeme sind ein effizientes Planungs- und Analysewerkzeug für den Außendienst und das Vertriebsmanagement. Sie helfen, Kundenprofile zu erstellen, Besuchsrhythmen zu planen, Verkaufszahlen zu analysieren und zu prognostizieren sowie Bestellungen aufzugeben oder Lagerbestände abzufragen.

18 Direktmarketing und Online-Marketing

Immer mehr Unternehmen machen sich **Direktmarketing**-Methoden zu Nutze, um potenzielle Kunden mit zielgerichteter Ansprache zu erreichen und individuelle Kundenbedürfnisse durch maßgeschneiderte Angebote zu befriedigen. Direktmarketing-Aktivitäten dienen entweder als grundlegende Marketingmethode eines Anbieters oder sind eine Ergänzung zu anderen Marketingansätzen. Im Vergleich zum klassischen Marketing kommunizieren Unternehmen mittels Direktmarketing eine individuelle Werbebotschaft an einen bewusst ausgewählten Kundenkreis. Die angesprochene Zielgruppe wird zur unmittelbaren Reaktion oder Transaktion aufgefordert und kann mit den Unternehmen in direkten Dialog treten. Dabei helfen sogenannte Responseelemente, beispielsweise ein Link in einem Mailing, eine Telefonnummer, Internet- beziehungsweise E-Mail-Adressen oder Beilagen mit Rückantwortkarten in Zeitschriften oder Zeitungen. Die gewonnenen Kundendaten werden in detaillierten Kundendatenbanken gespeichert. Diese ermöglichen wiederum den Unternehmen, Angebote und Kommunikationsmittel sehr eng an die Kundenbedürfnisse und einzelne Kaufinteressen anzupassen, um dauerhafte Beziehungen aufzubauen. Direktmarketing ist ein Element des Kommunikations-Mix, darüber hinaus beschreibt es aber auch eine Form des Direktvertriebs, das heißt eines Absatzkanals ohne Zwischenhändler.

Sowohl für den Käufer als auch den Anbieter ist Direktmarketing von Vorteil. Für den Käufer bietet es bequem und einfach einen schnellen Zugang zu einer Vielzahl an Produkten und Informationen, die entsprechend der eigenen Wünsche zusammengestellt und direkt bestellt beziehungsweise abgerufen werden können. Der Anbieter hingegen kann gezielt bestimmte Kundengruppen oder einzelne Konsumenten durch individuelle Angebote ansprechen und so die Kundenbeziehung stärken.

Die wichtigsten Arten des Direktmarketing sind neben dem persönlichen Verkauf das Direct-Mail-Marketing, Katalogmarketing, Telefonmarketing, Direct-Response-Television-Marketing, Kioskmarketing, Digitales Direktmarketing und E-Commerce.

Der Erfolg des Direktmarketing wird maßgeblich vom technologischen Fortschritt und der Verwendung von digitalen Medien beeinflusst. Durch die zentrale Bedeutung des Internet sind neue Vertriebskanäle entstanden, die traditionelle Distributionswege ergänzen oder ersetzen. Ein Unternehmen im digitalen Zeitalter zu führen erfordert deshalb neue Marketingstrategien. In diesem Zusammenhang spielen **E-Business** und **E-Commerce** eine bedeutende Rolle. E-Business beschreibt die Nutzung elektronischer Plattformen zur Geschäftsabwicklung, E-Commerce beinhaltet Kauf- und Verkaufsprozesse, die über das Internet durchgeführt werden, und damit neben E-Marketing (Verkaufsseite des E-Commerce) auch E-Purchasing (Beschaffungsseite des E-Commerce). Es lassen sich vier wesentliche Bereiche des E-Commerce unterscheiden: B-to-C (Business-to-Consumer), B-to-B (Business-to-Business), C-to-C (Consumer-to-Consumer) und C-to-B (Consumer-to-Business).

Der Aufbau einer E-Marketingstrategie kann durch verschiedene Instrumente umgesetzt werden: Erstellung und Gestaltung einer Website, Werbung und Verkaufsförderung im Internet, Aufbau und Teilnahme an Web-Communities sowie Verwendung von E-Mail und Web-Casting zu Informations- und Werbezwecken.

Gegenüber den meisten klassischen Werbeformen findet beim Einsatz von Direktmarketing-Methoden ein aktives Eindringen in die Privatsphäre einer Zielperson statt. Datenschutz kommt im Zusammenhang mit Direktmarketing daher eine bedeutende Rolle zu und ist eine Herausforderung, der sich Unternehmen stellen müssen.

Fragen und Aufgaben

1. Erläutern Sie den Begriff „Direktmarketing" und dessen Ziele.

2. Ordnen Sie die folgenden Vorteile des Direktmarketing nach Vorteilen für den Käufer und der Anbieter und erläutern Sie diese kurz.

- Kurzfristige Flexibilität in Programmen und Preisen
- Schneller Zugang zu einer Vielzahl an Produkten und Informationen
- Interaktives und zeitlich unmittelbares Einkauferlebnis
- Hohe Kundenorientierung durch den Dialog mit dem Kunden
- Schnelle und eindeutige Messbarkeit des Erfolges einer Aktion
- Flexible und ortsunabhängige Bestellung
- Hoher Wirkungsgrad durch gezielte und individuelle Kundenansprache
- Vertrauliche Abwicklung des Kaufprozesses
- Maßgeschneiderte Angebote
- Kostengünstige Möglichkeiten der Informationsverarbeitung und Vermarktung

3. Recherchieren Sie im Internet und, falls möglich, in geeigneten Datenbanken zu Unternehmen, die einen Direktmarketing-Ansatz verfolgen.

Erläutern Sie an einem Beispiel, worin der Erfolg des Direktmarketing-Ansatzes für dieses Unternehmen liegt.[1]

4. Wesentliche Voraussetzung für den Erfolg des Direktmarketing ist die Kenntnis und Erreichbarkeit der geeigneten Zielgruppe für ein Angebot. Dabei spielen Kundendatenbanken eine zentrale Rolle. Nennen Sie mögliche Zielgruppenmerkmale, die in Kundendatenbanken gespeichert sind und beschreiben Sie, wie diese Informationen für das Direktmarketing eingesetzt werden können.

5. Nennen und beschreiben Sie die wichtigsten Arten des Direktmarketing.

---

1 Siehe P. Kotler, G. Armstrong, V. Wong und J. Saunders: Grundlagen des Marketing. München: Pearson 2011, Marketing-Highlight „Ein Pionier des Direktvertriebs – Michael Dell", S. 942-944.

6. Inwiefern hat das Internet den Umgang mit Direktmarketing-Aktivitäten verändert?

7. Je nachdem, ob die Akteure im E-Commerce auf Anbieter- und Nachfrageseite Endverbraucher oder Unternehmen sind, lassen sich vier zentrale Bereiche definieren. Erklären Sie diese kurz und suchen Sie jeweils ein Beispiel.

8. Sie sind Marketingverantwortlicher eines großen Telekommunikationsanbieters. Wie setzen Sie eine E-Marketingstrategie für ein neues Smartphone zielführend um? Welche Instrumente können Sie wirkungsvoll einsetzen?

9. Was versteht man unter einer integrierten Direktmarketing-Maßnahme?

10. Zeigen Sie rechtliche und ethische Aspekte auf, die im Zusammenhang mit der Durchführung von Direktmarketing relevant sind.

Lösungshinweise

1. Direktmarketing bezeichnet innerhalb des Kommunikations-Mix jene Maßnahmen, die individuelle Werbebotschaften mittels gezielter Einzelansprache an einen ausgewählten Personenkreis richten. Sie enthalten die Aufforderung zur unmittelbaren Reaktion oder Transaktion des (potenziellen) Kunden, die an jedem beliebigen Ort stattfinden kann.

Ferner ist Direktmarketing darauf ausgerichtet, Kundenbedürfnisse durch maßgeschneiderte Angebote zu befriedigen. Dabei werden sowohl der persönliche Kontakt als auch klassische und neue Medien genutzt. Neben der Schaffung von Markenbekanntheit und dem Aufbau eines Markenimage stehen vor allem die schnelle, unmittelbare und messbare Kundenreaktion und die dadurch gewonnenen Kundendaten im Vordergrund. Das Direktmarketing zählt zu der am schnellsten wachsende Kommunikations- und Vertriebsform.

Wesentliche Ziele von Direktmarketing sind der direkte Dialog mit dem Kunden, um eine messbare Reaktion zu veranlassen, und die Übermittlung von relevanten Informationen. Darüber hinaus wird eine hohe Kundenorientierung angestrebt und in diesem Zusammenhang die Herstellung von langfristigen Kundenbeziehungen, die Verbesserung der Kundeninteraktion sowie die Neukundengewinnung. Letztendlich verfolgt Direktmarketing auch eine Steigerung der Vertriebseffizienz. Somit lässt es sich sowohl der Kommunikations- als auch der Distributionspolitik zuordnen.

2. Direktmarketing birgt sowohl für den Käufer als auch für den Anbieter viele Vorteile, aus denen das schnelle Wachstum dieses Marketing-Ansatzes resultiert.

Zu den **Vorteilen** des Direktmarketing für den **Käufer** zählen:

– Flexible und ortsunabhängige Bestellung

- Maßgeschneiderte Angebote
- Schneller Zugang zu einer Vielzahl an Produkten und Informationen
- Vertrauliche Abwicklung des Kaufprozesses
- Interaktives und zeitlich unmittelbares Einkaufserlebnis

Dem Kunden verschafft Direktmarketing also in vielerlei Hinsicht Vorteile: Er kann **flexibel** und **ortsunabhängig** agieren. Der Kunde kann bequem zu Hause, bei der Arbeit oder von unterwegs zu jeder Zeit Online-Versandhäuser im Internet besuchen, Versandkataloge durchschauen oder Home-Shopping-Kanäle ansehen. Er erhält einen schnellen Zugang zu einer **Vielzahl an Produkten** und Auswahlmöglichleiten: Internet-Anbieter wie Amazon verfügen beispielsweise über ein nahezu unbegrenztes Angebot, verglichen mit dem Sortiment eines herkömmlichen Buch- oder CD-Händlers. Neben einer breiteren Auswahl an Produkten bietet das Internet den Vorteil, auch Informationen über Konkurrenzunternehmen und -produkte zu bekommen, sodass die Angebote leichter miteinander vergleichbar sind.

Das Einkaufen wird erleichtert und erfolgt **vertraulich**. Der persönliche Kontakt zu einem Verkäufer im Laden verfällt, der Käufer kann sich über die für ihn **zugeschnittenen Angebote** informieren, ohne sich möglicherweise überreden zu lassen oder emotionalen Verkaufstricks unterlegen zu sein.

Letztendlich gestaltet sich Direktmarketing **interaktiv** und stellt ein **zeitlich unmittelbares** Erlebnis dar. Kunden können auf den meisten Websites die Produkte und Dienstleistungen ihren Wünschen entsprechend zusammenstellen und diese dann direkt bestellen. Zudem bieten das Internet und andere Direktmarketing-Arten dem Käufer die Möglichkeit, sich im Vorfeld eines Kaufs gezielt über ein Produkt zu informieren, auch wenn der Kauf selbst in einem herkömmlichen Geschäft stattfindet.

Auch für den **Anbieter** eröffnet Direktmarketing einige **Vorteile**:

- Hoher Wirkungsgrad durch gezielte und individuelle Kundenansprache
- Hohe Kundenorientierung durch den Dialog mit dem Kunden
- Schnelle und eindeutige Messbarkeit des Erfolges einer Aktion
- Kurzfristige Flexibilität in Programmen und Preisen
- Kostengünstige Möglichkeiten der Informationsverarbeitung und Vermarktung

Direktmarketing-Maßnahmen haben einen hohen Wirkungsgrad durch eine **gezielte und individuelle Ansprache**. Dies gelingt durch die Nutzung von Kundendatenbanken, mit denen maßgeschneiderte Angebote generiert und speziell auf den Kunden zugeschnittene Kommunikationsmaßnahmen eingesetzt werden können. Eine **hohe Kundenorientierung** ist so möglich. Der Kunde wird durch den **direkten Dialog** eingebunden. Diese Interaktion eröffnet die Möglichkeit der schnellen und eindeutigen **Messbarkeit des Erfolges** einer Aktion.

Darüber hinaus ist Direktmarketing sehr **flexibel**, Marketingverantwortliche können Preise und Programme kurzfristig anpassen und sofort wirksame, zeitlich limitierte Angebote unterbreiten. Direktmarketing stellt für Unternehmen eine **kostengünstige, schnelle und effiziente Möglichkeit der Vermarktung** dar. Maßnahmen wie Telemarketing, Direktwerbung per Post oder Websites verursachen geringe Kosten pro Kontakt und erweisen sich oftmals als effizientes Mittel, um bestehende Kunden und potenzielle Neukunden zu erreichen. Daher hat auch im Bereich des B-to-B-Marketing der Anteil an Direktmarketing stark zugenommen, was teilweise an den stetig steigenden Kosten für einen Außendienst liegt. Ein persönlicher Besuch verursacht hohe Kosten und sollte nur dann durchgeführt werden, wenn es unbedingt nötig ist oder es sich um einen sehr wichtigen Kunden oder aussichtsreichen Neukunden handelt.

3. Im Beispiel von Dell liegt der **Erfolg des Direktmarketing-Ansatzes** in folgenden Faktoren begründet:

- Vielfältige Produktinformationen
- Große Produktauswahl
- Niedrige Preise
- Schnelle Lieferung
- Ausgezeichneter Kundendienst
- Hohe Produktzuverlässigkeit
- Produktvorkonfiguration (mit kundeneigener Software sowie Kundendaten)
- Flexibler Umgang mit individuellen Wünschen
- Hohe Vertriebseffizienz

Um die **Effizienz seines Direktvertriebs** zu steigern, arbeitet Dell nach der Devise „Zeit ist Geld". Daher setzt das Unternehmen konsequent auf eine Just-in-time-Produktion durch ein effizientes Beschaffungs- und Zulieferungsmanagement. Computer werden erst bei Vorlage einer konkreten Bestellung zusammengestellt. Darüber hinaus ist kein Zwischenhändler an der Gewinnmarge beteiligt. Ein betriebsinternes System erleichtert die Auftragsabwicklung und eliminiert unnötige Arbeitsschritte. Durch die Nutzung von Internet und E-Commerce zur Bestellannahme verbessert Dell den Zugang zu potenziellen Kunden und somit seinen Direktvertrieb.

4. In Kundendatenbanken werden viele unterschiedliche Daten erfasst. Diese können demografische und geografische Merkmale (Geschlecht, Alter, Adressdaten, etc.), psychografische Merkmale (Einstellungen, Präferenzen usw.) sowie Kaufverhaltensmerkmale umfassen.

Unter **demografischen und geografischen Merkmalen** lassen sich beispielsweise folgende Daten zusammenfassen: Geschlecht, Alter, Geburtstage, Familienstand, Anschrift, Wohngebiet, Haushaltsgröße. Die traditionellen geografischen Merkmale sind für das Direktmarketing von großer Bedeutung. So lassen sich Werbeaktionen zum Beispiel regional ausrichten und in Zusammenhang mit demografischen Merkmalen wie Alter und Geschlecht zielgruppenspezifisch gestalten.

Zu **psychografischen Merkmalen** zählen zum Beispiel Beruf, Wohn- und Freizeitverhalten, Kommunikationsverhalten und Wertestruktur. Anhand dieser Merkmale lassen sich Lebensstil, Interessen und Meinungen eines Kunden analysieren. Dies unterstützt die Gestaltung von Werbeaktionen und eine zielgerichtete Ansprache.

Unter **Kaufverhaltensmerkmale** fallen unter anderem vergangene Käufe, Kaufhäufigkeit und -präferenzen, Umsätze, Anzahl an Produkten pro Kaufakt, Reaktion auf unterschiedliche Kommunikationsmedien, Zahlungsverhalten etc. Für eine gezielte Kundenansprache und Abgrenzung einzelner Personenkreise wird auf diese Merkmale zurückgegriffen. Die Analyse lässt Rückschlüsse auf die Bedeutung des Kunden und zukünftiges Verhalten ziehen.

Der Einsatz von Kundendatenbanken spielt eine zentrale Rolle im Direktmarketing. Auf Basis relevanter gespeicherter Informationen über eine Zielgruppe können zielgerichtete Aktionen umgesetzt werden, die bei potenziellen Neukunden oder bestehenden Kunden Reaktionen (beispielsweise die Durchführung eines Kaufs oder die Anforderung von Informationen) hervorrufen sollen. Aufbau, Gestaltung sowie Einsatz und Pflege von Datenbanken für das Marketing, mit dem Zweck, Kunden zu kontaktieren und mit ihnen Transaktionen abzuwickeln, können unter dem Begriff „Database Marketing" zusammengefasst werden. Kundendatenbanken ermöglichen dabei die Analyse bestehender Daten, die individuelle Anpassung und Koordination von Direktmarketing-Maßnahmen auf Basis dieser analysierten Daten sowie die Speicherung und anschließende Auswertung erzielter Reaktionen nach einer Aktion, um bei weiteren Aktivitäten noch gezielter vorgehen zu können.

5. Die wichtigsten Arten des Direktmarketing sind neben dem persönlichen Verkauf das Direct-Mail-Marketing, Katalogmarketing, Telefonmarketing, Direct-Response-Television-Marketing, Kioskmarketing, Digitales Direktmarketing und E-Commerce.

Der **persönliche Verkauf** ist der zwischenmenschliche Teil der Marketing Kommunikation und umfasst den direkten Kontakt zwischen Verkäufer und Käufer beim Absatz von Produkten und Dienstleistungen. Der Außendienst interagiert mit dem Kunden beziehungsweise mit potenziellen Kunden mit dem Ziel, Waren zu verkaufen und Kundenbeziehungen herzustellen.

Direct-Mail-Marketing beinhaltet den Versand von Werbematerialien per Post an potenzielle Kunden, um Angebote zu unterbreiten, Aufmerksamkeit zu generieren oder zu erinnern. Neben dem traditionellen Zustellungsweg finden vermehrt auch andere Arten des Versands Zuspruch: per Fax, per E-Mail oder mittels Voice-Mail.

Katalogmarketing wird zunehmend vom Einzelhandel als zusätzliches Verkaufsmedium eingesetzt. Die Ansprache von potenziellen Kunden erfolgt hier durch den Versand oder den Verkauf von Katalogen. Mit steigender Verbreitung des Internet gehen immer mehr Katalogversandhäuser online und haben Online-Kataloge in ihren Marketing-Mix aufgenommen.

Durch **Telefonmarketing** findet eine regelmäßige Kontaktaufnahme beziehungsweise Kontaktpflege zwischen Unternehmen und Kunden über das Telefon statt. Diese Methode dient der Kundenpflege und Neukundengewinnung. Dabei geht bei „aktivem Telefonmarketing" die Initiative vom Verkäufer aus (Outbound), mit dem Ziel Produkte und Dienstleistungen zu bewerben. „Passives Telefonmarketing" umfasst Telefongespräche, die auf Kundeninitiative beruhen (Inbound) zum Beispiel bei Service-Anfragen oder Reklamationen. Dem Anrufenden werden meist gebührenfreie Telefonnummern zur Verfügung gestellt.

Direct-Response-Television-Marketing findet man in zwei Formen: Fernsehwerbespots (Direct-Response-Advertising) oder Fernsehwerbesendungen (Infomercials) und Homeshopping Kanäle. Bei Direct-Response-Advertising werden in Fernsehwerbespots Produkte oder Dienstleistungen präsentiert und zur Bestellung eine gebührenfreie Telefonnummer angezeigt. Bei Homeshopping-Kanälen handelt es sich um Fernsehkanäle, die im Rahmen einer Produktpräsentation Waren und Dienstleistungen zum Kauf anbieten. Ein bekanntes Beispiel ist der aus den USA stammende Kanal QVC (Quality Value Convenience), der inzwischen auch in Europa weit verbreitet ist.

Im Rahmen von **Kioskmarketing** werden interaktive Computersysteme im öffentlichen Raum, in Ladenzonen und Flughäfen aufgestellt, die Nutzern Informationen und Bestellmöglichkeiten zur Verfügung stellen. Die sogenannten „Kiosksysteme" sind überwiegend Selbstbedienungs-Terminals, über die Kunden beispielsweise Fotos bestellen, sich über Produkte informieren oder für ihren Flug oder im Hotel einchecken.

Digitales Direktmarketing beschreibt Direktmarketing-Aktivitäten unter Einsatz neuer Technologien wie Mobiltelefon, Podcasts oder interaktivem Fernsehen (iTV). Mithilfe von SMS und MMS können Anbieter ihre Kunden direkt auf dem Handy erreichen und darüber Werbetexte versenden. Über Podcasts und Vodcasts werden beispielsweise Werbefilme oder andere Informationen zum Herunterladen angeboten und mittels iTV werden Fernsehzuschauer direkt und interaktiv angesprochen. So vielversprechend diese digitalen Medien für das Direktmarketing auch sind, sie sollten umsichtig eingesetzt werden, da sie in die Privatsphäre der Kunden eindringen.

E-Commerce (elektronischer Handel) umfasst Kauf- und Verkaufsprozesse, die durch Kommunikations- und Informationstechnologien (hauptsächlich dem Internet) unterstützt werden. Auf virtuellen Plattformen werden Produkte und Dienstleistungen online angeboten sowie Informationen und Bestellmöglichkeiten bereitgestellt. E-Commerce ist Teil des E-Business, welches die Nutzung elektronischer Plattformen zur Abwicklung von Geschäftsaktivitäten eines Unternehmens beschreibt.

6. Die Zahl der Internetnutzer hat sich in den vergangenen Jahren drastisch erhöht. Immer mehr Menschen nutzen das Internet zu kommerziellen Zwecken. Das Internet hat sich als (zusätzlicher) Vertriebskanal etabliert und Marketingverantwortlichen einen völlig neuen Weg eröffnet, Kundennutzen zu schaffen und Kundenbeziehungen aufzubauen. Auch bei den Kunden sind Erwartungen an Komfort, Geschwindigkeit, Preis, Information und Service gewachsen.

Durch die zentrale Bedeutung des Internet sind neue Vertriebskanäle entstanden, die traditionelle Distributionswege ergänzen oder ersetzen. Durch E-Commerce können Anbieter ein nahezu unbegrenztes Angebot bereitstellen und dieses effektiv auf potenzielle Kunden zuzuschneiden. Letztere haben häufig die Möglichkeit, ihr eigenes „Wunschprodukt" entsprechend ihrer individuellen Wünsche zu kreieren.

Die Veränderung von Direktmarketing-Aktivitäten durch das Internet liegen auf der Hand: Transaktionen können schneller, genauer und über eine größere Zeitspanne durchgeführt werden, Informationen können jederzeit an jedem Ort eingesehen werden, die Kommunikation über das Internet kennt keine Grenzen, der Verkauf über Online-Plattformen erfolgt für den Anbieter kostengünstig und effizient.

7. Entsprechend der beteiligten Akteure lässt sich E-Commerce in vier Bereiche einteilen: Business-to-Consumer, Business-to-Business, Consumer-to-Consumer und Consumer-to-Business.

Business-to-Consumer (B-to-C)-E-Commerce beschreibt den Online-Handel zwischen einem Unternehmen und einem Privatkunden. Verbraucher, die beispielsweise Bücher, Videos oder DVDs im Internet von einem Händler kaufen, erzeugen damit Geschäft, das unter die Bezeichnung Business-to-Consumer fällt. Ein sehr bekanntes Beispiel für B-to-C-E-Commerce ist das **Online-Versandhaus Amazon**.

Im **Business-to-Business (B-to-B)-Geschäft** sind keine Endkunden involviert, es handelt sich hierbei ausschließlich um Beziehungen zwischen Unternehmen. Diese Beziehungen finden sich in zahlreichen Industriezweigen. Unternehmen nutzen B-to-B-Handelsnetzwerke, Auktionsseiten, Online-Produktkataloge, Tauschhandelsseiten und andere Online-Ressourcen, um neue Kunden zu erreichen, derzeitige Kunden effektiver zu bedienen und bessere Preise zu erzielen. Beispiel für einen elektronischen Marktplatz im B-to-B E-Commerce ist das **Online-Handelsnetzwerk Worldbid Corporation**, auf dem sich über 560.000 Unternehmen registriert haben, mit dem Ziel ihre Verkäufe zu erhöhen, ihre Einkaufskosten zu senken und Geschäftskontakte zu knüpfen.

Consumer-to-Consumer (C-to-C)-E-Commerce steht für den elektronischen Austausch zwischen Verbrauchern. Im Internet kaufen oder verkaufen sie Waren und Informationen direkt voneinander oder tauschen sich aus. Online-Auktionsseiten, Foren oder Newsgroups verschaffen Verbrauchern Zugang zu einem viel größeren Publikum als der örtliche Flohmarkt oder Zeitungskleinanzeigen und dienen dem Meinungsaustausch und Warentausch. Dazu gehört auch die **Online-Auktionsplattform eBay**.

Consumer-to-Business (C-to-B)-E-Commerce umfasst die Beziehung zwischen Konsumenten und Unternehmen, wobei die Initiative des Austauschs hier vom Konsumenten ausgeht. Es gibt eine Fülle an C-to-B-Websites, auf denen Konsumenten an Unternehmen Fragen stellen, Vorschläge machen und Beschwerden oder Komplimente äußern. Ein bekanntes Beispiel ist die Website *www.planet-feedback.com.*

8. Für den Aufbau einer wirkungsvollen E-Marketingstrategie können insbesondere die folgenden vier Instrumente zielführend eingesetzt werden: die Erstellung und Gestaltung eines Internetauftritts, Werbung und Verkaufsförderung im Internet, die Teilnahme an Web-Communities und Social Media-Plattformen sowie die Nutzung von Newslettern und Web-Castings.

Die Erstellung und Gestaltung einer **Marketingwebsite** dient dazu, die Aufmerksamkeit und das Interesse des Konsumenten für das neue Smartphone zu wecken. Sie soll möglichst viele potenzielle und bereits bestehende Kunden anziehen und diese dazu veranlassen, eine Online-Bestellung abzuschließen. Bei einer Marketingwebsite geht die Kommunikation und Interaktion vom Anbieter aus und beinhaltet neben Produktinformationen häufig auch interaktive Features sowie Coupons oder Gewinnspiele. Sie soll Besucher und Kunden zu einem wiederkehrenden Besuch veranlassen. Die Marketingwebsite kann in die bereits bestehende **Unternehmenswebsite** eingebettet werden, die dazu dient, Informationen zum Unternehmen, zu den Produkten und angebotenen Diensten zu liefern sowie Kundenfragen zu beantworten und eine Kundenbindung aufzubauen. Dabei ist ein benutzerfreundliches Portal mit umfangreichen Service- und Interaktionsfunktionen (Hotline- & Chat Möglichkeit) wichtig, um ein hochwertiges Einkaufserlebnis bei der Zielgruppe zu erlangen.

Um neue Besucher auf Websites zu ziehen und wiederholte Besuche attraktiv zu gestalten, gilt es, die **sieben Cs eines erfolgreichen Webdesigns** zu berücksichtigen: Context, Content, Community, Customisation, Communication, Connection und Commerce.

Von der Website aus wird idealerweise auf alle populären **Web-Communities** gelinkt, wie beispielsweise Facebook, Twitter und YouTube. Internetforen und Blogs haben in den letzten Jahren deutlich zugenommen und sind für eine erfolgreiche Online-Vermarktung nicht mehr wegzudenken. Sie sind für Anbieter besonders attraktiv, da sie eine transparente und homogene, internetaffine Zielgruppe mit ähnlichen Interessen und klar definierten soziodemografischen Merkmalen bilden. Für Ihr neues Smartphone bauen Sie idealerweise in jeder Community eine eigene Fan-Seite auf. Diese kann neben Produktinformationen auch Imagekampagnen, Produkt- sowie Musikvideos, Hinweise zu spannenden Apps, Gewinnspiele und Supportmöglichkeiten enthalten. Die Fanseite bietet die Möglichkeit, mit den Kunden direkt zu interagieren und auf Postings beziehungsweise Fragen zu dem Produkt zu reagieren.

Eine gezielte Platzierung von **Werbung im Internet** bietet eine gute Möglichkeit, Konsumenten auf die Website und die Facebook-, Twitter- oder YouTube-Fanseiten aufmerksam zu machen und sie zu einem Besuch zu veranlassen. Beispiel hierfür sind Bannerwerbung oder Pop-Up-Werbefenster, „Rich Media"-Anzeigen, in die Animationen, Videos, Ton und Interaktivität integriert werden, oder suchbezogene Anzeigen, die neben den Ergebnissen einer Suchmaschine wie etwa Google, Microsofts MSN und Yahoo zu finden sind.

In **E-Mail-Newslettern** kann man Kunden oder potenzielle Kunden über das neue Smartphone informieren. Mit animierten, interaktiven und personalisierten E-Mails, die durch kleine Video- und Audioclips ergänzt werden, lässt sich bei der Zielgruppe hohe Aufmerksamkeit erzielen. Der Vorteil von E-Mail-Kommunikation liegt auf der Hand: E-Mailen ist nicht nur sehr kostengünstig, es ist aufgrund der direkten Ansprache des Empfängers auch sehr effektiv.

9. Integriertes Direktmarketing umschreibt einen Kommunikations-Ansatz, der unterschiedliche Instrumente und eine mehrstufige Kampagne umfasst und in den Marketing- und Kommunikations-Mix eines Unternehmens integriert ist. Ziel ist es, potenzielle Kunden wiederholt und in den verschiedenen Verkaufsphasen einheitlich anzusprechen.

Ein möglicher Ablauf einer multimedialen, mehrstufigen Direktmarketing-Kampagne könnte wie folgt aussehen:

- **Erstellung einer Anzeigenkampagne** in Kombination mit einer Internetadresse, die dem Zweck dient, Aufmerksamkeit für das Produkt zu schaffen und zur weiteren Informationssuche anzuregen
- **Versand einer persönlich adressierten Briefsendung** an alle Kunden, die auf der Website nach weiterführendem Informationsmaterial gesucht haben
- **Durchführung eines Telefonanrufs** beim potenziellen Kunden, der einige Tage nach dem Postversand stattfindet, mit dem Angebot eines persönlichen Gesprächs oder der Annahme einer konkreten Bestellung
- **Persönliches Informations- oder Verkaufsgespräch**, in dem der Kunde individuell und im Detail über das Produkt beraten wird

10. Direktmarketing bietet zahlreiche Vorteile sowohl für Käufer als auch für Anbieter. Verbraucher profitieren von auf ihre Bedürfnisse und Interessen zugeschnittenen Angeboten, im Gegenzug dazu geben sie häufig ihre privaten Daten preis. Nicht immer erfolgt der Umgang mit diesen Daten sorgfältig und rechtmäßig. Datenmissbrauch stellt mittlerweile ein großes und schwer zu vermeidendes Problem dar. Zudem gibt es einige Adressdatenanbieter, die sich ihre Datenbanken teuer bezahlen lassen und diese für (aggressive) Marketingaktionen zur Verfügung stellen.

Um das Vertrauen der Kunden in Direktmarketing-Aktivitäten aufzubauen, haben Unternehmensverbände, die selbst auch Datenbankmarketing betreiben, Regeln zur Wahrung der Privatsphäre aufgestellt. Diesen Bestimmungen zufolge müssen sich Unternehmen, die Mitglied des Verbandes sind, an eine Reihe sorgfältig ausgearbeiteter Regeln zum Verbraucherschutz halten, wie beispielsweise Kunden zu benachrichtigen, wenn persönliche Daten ausgetauscht oder verkauft werden. Kunden dürfen selbst entscheiden, ob ihre Daten an andere Unternehmen weitergegeben werden oder ob sie keine weitere Kontaktaufnahme wünschen. Weiterhin wird garantiert, dass die Unternehmen jederzeit die Kundendaten aus der

Datenbank löschen, wenn der Kunde den Wunsch äußert, keine weiteren Angebote bekommen zu wollen.

Im Bundesdatenschutzgesetz (BDSG) ist darüber hinaus festgehalten, dass die Erhebung und Speicherung von personenbezogenen Daten nur dann zulässig ist, wenn das Gesetz dies ausdrücklich erlaubt, oder der Kunde eingewilligt hat.

Neben dem Problem des Datenschutzes sind Verbraucher auch unfairen Marketingmethoden und Täuschung ausgesetzt. Verwerflich sind beispielsweise Werbematerialien, die die Absicht haben, den Käufer irrezuführen oder Umfragen, die vor dem Hintergrund des Erlangens verkaufsrelevanter Informationen durchgeführt werden. Auch exzessives Direktmarketing verärgert den Verbraucher, wie beispielsweise Telefonmarketing, bei denen die Anrufe während der Essenszeiten oder spät am Abend eingehen.

19 Distribution und Logistik

Der Erfolg von Unternehmen hängt nicht nur von der eigenen Leistung, sondern auch von der Performance des gesamten Distributionskanals ab. Ein Unternehmen kann noch so gute Produkte fertigen – wenn diese nicht zu vertretbaren Kosten zum richtigen Zeitpunkt in der richtigen Menge die richtigen Verbraucher erreichen, wird es nicht nachhaltig erfolgreich sein. Entscheidungen über Distributionskanäle und die Vertriebsabwicklung gehören somit zu den wichtigsten Elementen des Marketing-Mix. Auch durch die Entwicklung der Informations- und Kommunikationstechnologien können sich Unternehmen heute über besonders kundenfreundliche und/oder kostengünstige Vertriebskonzepte und -kanäle vom Wettbewerb differenzieren.

Ein Hersteller muss folglich nicht nur zum Kunden, sondern auch zu wichtigen Lieferanten und Wiederverkäufern in der Versorgungskette beziehungsweise **Supply Chain** dauerhafte und wertstiftende Beziehungen aufbauen. Durch die Einschaltung von Händlern werden zunächst Effizienzgewinne realisiert, da ein Hersteller nur mit einem oder wenigen Händlern Geschäfte machen muss, anstatt die Vielzahl an Kunden individuell anzusprechen beziehungsweise zu bedienen. Darüber hinaus übernimmt der **Handel** vielfältige **Funktionen**, wie Information, Kontaktanbahnung, Angebotserstellung, Konditionenverhandlung sowie Finanzierung, physische Verteilung und Risikoübernahme. Diese Aufgaben können über eine (z. B. beim Direktvertrieb) oder mehrere Stufen (z. B. bei Einschaltung von Groß- und Einzelhandel) erfüllt werden. Heute werden Distributionskanäle häufig als vertikale oder horizontale Marketingsysteme ausgestaltet, um durch enge Kooperationen, klare Machtverhältnisse und Kompetenzen Synergien und Kostenersparnisse zu erzielen. Ein verbreitetes vertikales Marketingsystem ist zum Beispiel das Franchising. Aufgrund der komplexen Beziehungen und gegenseitigen Abhängigkeiten kann es natürlich auch zu Konflikten zwischen den Akteuren kommen, für die klare Lösungsmechanismen existieren sollten.

Bei der Konzeption eines Distributionssystems sind folgende Aufgaben zu erfüllen:

- Prüfung der Bedürfnisse und Erwartungen der Kunden bezüglich der Verfügbarkeit des Angebots sowie der zugehörigen Nebenleistungen
- Definition der Zielvorgaben für das Distributionssystem, zum Beispiel Kosteneffizienz
- Bestimmung der Alternativen, zum Beispiel exklusive, selektive oder intensive Distribution und Auswahl der Handelspartner auf Groß- und/oder Einzelhandelsstufe
- Bewertung der Alternativen, zum Beispiel nach Wirtschaftlichkeit, Kontrollmöglichkeiten und Flexibilität des Systems

International tätige Unternehmen sind beim Aufbau der Distributionskanäle mit einem noch komplexeren Umfeld konfrontiert, da jedes Land eine besondere Struktur von Distributionskanälen aufweist. Ob international oder national – nach der Konzeptionsphase muss in der Phase der Implementierung beziehungsweise des Management des Distributionssystems die Auswahl und die Motivation der Mitglieder sowie deren Überprüfung und Leistungsbeurteilung erfolgen. Zudem sollte ein funktionierendes Supply Chain-Management aufgebaut werden, das den Fluss von Materialien, fertigen Produkten oder Informationen zwischen Lieferanten, dem Unternehmen, Wiederverkäufern und Endkunden steuert. Nicht zuletzt gilt es, die Kanäle und deren Management so flexibel zu gestalten, dass aktuellen Entwicklungen und Trends schnell begegnet werden kann.

Fragen und Aufgaben

1. Was versteht man unter der Supply Chain und welche Vorteile ergeben sich durch moderne Informations- und Kommunikationstechnologien?

2. Bitte erläutern Sie die Funktionen von Distributionskanälen am Beispiel eines Weinhändlers. Zeigen Sie einleitend, wie durch die Einschaltung des Handelsintermediärs die Anzahl der Transaktionen beziehungsweise der Geschäftsverbindungen reduziert werden kann (Annahme: 100 Winzer/Weinerzeuger, 1 Händler, 1.500 Kunden).

3. Welche der folgenden Aussagen ist zutreffend?

a) Die Distribution sollte reibungslos und effizient erfolgen, aber wirklich differenzieren können sich Unternehmen über ihre Distributionskanäle nicht.

b) Aufgrund der Relevanz persönlicher Kontakte setzen Hersteller von Industriegütern ausschließlich auf den Direktvertrieb.

c) Vertikale Marketingsysteme sind durch gegenseitige Abhängigkeiten der Mitglieder, gemeinsame Ziele sowie durch klare Machtverhältnisse, Kompetenzen und Konfliktlösungsmechanismen geprägt.

d) Bei horizontalen Marketingsystemen kooperieren Lieferanten und Hersteller, um gemeinsam Skaleneffekte und Synergien zu erzielen und ihre Verhandlungsposition gegenüber Dritten zu verbessern.

4. Ordnen Sie bitte Franchising-Systeme in die Typologie der wichtigsten vertikalen Marketingsysteme ein. Welche Formen des Franchising gibt es und welche Vor- und Nachteile existieren aus Sicht von Franchise-Nehmer und -Geber?

5. Multikanal-Marketingsysteme bestehen aus mehreren Distributionskanälen. Richtig oder falsch?

6. Seit einigen Jahren sind Online-Shopping-Clubs wie Bestsecret oder Vente-Privee sehr erfolgreich. Diese Clubs bieten ihren Mitgliedern hochwertige Markenartikel zu stark reduzierten Preisen. Meistens sind die Artikel in begrenzten Mengen und in zeitlich begrenzten Aktionszeiträumen verfügbar. Je nach Anbieter kann die Lieferung sofort oder erst nach mehreren Wochen nach Bestellung erfolgen. Um Mitglied zu werden, muss man in der Regel durch ein anderes Mitglied eingeladen beziehungsweise geworben werden. Welche Kundenbedürfnisse möchten die Hersteller durch Nutzung dieses Online-Kanals aus Ihrer Sicht ansprechen? Welche Ziele stehen dahinter und welche Risiken könnten entstehen?

7. Sie sind Praktikant in dem jungen Unternehmen SmartDesign, das hochwertiges und handgefertigtes Textil- und Leder-Zubehör für Smartphones und Tablets (z. B. Taschen und Cases) herstellt. Bisher hat das Unternehmen im Endkundensegment nur einen eigenen Online-Vertrieb. Sie sollen nun Vorschläge über weitere Kanäle machen, um eine größere Marktabdeckung zu erreichen. Welche Möglichkeiten würden Sie empfehlen? Sehen Sie auch Potenzial im Großhandelsbereich?

8. Erklären Sie kurz den Begriff „Logistik" sowie deren drei zentrale Funktionen.

9. Geben Sie anhand eines Beispiels einen Überblick über Trends im Einzelhandel.

Lösungshinweise

1. Die Supply Chain bezeichnet die komplette **Versorgungskette** vom Lieferanten über den Hersteller und die Intermediäre bis hin zum Endkunden, das heißt sie beinhaltet nicht nur Produktionsaufgaben, sondern alle vor- und nachgelagerten Prozesse der Er- und Bereitstellung der Leistung. Einige Experten bevorzugen auch den Begriff der **Nachfragekette**, da dieser die marktorientierte Perspektive besser widerspiegelt. Aus dieser Perspektive sind die Bedürfnisse der Zielkunden der Ausgangspunkt, auf die Unternehmen ihre Ressourcen und Aktivitäten ausrichten, um schließlich profitable Kundenbeziehungen aufzubauen. Doch auch diese Sichtweise greift möglicherweise zu kurz, da eine lineare, schrittweise Abfolge von Einkauf, Produktion und Konsum in vielen Fällen nicht (mehr) der Realität entspricht. Häufig existieren auf jeder Stufe mehrere Akteure, die in komplexen wechselseitigen Beziehungen zueinander stehen. Dieses Beziehungsgeflecht wird als **Wertschöpfungsnetzwerk** bezeichnet.

Marketingverantwortliche haben sich traditionell auf die späteren Phasen nach der Produktion, also die Absatzsysteme, konzentriert. Diese haben in den letzten zwei Jahrzehnten erheblich von den Entwicklungen der Informations- und Kommunikationstechnologien profitiert. Man kann sagen, dass die modernen Distributionssysteme sowohl besser auf die **Kundenbedürfnisse** ausgerichtet und näher am Kunden als auch **schneller** und **kostengünstiger** sind. Zudem gelten die **größere Flexibilität**, die häufige Unabhängigkeit von Mindestmengen für eine effiziente Produktion und die **internationale Reichweite** als wesentliche Verbesserungen. Dies hat auch zu **höheren Gewinnspannen** und attraktiveren Konditionen für Intermediäre wie Großhändler oder Franchise-Nehmer geführt. Heute können Intermediäre durch vielfältige Leistungen und Services erheblich zur Wertschöpfung und zur Differenzierung gegenüber dem Wettbewerb beitragen.

2. Ein Distributionskanal wird als die Gesamtheit der Organisationen, die ein Produkt zwischen der Abgabe aus dem Produktionsprozess bis hin zum Kunden durchläuft, verstanden. Am Beispiel des Weinhändlers lässt sich leicht zeigen, wie sich durch die Einschaltung eines Intermediärs Effizienzgewinne realisieren lassen. Bei 100 Erzeugern und 1.500 Kunden wären insgesamt 150.000 Beziehungen notwendig (100 Hersteller * 1.500 Kunden = 150.000 Direktbeziehungen), sofern alle Erzeuger mit allen Kunden in Kontakt treten würden oder umgekehrt. Durch Einschaltung des Weinhändlers, der das Sortiment zusammenstellt und seinen Kunden anbietet, reduziert sich die Anzahl auf 1.600 Beziehungen (100 Hersteller + 1.500 Kunden = 1.600 Direktbeziehungen).

Durch die Aktivitäten des Händlers können die Verbraucher zwischen viel mehr unterschiedlichen Weinen und Anbietern auswählen, als wenn sie selbst auf jedes Weingut fahren müssten. Der Weinerzeuger ist hingegen in der Lage, an den Händler größere Stückzahlen als an den Einzelkunden zu verkaufen, das heißt die Anzahl der Transaktionen für eine gegebene Menge sinkt erheblich. Zudem kann er sich viel besser auf seine eigentlichen Aufgaben, also insbesondere die Produktion guter Weine, konzentrieren.

Die Aufgabe eines Distributionskanals ist es also, eine durchgehende und gut funktionierende Verbindung zwischen dem Produzenten und dem Verbraucher bereitzustellen. Die Mitglieder eines Distributionskanals sollen dabei folgende **zentrale Funktionen** ausüben:

- **Information:** Innerhalb der Distributionskanäle übernehmen die Mitglieder die Suche, Zusammenstellung und Verteilung der relevanten Informationen. Der Weinhändler hat beispielsweise die Aufgabe, sich über aktuelle Prämierungen, aufstrebende Weinregionen und Erzeuger zu informieren und seine Erkenntnisse an die Kunden weiterzugeben.
- **Kommunikation und Kontaktanbahnung:** Die Konzeption und Durchführung von Kommunikationsaktivitäten gegenüber der Zielgruppe sind ebenfalls zentrale Aufgabe des Distributionskanals. Der Weinhändler sollte also zunächst potenzielle Käufer identifizieren und anschließend mit maßgeschneiderter Kommunikation adressieren. Hat der Weinhändler ein Ladenlokal, kann er beispielsweise Interessenten aus der Stadt mit einem hochwertigen Mailing zu einer Weinprobe einladen.
- **Abstimmung und Anpassung des Angebots:** Die Mitglieder eines Distributionskanals beteiligen sich ferner daran, das Angebot auf die Bedürfnisse der

Käufer abzustimmen, zum Beispiel durch bedarfsgerechte Packungsgrößen und die Sortimentsbildung. Letztere ist aufgrund der Angebotsvielfalt mit Sicherheit eine der Schlüsselfunktionen des Handels in der Weinbranche. Der Weinhändler hat die Aufgabe, aus den etablierten und aufstrebenden Weinregionen Europas die besten Weine für unterschiedliche Anlässe und Preise herauszusuchen und daraus ein vielseitiges Sortiment zusammenzustellen.

- **Konditionen:** Preisverhandlungen sind wesentlicher Bestandteil der Interaktionen im Distributionskanal. Im Lebensmittel-Einzelhandel verfügt der Handel über eine so große Macht, dass er die Preissetzung – meistens mit dem Ziel von Niedrigpreisen – maßgeblich beeinflussen kann. In der Weinbranche wird der Händler – vor allem wenn er über eine gewisse Marktabdeckung verfügt – vermutlich versuchen, Rabatte für die Abnahme größerer Mengen zu erhalten. Eine andere Möglichkeit sind Aktionsangebote, zum Beispiel Kennenlernpreise für einige oder alle Weine eines Erzeugers, einer Rebe oder einer Region.
- **Physische Verteilung:** Die Intermediäre stellen Kapazitäten für die Beschaffung, die Zwischenlagerung und die Verteilung an die Kunden bereit. Der Weinhändler wird vermutlich selbst häufig zu Winzern reisen, um die aktuellen Jahrgänge zu verkosten. Nach dem Kauf wird er die Weinkisten in seinen eigenen Räumlichkeiten lagern, bevor er sie an den Kunden weiterverkauft und gegebenenfalls versendet.
- **Finanzierung:** Hiermit ist vor allem die Vorfinanzierung durch den Handel gemeint, indem dieser dem Hersteller die Waren bezahlt, bevor er selbst Zahlungen durch die Endkunden erhält. Nehmen wir an, der Weinhändler kauft und bezahlt bei einem Händler 1.000 Flaschen, so tritt er quasi in Vorleistung bis er alle oder den Großteil der Flaschen weiterverkauft hat.
- **Risikoübernahme:** Die Mitglieder eines Distributionskanals verantworten auch Risiken auf dem Weg vom Produzent zum Abnehmer. Dazu gehören Risiken des Transports, der Präsentation (Diebstahl, Beschädigungen) oder der Veralterung. Hat der Weinhändler auch Sekt im Sortiment, muss er darauf achten, dass dieser zeitnah nach Erwerb weiterverkauft wird, da er häufig nur ein bis zwei Jahre gelagert werden kann. Zudem kann er auch Transportrisiken übernehmen, falls Flaschen auf dem Weg in den Handel zu Bruch gehen.

3. a) Falsch: Der Erfolg eines Unternehmens kann ganz erheblich vom Distributionssystem abhängen. Die Distributionsmodelle von Amazon, Dell oder Apple hatten zum Beispiel einen maßgeblichen Anteil daran, dass die Unternehmen mit ihren Geschäftsmodellen ganze Branchen umgekrempelt haben. Auch die Deutsche Post hat durch Einführung der DHL Packstation einen entscheidenden Vorteil gegenüber ihren Wettbewerbern erzielen können. Fehlentscheidungen im Rahmen der Distribution können umgekehrt gravierende Folgen haben, da sie aufgrund bestehender Verträge, Infrastruktur und Systeme in der Regel nur mittel- bis langfristig revidierbar sind. Daher sind Entscheidungen über die Distributionskanäle durchaus von strategischer Relevanz und können maßgeblich zur Differenzierung beitragen.

b) Falsch: Auch im Industriegütermarkt existieren Kanäle mit unterschiedlicher Anzahl an Handelsstufen. Unter einer Handelsstufe versteht man dabei alle Intermediäre einer Ebene, die dazu beitragen, das Produkt und die Eigentumsverhältnisse daran näher an den Verbraucher zu bringen. Es ist zwar korrekt, dass persönliche Kontakte zwischen Hersteller und Kunde im B2B-Bereich sehr wichtig sind, dennoch setzen viele Hersteller von Industriegütern – zum Beispiel aus Effizienzgründen – Intermediäre wie spezialisierte Industriegroßhändler ein.

c) Richtig.

d) Falsch: Bei horizontalen Marketingsystemen kooperieren Unternehmen der gleichen Stufe und nicht unterschiedlicher Stufen miteinander, um Marktchancen gemeinsam zu nutzen. Durch das Zusammenbringen ihres Kapitals, ihrer Produktionskapazitäten und/oder ihrer Marketingressourcen können sie in vielen Fällen Synergien erzielen. Ein Beispiel von horizontalen Marketingsystemen sind Shop-in-Shop-Konzepte wie im Falle von eigenen „Tchibo-Ecken" im Lebensmitteleinzelhandel.

4. Insgesamt lassen sich drei Grundtypen von vertikalen Marketingsystemen (VMS) unterscheiden:

- **Unternehmensbestimmte VMS:** Bei dieser Form des VMS werden Abstimmung, Koordination und Konfliktbewältigung durch gemeinsames Eigentum an den Unternehmen auf den verschiedenen Ebenen des Distributionskanals erreicht. Beispiele sind Tankstellen, die sich im Eigentum der jeweiligen Mineralölgesellschaft befinden, Werksniederlassungen von Automobilherstellern oder eigene Stores von großen Textilmarken wie H&M oder Zara.
- **Informelle De-facto-VMS:** In einem informellen VMS sind nicht Eigentumsverhältnisse oder Verträge für die Ausgestaltung und Steuerung der Distributionskanäle maßgeblich, sondern die Größe und Verhandlungsmacht eines oder weniger dominanter Mitglieder. Solch eine Konstellation ist häufig bei schnelldrehenden Konsumgütern anzutreffen, wo mächtige Konzerne wie Procter & Gamble oder Nestlé aufgrund ihrer Marktmacht einen großen Einfluss auf die Platzierung ihrer Produkte im Handel haben. Umgekehrt haben aber auch Handelsunternehmen – insbesondere gegenüber etwas kleineren Anbietern – erhebliche Einflussmöglichkeiten. So kann IKEA aufgrund seiner starken Marktposition seinen Lieferanten die Produktions- und Geschäftsbedingungen weitgehend diktieren.
- **Vertragsbestimmte VMS:** Innerhalb dieser Kooperationsform schließen voneinander unabhängige Organisationen Verträge miteinander, um in unterschiedlichen Bereichen wie Produktion und Marketing gemeinsam Kostenersparnisse und mehr Einfluss auf den Absatz zu erreichen, als jeder der Partner es allein erreichen könnte. Die Steuerung der Zusammenarbeit wird durch den vertraglichen Rahmen sichergestellt. Die Zusammenschlüsse können auf ver-

schiedenen Ebenen zustande kommen, dementsprechend differenziert man zwischen von Großhändlern freiwillig initiierten Kooperationen, Einzelhandelszusammenschlüssen sowie Franchising.

Franchising ist das am häufigsten anzutreffende vertraglich geregelte VMS. In vielen Branchen wurden in den letzten Jahren erfolgreiche Franchise-Systeme eingeführt, insbesondere in der Systemgastronomie und im Dienstleistungssektor. Bekannte Beispiele sind die Restaurantketten Subway, Joey´s Pizza oder McDonald´s, die Hotelkette Accor mit den Marken Ibis, Mercure, Sofitel und Pullman, das Reisebüro Lufthansa City Center oder die Autovermietung Hertz.

Franchising liegt dann vor, wenn ein oder mehrere Unternehmen das Recht erwerben, das Produkt eines anderen Unternehmens, des Franchise-Gebers, zu vertreiben. Dabei stellt der Franchise-Geber dem Franchise-Nehmer gegen Gebühr ein funktionierendes Geschäftskonzept und eine Marke zur Verfügung, unterstützt ihn im Marketing und häufig auch in der Buchhaltung. In den meisten Fällen übernimmt der Franchise-Geber auch die Ausbildung seiner Geschäftspartner und übt relativ umfassende Kontroll- und Weisungsbefugnisse aus. Der Franchise-Geber ist also in der Regel das bestimmende Unternehmen im System. Für die Nutzung seines Geschäftskonzeptes erhält er eine Vergütung, zum Beispiel eine Einstiegsgebühr, regelmäßige Lizenzgebühren, Ausleihgebühren für die erforderliche Ausstattung und einen Umsatzanteil. Die Restaurantkette VAPIANO SE hat auf ihrer Homepage zum Beispiel folgende Konditionen veröffentlicht: eine einmalige Gebühr in Höhe von EUR 30.000 (franchise fee) und eine laufende Gebühr in Höhe von 6 Prozent vom Nettoumsatz des Restaurants für die Nutzung der VAPIANO-Marken und des VAPIANO-Systems (royalty). Zusätzlich fällt ein Werbekostenbeitrag in Höhe von 1 Prozent vom Nettoumsatz an.

Beim Franchising lassen sich nochmals drei **Grundformen** unterscheiden.

- **Herstellergeführtes Einzelhändler-Franchising:** Hier fungiert ein Einzelhändler als Franchise-Nehmer. Ein Beispiel sind die regionalen Händlerbetriebe der Automobilhersteller. Die Händler sind unabhängige Geschäftsleute, die sich zur Einhaltung bestimmter Vorgaben in Bezug auf Marketing, Vertrieb und Service verpflichten.
- **Herstellergeführtes Großhändler-Franchising:** Bei diesem Franchise-System beliefert der Hersteller den Großhandel mit Material und Ausrüstung sowie mit Fach- und Methodenwissen. Der jeweilige Großhändler soll so vor Ort das Produkt nach Maßgabe des Herstellers fertigstellen und dann an den Einzelhandel weiterverkaufen. Coca-Cola lässt beispielsweise durch die nationalen Zentralen sein Sirupkonzentrat an regionale Abfüllbetriebe liefern. Zudem werden die Betriebe bei der Planung und Einrichtung ihrer Fertigungsstraßen und Flaschenwaschanlagen unterstützt, damit das Getränk so wie vom Endverbraucher oder von der Gastronomie erwartet bezogen und konsumiert werden kann.

– **Dienstleistungs-Franchising auf Einzelhandelsstufe:** Hier vergibt ein Dienstleistungsanbieter Lizenzen an Einzelhändler für die Dienstleistungserstellung für den Kunden. Diese Form des Franchising ist in der Systemgastronomie weit verbreitet. Anbieter etablierter Konzepte und Marken stellen gegen Gebühr das eigene Fach- und Methodenwissen und die Beschaffungskanäle zur Verfügung. Häufig gibt es überregionale Werbemaßnahmen, an denen sich die Franchise-Nehmer mit einem Werbekostenzuschuss beteiligen.

Unternehmen können durch die Vergabe von Franchise-Lizenzen sehr schnell ein leistungsfähiges Distributionssystem aufbauen, ohne dieses alleine zu finanzieren. Dabei müssen sich die Franchise-Nehmer an die Vorgaben und Qualitätsstandards des Franchise-Gebers gemäß den vertraglichen Regelungen halten. Da der Franchise-Nehmer auf eigene Rechnung beziehungsweise eigenes Risiko arbeitet, ist er in der Regel sehr motiviert. Weitere **Vorteile** bestehen in der größeren Marktmacht beim Einkauf sowie in der Realisierung von Synergien durch die Einrichtung gemeinsam genutzter Zentralabteilungen (z. B. Marketing, IT). Der Franchise-Nehmer kann auf einem etablierten Geschäftskonzept und vorhandener Expertise aufbauen. Trotz der Bindung an gewisse Standards kann er – anders als ein Angestellter – unternehmerisch tätig sein, ohne das gleiche Risiko wie bei einer Neugründung eingehen zu müssen. Das Risiko wird auch durch Einkaufs- und Kostenvorteile sowie die Anbindung an bestehende Systeme reduziert.

Aus Sicht des Franchise-Nehmers ist die Vergabe von Lizenzen trotz enger Vorgaben mit einem gewissen Kontrollverlust verbunden, insbesondere was den Kontakt zum Endkunden angeht. Da die Endkunden in der Regel nicht zwischen franchisenehmenden und -gebenden Unternehmen unterscheiden können, fallen Qualitätsprobleme immer auch auf den Franchise-Geber zurück und schaden Markennamen und Reputation. Risiken und **Nachteile** ergeben sich auch durch unseriöse Franchise-Nehmer, die den Ruf des Franchise-Gebers lediglich ausnutzen möchten, beispielsweise um Aufträge erhöht abrechnen zu können. Die Fremdnutzung überlassener Geräte und Anlagen oder der Bezug und Weiterverkauf von Fremdware durch den Franchise-Nehmer sind ebenfalls relevante Risiken. Ein zentraler Nachteil für den Franchise-Nehmer ist die Abhängigkeit vom Franchise-Geber, der die Leistungsfähigkeit des Lizenznehmers durch mangelnde Unterstützung oder schlechte Produktqualität erheblich mindern kann. Falls der Franchise-Geber sich Fehler und Pannen leistet, schadet dies unmittelbar dem Ruf und dem Erfolg des ganzen Systems. Auch zu hohe Zielvorgaben und Kosten können den Franchise-Nehmer über Gebühr belasten.

5. **Die Aussage ist richtig.** Multikanal- oder hybride Marketingsysteme entstehen, wenn ein Unternehmen **zwei oder mehr Distributionskanäle** aufbaut, um ein oder mehrere Kundensegmente zu erreichen. Die Deutsche Telekom vertreibt zum Beispiel ihre Leistungen für Privatkunden über diverse Offline- und Online-Kanäle. Zu ersteren gehören die Telekom-eigenen Shops (die T-Punkte) und Handelspartner. Zudem werden die Produkte auch telefonisch oder über das Haustürgeschäft vertrieben. Nicht zuletzt können die Produkte auch online über den Online-Shop der Telekom oder Online-Vertriebspartner erworben werden. Für das B2B-Geschäft steht nochmal eine eigene Vertriebsstruktur zur Verfügung.

Durch die Vielfalt der Kanäle werden eine **breite Marktabdeckung** und die Ansprache unterschiedlicher Zielgruppen möglich. Bei Vertrieb nur über das Internet würden diejenigen Kunden ohne Internetanschluss oder ohne Online-Shopping-Affinität verloren gehen. Allerdings sind derart komplexe Systeme **schwerer zu steuern** und zu kontrollieren und **konfliktanfälliger**, wenn mehrere Kanäle um die gleichen Kunden konkurrieren und sich gegebenenfalls nicht an die vereinbarten Qualitäts- und Markenstandards halten.

6. Aus Gründen der Einfachheit beschränken wir uns an dieser Stelle auf Textilhersteller. Die meisten dieser Hersteller wie Escada, Tommy Hilfiger oder Ralph Lauren nutzen bereits diverse Distributionskanäle, von eigenen Stores über den Einzelhandel bin hin zu eigenen Online-Shops oder Shops von Vertriebspartnern.

Das wichtigste **Bedürfnis**, das durch Shopping-Clubs als weiteren Vertriebskanal angesprochen wird, ist sicherlich der Zugang zu (eigentlich hochpreisiger) Markenware zu erschwinglichen Preisen. In den Shopping Clubs sind Rabatte bis zu 80 Prozent möglich. Dementsprechend scheinen die registrierten Mitglieder auch Einschränkungen wie längere Lieferzeiten oder fehlende Umtauschmöglichkeiten in Kauf zu nehmen. Die Mitglieder akzeptieren also **weniger Serviceleistungen**, wenn sie dadurch signifikante **Preisvorteile** genießen.

Ziel der Textilhersteller ist vermutlich die **effizientere Ansprache** bestehender Zielgruppen sowie die **Erschließung neuer**, weniger kaufkräftiger **Zielgruppen**. Durch den Aktionscharakter der Verkäufe in den Clubs kann zum Beispiel Ware der Vorsaison noch an den Mann gebracht werden. Hohe Kosten, wie im stationären Handel, entfallen. Es ist anzunehmen, dass in den Online-Clubs auch Zielgruppen angesprochen werden, die sich normalerweise keine Markenware im höherpreisigen Segment leisten könnten.

Die Ziele des Herstellers werden grundsätzlich durch **Einflussgrößen** wie die Charakteristik der angebotenen Produkte und des Unternehmens, die Partner im Distributionssystem, die Konkurrenten und das Umfeld des Unternehmens beeinflusst. Bei hochwertigen Textilien wird zum Beispiel auf eine ansprechende Produktpräsentation Wert gelegt, die sich normalerweise am besten im stationären Handel umsetzen lässt. Es ist davon auszugehen, dass die Hersteller auch bei den Online-Shopping-Clubs auf eine ansprechende und professionelle Darstellung ihrer Ware achten. Weniger wichtig sollte die Übernahme von Marketingaktivitäten durch den Distributionskanal sein, da etablierte Modemarken in der Regel selbst ein sehr aufwendiges Marketing betreiben. Wichtigste Marketinginstrumente der Clubs sind das Empfehlungsmarketing sowie E-Mail-Marketing, um genug Mitglieder zu gewinnen. Daneben besteht ihre Aufgabe in erster Linie in einer reibungslosen Abwicklung von Bestellung und Lieferung zu möglichst niedrigen Kosten (z. B. durch eine geringe Lagerhaltung).

Mögliche **Risiken** bestehen zum einen in der **Abwertung der Marke** durch die hohen Rabatte. Durch den (vermeintlich) exklusiven Mitgliederkreis, der auf persönlichen Empfehlungen basiert, kann dieses Risiko aber zumindest teilweise abgefedert werden. Möglich wären auch **vertikale Konflikte** mit anderen Handelspartnern, wenn diese ihr eigenes Geschäft durch die Shopping-Clubs gefährdet sehen. Da durch die Clubs vor allem „Schnäppchen-Jäger" und weniger die angestammten Kernzielgruppen der Marken angesprochen werden, sollte sich jedoch auch dieses Risiko in Grenzen halten. Dennoch sollten die Textilmarken darauf achten, ihre etablierten und hochwertigen Distributionskanäle nicht zu vernachlässigen, um nicht den Anschein zu erwecken, ihre Ware nun überwiegend im Internet zu „verramschen".

7. Der Großhandel könnte durchaus eine Option sein, insbesondere wenn SmartDesign über unzureichende Marketing- und Vertriebsressourcen verfügt. Grundsätzlich verkauft der Großhandel Waren oder Dienstleistungen an Wiederverkäufer oder gewerbliche Verwender.

Hat Ihr Arbeitgeber tatsächlich nur wenig Vertriebserfahrung und -kapazität, bietet sich die Einschaltung eines **Handelsvertreters** an, der dauerhaft die Interessen des Herstellerunternehmens vertritt. Handelsvertreter werden in fremdem Namen tätig und berechnen in der Regel eine erfolgsabhängige Gebühr beziehungsweise Provision. Da sie sich häufig auf bestimmte Produkt- oder Kundengruppen fokussieren, können sie als Spezialisten in ihrem Bereich wertvolle Kontakte vermitteln und Abschlüsse erzielen. Der Vertreter kann sogar den gesamten Vertrieb eines Herstellers übernehmen; dann spricht man von einem **Generalvertreter**. Der häufigste Typ des Handelsvertreters ist aber der **Werksvertreter**, der oft mehrere Unternehmen vertritt, die komplementäre Produkte vertreiben. Im vorliegenden Fall könnte der Vertreter zum Beispiel weiteres Handy- oder Smartphone-Zubehör vertreiben, wie Docking-Stationen oder Ladegeräte. Im Gegensatz zum Generalvertreter haben Werksvertreter meist keinen Einfluss auf die Preissetzung.

Neben den Handelsvertretern und -maklern lassen sich im Großhandel noch zwei weitere Grundformen unterscheiden, nämlich Großhändler als **eigenständige Kaufleute** sowie Geschäftsstellen und **Niederlassungen** des Herstellers. SmartDesign könnte auch die Einschaltung eines Großhändlers prüfen, insbesondere eines Fach- und **Spezialgroßhändlers**, der sich auf die gegebene und verwandte Produktgruppen beschränkt, dort aber eine große Sortimentstiefe anbietet. Diese Großhändler bieten in der Regel umfassende Services an, von der Lagerhaltung über Transport, Finanzierung und Risikoübernahme bis hin zu Verkauf und Verkaufsförderung. Eingeschränkten Service leisten beispielsweise **Cash-and-Carry-Großhändler**, die an kleinere Wiederverkäufer (z. B. Kioske) und an Industriebetriebe verkaufen, jedoch ohne die Finanzierung oder die Lieferung zum Kunden zu übernehmen. Da sich SmartDesign auf hochwertige und dementsprechend höherpreisige Artikel spezialisiert hat, ist ein Vertrieb über einen Cash-and-Carry-Anbieter wie die Metro jedoch vermutlich keine geeignete Option. Als weitere Option käme gegebenenfalls das Engagement eines **Versandgroßhändlers** in Frage. Versandgroßhändler bieten ihr Sortiment per Katalog bei ihren Kunden an und versenden die Ware dann. Darüber hinaus übernehmen diese Großhändler in der Regel keine weiteren Dienstleistungen. Auf diesem Wege werden Produkte aller Art vertrieben – auch hochwertige wie Schmuck und Edelsteine, Kosmetik und Lebensmittelspezialitäten. Die Hauptkunden dieses Großhandelstyps sind kleinere Betriebe in Gegenden weitab von den großen Ballungsräumen.

Die Aufgaben des Großhandels können auch durch SmartDesign selbst übernommen werden, anstatt einen unabhängigen Großhändler einzusetzen. Hierzu werden separate Niederlassungen, Geschäftsstellen oder Büros für den Verkauf eingerichtet. Kunden sind dann **Einzelhandelsgeschäfte**, die letztendlich die Verbindung zwischen dem Konsumenten und dem Anbieter herstellen. Bisher betreibt SmartDesign kein Geschäft über den Einzelhandel, sondern ausschließlich den Direktverkauf über das Internet. Einzelhandelsgeschäfte lassen sich nach dem Umfang der angebotenen Dienstleistungen (Bedienprinzip), der Breite und Tiefe ihres Sortiments, dem Preisniveau und ihrem Organisationstyp unterscheiden.

Bei dem Umfang der angebotenen Dienstleistung wird zwischen der **Selbstbedienung**, einem eingeschränkten und einem umfassenden Serviceangebot unterschieden. Da SmartDesign wertvolle Materialen per Hand aufwendig verarbeitet, sollte als Minimalanforderung eine kundige Produktberatung im Einzelhandel angeboten werden, das heißt es sollte zumindest auf ein gewisses **Serviceniveau** geachtet werden.

Einzelhändler unterscheiden sich zudem nach **Breite und Tiefe. Fach- und Spezialgeschäfte** konzentrieren sich zum Beispiel auf eine oder wenige Produktgruppen, führen innerhalb dieser jedoch ein sehr tiefes Sortiment. Zu ihrer Positionierung gehören auch Serviceleistungen wie fachkundige Beratung oder Kundendienst. Die Produkte von SmartDesign wären sicherlich in einem Fachgeschäft für Smartphones und Handys oder für Taschen und Lederwaren am besten aufgehoben. Eventuell kämen auch High End-Fachmärkte, die über eine größere Warenfläche als Fachgeschäfte verfügen, und bekannte Warenhäuser wie Galeria Kaufhof oder das KaDeWe in Frage. Convenience Stores wie Kioske, Supermärkte, Verbrauchermärkte oder SB-Warenhäuser können hingegen ausgeschlossen werden.

Dies gilt ebenso für Discounter und Niedrigpreis-Geschäfte als mögliche Ausprägungsformen bzgl. des **Preisniveaus.** Für ein eigenes Factory-Outlet ist SmartDesign vermutlich noch zu klein und unbekannt. Zudem lassen sich Einzelhändler noch nach ihrer Organisationsform in Handelsketten (Filialbetriebe), freiwillige Ketten, Einkaufsgenossenschaften, Franchising sowie Einzelhandelsgruppen unterscheiden. Diese Unterscheidung ist jedoch für die vorliegende Fragestellung von untergeordneter Bedeutung und wird daher ausgeklammert.

Zusammenfassend kann festgehalten werden, dass sich SmartDesign zunächst entscheiden muss, ob es den Großhandel einschalten möchte. Falls ja, empfehlen sich die Beauftragung eines Handelsvertreters und/oder eines Fachgroßhändlers, die eher ein weniger breites, aber dafür tiefes Sortiment vertreiben. Eventuell eignet sich auch der Versandgroßhandel als Distributionskanal. Die Großhändler oder SmartDesign selbst sollten dann geeignete Fachgeschäfte und/oder bekannte Warenhäuser und High End-Fachmärkte auf der Einzelhandelsstufe aussuchen, die sich durch ein hochwertiges Sortiment in der Produktgruppe und Beratungskompetenz auszeichnen.

8. Plakativ ausgedrückt ist es zentrales Ziel der Logistik, das **richtige Produkt in der richtigen Menge zum richtigen Kunden zum richtigen Zeitpunkt** zu bringen, um Kundenzufriedenheit und damit Gewinne für das Unternehmen zu ermöglichen. Dazu ist es notwendig, eine langfristige Planung aufzusetzen, die notwendigen Strukturen und Ressourcen (z. B. Gebäude, Fahrzeuge, Personen) zu schaffen sowie Informationen und Warenfluss vom Ausgangs- zum Endpunkt zu steuern und zu dokumentieren.

Der Oberbegriff „Logistik" beinhaltet jedoch nicht nur die **Ausgangslogistik**, das heißt die Distribution ab Produktion zum Kunden, sondern auch die **Eingangs- oder Beschaffungslogistik** (Warenfluss von den Lieferanten an den Hersteller) und die **Rücknahmelogistik** (Rückfluss beschädigter, zerstörter oder überschüssiger Produkte). Logistik beziehungsweise **Supply Chain-Management** umfasst also das Management des Flusses von Materialien, fertigen Produkten oder Informationen zwischen Lieferanten, dem Unternehmen, Wiederverkäufern und Endkunden. Durch eine professionelle Logistik soll eine schnelle und kostengünstige Lieferung erreicht werden, die einen entscheidenden Wettbewerbsvorteil darstellen kann.

Zu den **Aufgaben und Funktionen der Logistik** gehören die Prognose der Absatzzahlen, die Beschaffungsfunktion, die Produktionsplanung, die Auftragsbearbeitung und das Informationsmanagement. Die **Lagerhaltung**, das Bestandsmanagement und der Transport können als Kernfunktionen genannt werden. Zum einen muss also festgelegt werden, wie viele und welche Art von Lagereinrichtungen benötigt werden und wo diese regional angesiedelt werden sollen. Insbesondere dann, wenn Produktions- und Nachfragezyklen sich stark unterscheiden, kommt der effizienten Lagerhaltung eine bedeutende Rolle zu. Logistikanbieter wie Lagerhäuser und Distributionszentren bieten dafür vielfältige Dienste wie Warenkontrollen, Packen und Versenden. Ziel des **Bestandsmanagements** ist es, den optimalen Lagerbestand sicherzustellen, der durch eine durchgängige Lieferfähigkeit bei möglichst geringen Kosten gekennzeichnet ist. Unnötig hohe Lagerbestände und damit Kosten auf der einen Seite und Lieferschwierigkeiten auf der anderen Seite sollen gleichermaßen vermieden werden. Zentrale Stellhebel sind dabei Bestellzeitpunkt und -menge. Ein besonders effizientes Bestellmanagement sollen Just-in-Time-Liefersysteme ermöglichen. Um die Waren in guter Qualität und zeitgemäß zum Kunden zu bringen, müssen zudem ein oder mehrere Transportarten und -unternehmen gewählt werden. Für den **Transport** von Waren kann ein Unternehmen im Wesentlichen zwischen dem Straßentransport, dem Bahntransport, Wasserwegen, Pipeline und der Luftfracht wählen. Digitale Produkte können zudem über das Internet transportiert werden. Die Wahl des Transportmittels für ein Produkt ergibt sich aus der Abwägung verschiedener Kriterien wie Geschwindigkeit, Zuverlässigkeit, Verfügbarkeit und Kosten. Lieferung per Luftfracht ist sehr schnell, dafür aber auch vergleichsweise teuer.

9. Am Beispiel der insolventen Drogeriemarktkette Schlecker lässt sich erkennen, dass der Einzelhandel von einer sehr **großen Konkurrenz** und **Dynamik** gekennzeichnet ist. So entstehen stetig **neue Handelsformen**, gleichzeitig verkürzen sich ihre Lebenszyklen. Um dauerhaft wettbewerbsfähig zu bleiben, müssen Handelsunternehmen daher stets aktuelle Entwicklungen in ihrer Strategie berücksichtigen. Wettbewerbern wie dm-drogerie markt und Rossmann ist es gelungen, ein großes Sortiment von Drogerieartikeln in ansprechender Atmosphäre zu günstigen Preisen anzubieten und damit Schlecker nach und nach die Kunden abzuwerben. Ein weiterer Trend besteht in der Zunahme von Einkäufen außerhalb der klassischen Einzelhandelsgeschäfte, zum Beispiel im Versandhandel, über das Einkaufsfernsehen oder das Internet. Zum Beispiel sind Drogerieartikel mittlerweile auch über Amazon erhältlich, auch wenn über den Online-Kanal in dieser Branche noch keine signifikanten Umsätze erzielt werden (was sich aber durchaus ändern kann!). Insgesamt ergibt sich aus der Vielzahl der Handelsformen, die die gleichen Produkte vertreiben, ein sehr komplexes Wettbewerbsgefüge. Drogerieartikel werden neben den genannten Kanälen zum Beispiel auch in Kaufhäusern, Parfümerien und Supermärkten verkauft. Durch die sogenannte **Handelskonvergenz**, die die Angleichung von Konsumenten, Produkten, Preisen und Einzelhändlern bezeichnet, wird der Wettbewerbsdruck noch verschärft.

Diese Wettbewerbskräfte haben auch die Entstehung **großer Handelsgruppen** begünstigt. Dazu gehören Großunternehmen wie Carrefour, Tesco oder der Metro-Konzern, zu dem neben den Cash-and-Carry-Märkten auch Real, Media Markt, Saturn und Galeria Kaufhof gehören. Diese können ihren Kunden aufgrund ihrer Marktmacht und ihrer überlegenen Systeme ein umfassendes Sortiment, guten Service und niedrige Preise bieten. Diese Großunternehmen besitzen mittlerweile auch weitreichende **internationale Geschäftstätigkeiten**. Zum Beispiel ist die Metro AG heute in über 30 Ländern aktiv, unter anderem auch in Indien und China. Im Bereich der Drogerieartikel dominieren in vielen Ländern noch nationale Ketten wie Boots in England oder dm-drogerie markt und Rossmann in Deutschland. Nichtsdestotrotz stellen sich auch diese immer internationaler auf. So ist dm-drogerie markt mittlerweile in zehn osteuropäischen Märkten mit seinen Filialen vertreten.

Um im harten Wettbewerb bestehen zu können, ist heute nicht zuletzt der Einsatz **neuer Technologien** unabdingbar. Diese sollen eine möglichst schnelle und präzise Reaktion auf alle Kundenanfragen ermöglichen und eine genaue Abstimmung des gesamten Bereitstell- und Lieferprozesses sicherstellen. Beispiele sind der Einsatz von Informationstechnologien zur besseren Kontrolle der Lagerhaltung, für elektronische Bestellungen, Kommunikation und Datenverarbeitung und für effiziente Abläufe in den Filialen durch Scannerkassen und elektronischen Zahlungsverkehr. Drogeriemärkte konnten beispielsweise durch das Internet und weitere Technologien ihre Fotoservices deutlich aufwerten. So können Fotos heute zum Beispiel am heimischen Computer hochgeladen und nachhause bestellt werden, ohne einen Fuß in die Filiale setzen zu müssen. Alternativ können Bilder auch zeitsparend direkt in den Filialen ausgedruckt werden.

20 Die Welt als Marktplatz

Die letzten Jahrzehnte haben sehr erfolgreiche globale Unternehmen und Marken wie Coca-Cola, McDonald´s und Apple hervorgebracht, um nur einige bekannte Beispiele zu nennen. Diese Unternehmen sind auf allen Kontinenten mit ihren Leistungen und ihrem Marketing vertreten und bieten weltweit begehrte Produkte an. Durch Entwicklungen wie die nahezu unbegrenzten Kommunikationsmöglichkeiten, die internationale Mobilität sowie vereinfachte Finanztransaktionen sehen sich allerdings nicht nur Großkonzerne einem verstärkten grenzüberschreitenden Wettbewerb ausgesetzt. Die Internationalisierung der Unternehmenstätigkeit ist heute auch für eine Vielzahl kleiner bis mittlerer Unternehmen eine wichtige strategische Option, wenn nicht sogar Notwendigkeit. Dabei sind neben den Absatzchancen jedoch diverse Risiken wie höhere Kosten durch Anpassungen des Marketing oder unvorteilhafte Gesetzgebung in den Auslandsmärkten zu berücksichtigen.

Grundsätzlich stehen Unternehmen unterschiedliche **Formen von Internationalisierungsstrategien** zur Verfügung. Um die optimale Strategie zu entwickeln, müssen sie einen systematischen Entscheidungsprozess durchlaufen. Zunächst erfolgt die Analyse des globalen Marketingumfelds (z. B. von wirtschaftlichen, politischen und kulturellen Aspekten) und darauf basierend eine Entscheidung für oder gegen ein internationales Engagement. Auch wenn der Internationalisierungsdruck zum Teil erheblich sein kann, gibt es natürlich nach wie vor kleinere nationale Anbieter, die in ihrem Heimatmarkt eine profitable Nische besetzen und sich aus guten Gründen gegen die Bedienung von Auslandsmärkten entscheiden (z. B. im Bereich der Dienstleistungen, die als relativ kulturgebunden und damit als nur eingeschränkt international standardisierbar gelten).

Anschließend werden die **Zielmärkte** anhand ihres Marktpotenzials **bewertet und ausgewählt** und die **Markteintrittsstrategie** festgelegt. Um erste internationale Erfahrungen zu sammeln, bietet sich dabei häufig eine Exportstrategie an, die das Risiko, aber auch die Gewinnchancen des Unternehmens begrenzt. Auf der anderen Seite des Optionenspektrums steht die Direktinvestition, die einerseits mit einem sehr hohen Risiko, andererseits mit sehr guten Kontrollmöglichkeiten und Gewinnpotenzialen verbunden ist.

Ist die Markteintrittsstrategie festgelegt, muss das Unternehmen entscheiden, inwieweit zentrale Elemente seines Marketing-Mix im Auslandsgeschäft angepasst werden sollen. Für eine **Anpassung** spricht in erster Linie die Bedienung regionaler oder kultureller Bedürfnisse, dagegen stehen hingegen häufig Kostengründe.

Der letzte Schritt besteht dann in der **Ausgestaltung der Organisationsform** für das internationale Geschäft, die eng mit der Wahl der Markteintrittsstrategie zusammenhängt. Wirklich globale Unternehmen, die in hohem Maße Direktinvestitionen tätigen, verstehen die Welt als einen großen Markt (für ihre Produkte, für ihr Recruiting etc.).

Dementsprechend versuchen Sie auch, ihre Organisation so global wie möglich auszurichten und nicht mehr in Ländergrenzen zu denken.

Fragen und Aufgaben

1. Lesen Sie in „Grundlagen des Marketing" die einführende Fallstudie „Jägermeister – Wenn die Jägerettes kommen…"[1]: Warum könnte sich Jägermeister 2009 entschieden haben, ein global einheitliches Markenimage aufzubauen? Welche Chancen und Risiken hat dieser Strategiewechsel?

2. Erläutern Sie Risiken der Internationalisierung von Unternehmen.

3. Welche der folgenden Aussagen ist richtig, welche falsch?

a) Internationalisierung ist nur etwas für Großkonzerne.

b) Länder sollten ihre Wirtschaft durch Protektionismus, also zum Beispiel durch die Einführung hoher Zölle auf Importe, vor Wettbewerb aus dem Ausland schützen.

c) In globalen Branchen profitieren internationale Unternehmen in besonderem Maße von Synergien und Skaleneffekten.

d) Globales Marketing ist über alle Ländermärkte komplett standardisiert.

4. Stellen Sie bitte die zentralen Entscheidungen beziehungsweise Aufgaben im internationalen Marketing überblicksweise dar. Nutzen Sie zur Veranschaulichung ein selbstgewähltes Beispiel.

5. Die World Trade Organization (WTO) und die Europäische Union (EU) sind beide bedeutende regionale Freihandelszonen. Richtig oder falsch?

6. Die letzten Jahrzehnte waren von einer zunehmenden Globalisierung geprägt. In diesem Zusammenhang befürchten Kritiker, dass kulturelle Unterschiede nach und nach ausgelöscht werden.

a) Was versteht man unter dem Begriff „Kultur" und wie kann diese das Konsumentenverhalten beeinflussen?

b) Welchen Einfluss können globale Unternehmen beziehungsweise das globale Marketing aus Ihrer Sicht auf nationale Kulturen ausüben? Stimmen Sie den Kritikern zu?

7. Welche Kriterien zur Auswahl von Zielmärkten kennen Sie? Warum möchten viele Unternehmen in die sogenannten Emerging Markets expandieren?

---

1 Siehe P. Kotler, G. Armstrong, V. Wong und J. Saunders: Grundlagen des Marketing. München: Pearson 2011, einführenden Fallstudie „Jägermeister – Wenn die Jägerettes kommen…", S. 1072ff.

8. Sie machen ein Praktikum bei einem deutschen Metallwaren-Hersteller. Das Unternehmen plant, den südamerikanischen Markt weiter zu erschließen. Bisher exportiert es seine Waren nach Chile und Argentinien, möchte perspektivisch aber auch Geschäft in Brasilien und eventuell in noch weiteren Ländern aufbauen. Könnte das Unternehmen aus Ihrer Sicht auch alternative Markteintrittsstrategien zum Export wählen?

9. Sie sind Marketingmitarbeiter in einem deutschen Unternehmen für „weiße Ware", also Haushaltsgeräte für die Küche sowie zum Waschen und Trocknen. Bisher sind Sie vor allem in Deutschland, Österreich und in der Schweiz tätig. Die Geschäftsleitung hat aber die Expansion in den chinesischen Markt bereits beschlossen und Sie beauftragt, einen Erstvorschlag für eine Produkt- und Kommunikationsstrategie für das Segment Waschmaschinen zu entwickeln. Welche Optionen kennen Sie und welche würden Sie empfehlen?

Lösungshinweise

1. Vor 2009 hat Jägermeister in seinen einzelnen Ländermärkten einen stark **adaptierten Marketing-Mix** durchgeführt. Dementsprechend haben sich Markenimage und Zielgruppe von Land zu Land deutlich unterschieden. Der größte Vorteil dieser Strategie besteht darin, dass man die **länderspezifischen Bedürfnisse**, Geschmäcker und Konsumgewohnheiten in jedem Markt optimal ansprechen kann. Allerdings kann solch eine Strategie den **Wiedererkennungswert** und damit die Bekanntheit der Marke schmälern sowie zu Irritationen von mobilen beziehungsweise kosmopolitischen Zielgruppen führen. Man spricht in diesem Zusammenhang auch von einer Verwässerung der Marke. Beispielsweise hätte die Positionierung von Jägermeister in den USA als junges Partygetränk einen traditionsbewussten und langjährigen deutschen Kunden durchaus verwirren können.

Daher hat sich das Unternehmen für eine international konsistentere Strategie entschieden, die auf die **Standardisierung** einiger Marketing- beziehungsweise Markenelemente abzielt. Durch eine behutsame Verjüngung der Marke Jägermeister auch im deutschen Heimatmarkt sowie durch die internationale Angleichung der Zielgruppen wurde die Basis für diese Strategie gelegt. Generell gehen Befürworter der Standardisierungsstrategie aufgrund der scheinbar grenzenlosen Kommunikation, der globalen Medien sowie der gestiegenen internationalen Mobilität von einer zunehmenden Konvergenz des internationalen Konsumentenverhaltens aus.

Ein weiterer zentraler Vorteil von international standardisierten Marketingmaßnahmen besteht für viele Experten in der Realisierung von **Kostensenkungspotenzialen**, zum Beispiel durch einen weitgehend einheitlichen Marketing-Mix, durch Synergien in Bereichen wie Forschung und Entwicklung oder im Einkauf sowie durch länderübergreifende Lerneffekte. Dadurch können Unternehmen mehr in die

Produktqualität, die Marke oder in Innovationen investieren oder die Ersparnisse den Kunden in Form von niedrigen Preisen weitergeben. Auch aus diesen Gründen gilt ein globales Image gemeinhin als Signal für Qualität, Status und Prestige. Bei einem adaptierten Marketing-Mix entstehen durch die Anpassungen von Markenauftritt, Produkt, Preis, Kommunikation und/oder Distribution auf jedes Zielland in der Regel deutlich höhere Kosten. Ein wesentliches Risiko global standardisierter Markenstrategien besteht neben der Vernachlässigung länderspezifischer Bedürfnisse vor allem in der **geringeren Flexibilität** der Marktbearbeitung. Falls zum Beispiel in den USA neue Wettbewerber auf den Markt drängen, kann Jägermeister nicht vollkommen flexibel darauf reagieren (z. B. in Form von Preissenkungen), da die Marke an gewisse global geltende Standards gebunden ist.

Generell müssen sich Unternehmen nicht strikt für oder gegen eine Standardisierung entscheiden. Es geht vielmehr darum, zu identifizieren, welche Elemente des Marketing-Mix sich für eine Vereinheitlichung eignen und welche Elemente besser flexibel auf spezielle Bedürfnisse in den Ländermärkten anzupassen sind. Ein gutes Beispiel für solch eine **„glokale" Strategie** ist die Marke McDonald's – eine zweifelsohne globale Marke – die zwar in allen Ländern auf das gleiche Geschäftsmodell setzt und weltweit wiedererkannt wird, jedoch in Einklang mit den jeweiligen regionalen Bedürfnissen Anpassungen an der Speisekarte, an der Restaurantgestaltung und im Service vornimmt.

2. Wenn ein Unternehmen in einem Land mit hoher **Verschuldungsquote** tätig ist, kann es vorkommen, dass Kunden dort in Zahlungsschwierigkeiten geraten. Die aktuelle Lage in einigen europäischen Ländern ist beispielsweise geprägt von einer hohen Verschuldung, von Inflation und Arbeitslosigkeit sowie von allgemein instabilen Verhältnissen.

Darüber hinaus wirken **Schwankungen des Wechselkurses** auf die Wettbewerbsfähigkeit von international tätigen Unternehmen ein. So profitieren exportierende Unternehmen von einer niedrigen Währung; umgekehrt kann eine hoch bewertete Inlandswährung zu einem erheblichen Rückgang der Nachfrage führen. Gerade deutsche Exporte haben stark von der Euro-Krise profitiert, die zu einer erheblichen Abwertung des Euros gegenüber anderen Währungen wie dem US-Dollar, dem Schweizer Franken oder dem chinesischen Yuan geführt hat. Unternehmen können allerdings Währungsrisiken durch Absicherungsgeschäfte (Hedging) – zum Beispiel durch den Erwerb von gegenläufigen Optionen auf dem Devisenmarkt – reduzieren.

Auch **Gesetze für ausländische Unternehmen** beziehungsweise Änderungen derselben können die internationale Unternehmenstätigkeit erschweren. Solche Regelungen beziehen sich beispielsweise auf eine Beschränkung des Anteils ausländischer Kapitaleigner, eine Verpflichtung zur Einstellung lokaler Arbeitskräfte, eine Verpflichtung zu einem Mindestanteil an nationaler Wertschöpfung (local-content-Regelungen), Exportverpflichtungen zum Ausgleich der Zahlungsbilanz und eine Beschränkung des Gewinntransfers ins Ausland. Bringen diese Gesetze und weitere Hindernisse, die den Binnenmarkt schützen sollen, erhebliche Einschränkungen für ausländische Wettbewerber mit sich, spricht man auch von Protektionismus.

Ein weiteres Risiko, mit dem sich international tätige Unternehmen in unterschiedlichem Ausmaß konfrontiert sehen, sind die **Kosten für die Anpassung des Marketing-Mix**. Gerade für Unternehmen, die ihre Marketinganstrengungen genau auf die spezifischen Länderbedürfnisse anpassen möchten oder müssen, können diese Kosten erheblich zu Buche schlagen. Anpassungen können für alle Instrumente des Marketing-Mix erforderlich sein, also für Produkt und Marke (z. B. Produktvariationen oder Anpassung des Markennamens), für den Preis (z. B. Anpassung der Preissetzung an die Kaufkraft in den Ländermärkten), für die Distribution (z. B. Bedienung anderer Distributionskanäle in unterschiedlichen Ländern) und für die Kommunikation (z. B. Anpassung der Werbebotschaften an kulturelle Spezifika).

Nicht zuletzt bestehen unkalkulierbare Risiken durch **Krieg** und **Terrorismus**, von denen einige Branchen wie die Öl- und Tourismusindustrie besonders betroffen sind. Auch **Korruption** stellt für viele multinationale Unternehmen eine große Gefahr dar. Aus diesem Grund haben viele Unternehmen sogenannte Compliance-Abteilungen und umfassende Anti-Korruptions-Richtlinien etabliert.

3. a) Falsch: Auch kleine und mittelständige Unternehmen (KMU) sehen sich verstärkt dem internationalen Wettbewerb ausgesetzt und können oftmals nur nachhaltig erfolgreich sein, wenn sie proaktiv ihre Chancen auf Auslandsmärkten suchen. Gerade in Deutschland existiert eine Vielzahl von relativ unbekannten KMU, die in ihrer Branche Weltmarktführer sind. Diese Unternehmen werden auch als Hidden Champions bezeichnet. Beispiele sind das Unternehmen 3B Scientific, das auf die Herstellung didaktischer Materialien für die naturwissenschaftliche und medizinische Ausbildung spezialisiert ist, oder die Wanzl Metallwarenfabrik GmbH im Markt für Einkaufswagen. Allerdings ist es für viele Unternehmen zielführend, ihre internationalen Aktivitäten (zunächst) auf einige wenige, besonders erfolgsversprechende Auslandsmärkte zu beschränken.

b) Falsch: Es ist zwar verständlich, dass man spontan einheimische Produzenten zum Beispiel gegen günstigere Anbieter aus Osteuropa oder aus China schützen möchte. Letztendlich können protektionistische Maßnahmen der eigenen Wirtschaft jedoch mehr schaden als nützen, indem sie zu einer Steigerung der Lebenshaltungskosten und dem Schutz unwirtschaftlich arbeitender heimischer Unternehmen führen. Zudem können Einfuhrbeschränkungen in erheblichen außenpolitischen Verstimmungen und schlimmstenfalls in einem Handelskrieg resultieren. So klagten zum Beispiel die EU-Länder 2003 vor der Welthandelsorganisation WTO erfolgreich gegen die von den USA verhängten Schutzzölle auf Stahleinfuhren. Davor hatte die EU im Gegenzug bereits umfangreiche Strafzölle auf US-Importe angedroht.

c) Richtig.

d) Falsch: Mit einem globalen Marketingprogramm versuchen Unternehmen zwar, die Marketingaktivitäten verschiedener geografischer Märkte weitgehend zu integrieren und zu standardisieren sowie die Gemeinsamkeiten zwischen den einzelnen Ländermärkten optimal zu nutzen. Dies ist jedoch in der Regel nicht für alle Marketingaktivitäten möglich, das heißt ein globales Marketing schließt eine Anpassung an die Besonderheiten einzelner Länder nicht aus.

4. Als Beispiel dienen an dieser Stelle die Internationalisierungsbestrebungen eines Herstellers des neuen Lifestyle-Getränks „Biolicious Beer“, das im Heimatmarkt überaus erfolgreich eingeführt wurde. Das Getränk soll für nachhaltigen Genuss stehen und enthält nur Zutaten aus biologischem Anbau und hat einen relativ geringen Alkoholgehalt von 2,5 Prozent.

Der Getränke-Hersteller sollte mit einer **Analyse des globalen Marketingumfeldes** beginnen. Dazu gehören das internationale Handelssystem sowie das ökonomische, politisch-rechtliche und kulturelle Umfeld. Da es sich bei Biolicious Beer um ein alkoholisches Getränk handelt, sind unter anderem kulturelle Gepflogenheiten in den Auslandsmärkten sowie rechtliche Regelungen und Einfuhrbestimmungen zu berücksichtigen.

Dieser eingehenden Analyse schließt sich die **Entscheidung über ein internationales Engagement** an. Dafür sind unternehmensinterne und -externe Faktoren zu berücksichtigen. Für ein Auslandsengagement sprechen gegebenenfalls stagnierende Absätze und Markteintritte ausländischer Wettbewerber auf dem eigenen Heimatmarkt und bessere Gewinnchancen auf Auslandsmärkten. Überaus relevant sind auch die finanziellen Möglichkeiten des Unternehmens, da ein Auslandsengagement sehr kostenintensiv ist. Der Getränke-Hersteller ist möglicherweise auf den guten Ruf von deutschem Bier in China sowie in Südamerika aufmerksam geworden und sieht daher dort ein hohes Potenzial. Er muss sich aber auch Fragen zu möglichen Risiken stellen wie „Kann das Kaufverhalten in den Auslandsmärkten ausreichend verstanden und berücksichtigt werden?“ oder „Ist im Unternehmen genug internationale Expertise vorhanden beziehungsweise kann diese kurzfristig aufgebaut werden?“.

Ergibt die Analyse, dass die Chancen gegenüber den Risiken überwiegen, erfolgt die **Auswahl der Zielmärkte**. So bedarf es einer Entscheidung, welches Volumen der Auslandsabsatz erreichen soll und wie viele Länder beliefert werden sollen. Da es sich beim Getränke-Hersteller nicht um einen Großkonzern handelt, kann und möchte er zunächst in relativ kleinem Maßstab expandieren. Grundsätzlich ist es in vielen Fällen zunächst sinnvoll, wenige Länder zu bedienen und auf diesen einen hohen Marktanteil anzustreben. Für Biolicious Beer muss dann eine erste Auswahl sowie Bewertung der potenziell zu beliefernden Länder anhand diverser Kriterien wie geografischer, wirtschaftlicher, kultureller und soziodemografischer Faktoren erfolgen. Da Biolicious Beer kein notwendiges Gut, sondern ein Lifestyle-Produkt zum Genießen ist, könnten das Bruttosozialprodukt pro Einwohner sowie der Urbanisierungsgrad besonders relevant sein. Dazu kommen

Faktoren wie vorherrschende Lebensstile und Wertvorstellungen – vor allem auch in Bezug auf Alkoholgenuss und Bio-Produkte.

Die nächste Entscheidung besteht in der **Bestimmung der Markteintrittsform**. Die drei möglichen Grundformen sind der Export, das Joint Venture sowie Direktinvestitionen. In dieser Abfolge verlangt jede Methode einerseits mehr Kapital, mehr Engagement und mehr Risikobereitschaft als die vorhergenannte, bietet jedoch andererseits mehr Kontrolle, Einflussmöglichkeiten und Gewinnchancen. Der Getränkehersteller muss sich also entscheiden, ob er weiterhin Biolicious Beer ausschließlich in Deutschland produziert und von dort ins Ausland liefert oder ob er ein Joint Venture mit einem Partner aus dem Zielland eingehen möchte. Üblich in der Getränkebranche sind beispielsweise Lizenzvergaben an ausländische Lizenznehmer. Direktinvestitionen – also die Errichtung einer ausländischen Produktionseinheit – werden häufig erst dann getätigt, wenn schon Exporterfahrung vorhanden und der Auslandsmarkt groß genug ist.

Als vorletzter Schritt erfolgt die **Festlegung des globalen Marketingprogramms**, das heißt von Produktpolitik, Preis, Kommunikation und Distribution. Nach Festlegung der Zielgruppen ist zu entscheiden, ob der Marketing-Mix weltweit standardisiert oder an lokale Bedingungen angepasst werden soll. Im Falle des Getränkeherstellers ist beispielsweise zu analysieren, welche Kosteneinsparungspotenziale mit einem standardisierten Produkt verbunden sind. Andererseits muss geprüft werden, ob die aktuelle Zusammensetzung des Getränks überhaupt dem lokalen Geschmack entspricht. In vielen Ländern werden beispielsweise sehr süße und farbenfrohe Getränke bevorzugt. Im Hinblick auf die Distribution ist zu prüfen, mit welchen Vertriebskanälen die Zielgruppe idealerweise bedient werden kann, insbesondere wenn im Auslandsmarkt ein anderes Zielsegment als im Heimatmarkt angesprochen werden soll. Eventuell wird Biolicious Beer in Deutschland nicht direkt an den Endverbraucher vertrieben, da es sich um ein typisches „Ausgeh-Getränk“ handelt. Sollte im Zielland Bier aber typischerweise zuhause getrunken werden, wäre ein Vertrieb über den Einzelhandel sicherlich empfehlenswert.

Zuletzt muss eine Entscheidung über die **Organisationsform** zur erfolgreichen Implementierung der Internationalisierungsstrategie getroffen werden. Allgemein lassen sich drei Grundtypen unterscheiden: Exportabteilung, internationale Abteilung und globale Organisation. Je nachdem, welche Markteintrittsform gewählt wurde, ist die passende Organisationsform auszuwählen und auszugestalten. Im Falle von Biolicious Beer wird vermutlich zunächst mit Exporten oder Lizenzvergaben in wenigen Ländern gestartet. Folglich würde sich die Einrichtung einer Exportabteilung oder einer internationalen Abteilung empfehlen. Eine wirklich global orientierte Organisation, in der alle Märkte gleichberechtigt sind und keine Priorität für den Inlandsmarkt mehr existiert, findet sich in der Realität fast ausschließlich bei globalen Großkonzernen.

5. Falsch: Die WTO ist **keine regionale Freihandelszone**, sondern eine **internationale Organisation**, die sich mit der weltweiten Regelung von Handels- und Wirtschaftsbeziehungen beschäftigt. Sie wurde 1994 aus dem General Agreement on

Tariffs and Trade (GATT) in der Uruguay-Runde gegründet. Das GATT bildet ein System aus völkerrechtlichen Verträgen, das Zölle und andere Handelsbeschränkungen international abbauen soll. Die WTO hat insbesondere die Aufgabe, diese Bestimmungen des GATT durchzusetzen, um Handelshemmnisse abzubauen. Die WTO fungiert dabei als **Dachorganisation des GATT**. Zudem hat die WTO eine Vermittlerrolle bei internationalen Handelskonflikten inne und besitzt das Recht, Handelssanktionen zu verhängen.

Regionale Freihandelszonen, die auch als **Wirtschaftsgemeinschaften** bezeichnet werden, verfolgen in Bezug auf die Regulierung des internationalen Handels innerhalb der Staatengruppe gemeinsame Ziele. Eine solche Gemeinschaft ist die EU, die einen großen europäischen Markt anstrebt. Um dies zu erreichen, ist ihr zentrales Ziel, alle Beschränkungen des freien Verkehrs von Waren, Dienstleistungen, Kapital und Arbeit (z. B. Zölle und Einfuhrverbote oder -kontingente) unter den Mitgliedsländern abzubauen. Durch Freihandelszonen werden der **unbeschränkte Warenaustausch** und damit eine wirtschaftliche Integration zwischen Ländern angestrebt. Andere Beispiele für bedeutende Freihandelszonen sind das North American Free Trade Agreement (NAFTA) zwischen Kanada, den USA und Mexiko, der MERCOSUR zwischen Argentinien, Brasilien, Paraguay, Uruguay und Venezuela sowie die Asia-Pacific Economic Cooperation (APEC) zwischen Australien, China, Indonesien, Japan, Russland, den USA sowie 15 weiteren Staaten.

6. a) Kultur wird häufig als die **gelernte, unverwechselbare Lebensart einer Gesellschaft** bezeichnet. Zu den Bestandteilen einer Kultur gehören die innere Struktur der Gesellschaft (z. B. das Kastensystem in Indien), die Religion sowie Sitten, Bräuche, Feste und Rituale (z. B. Feiertage und die damit verbundenen Traditionen, wie der Truthahn an Thanksgiving). Des Weiteren gelten die Sprache, Werte und Einstellungen, ästhetische und künstlerische Ausdrucksformen und Artefakte (z. B. Musik und Literatur) als zentrale kulturelle Elemente. Je nach Definitionsansatz können auch das politische und das Bildungssystem als Ausdruck der Kultur verstanden werden. Jedes Land hat seine eigenen Gebräuche, Normen und Tabus, sprich seine ureigene Kultur. Die Kultur bildet quasi den **Rahmen für die Präferenzen und Konsumgewohnheiten** eines Landes beziehungsweise einer Kulturgruppe und beeinflusst damit das individuelle Kaufverhalten. Zum Beispiel ist es leicht nachvollziehbar, dass Hersteller von Nahrungsmitteln je nach Land auf sehr unterschiedliche Präferenzen stoßen. Sogar die globale Marke Coca-Cola schmeckt in den USA etwas anders als in Deutschland oder in Südamerika. Auch Unterschiede in den Geschlechterrollen sind bei der Kommunikationsgestaltung unbedingt zu berücksichtigen. So würde die Darstellung einer selbstbewussten Karrierefrau – man erinnere sich an die Werbung für „Drei Wetter Taft" – zur Ansprache von Frauen in Ländern mit traditionellen Rollenmustern in vielen Fällen kaum geeignet sein. Auch die Umgangsformen in Geschäftsbeziehungen variieren zum Teil erheblich von Land zu Land. Dies ist insbesondere bei der Abwicklungen von Geschäften im Business-to-Business-Kontext, aber auch im Handel und in der Dienstleistungsindustrie in Konsumgütermärkten zu beachten. Ein international tätiger Anbieter sollte also genau analysieren, welche typischen Verhaltensweisen und Werte Verbraucher beziehungsweise Geschäftspartner in unterschiedlichen Ländern haben, um sein Marketingprogramm bestmöglich anpassen zu können.

b) Eine große Befürchtung von Globalisierungsgegnern oder -kritikern besteht im **Verlust der eigenen kulturellen Identität** durch die Verbreitung globaler Marken und Produkte. In diesem Zusammenhang ist häufig von Begriffen wie „Amerikanisierung", „Verwestlichung", „Kulturimperialismus" oder „McDonaldisierung" die Rede. Durch die große Marktmacht der Konzerne und ihre entsprechend umfangreiche Marketingmaschinerie kommen immer mehr Menschen in Kontakt mit globalen Angeboten, zum Beispiel durch Werbung und durch die Massenmedien, in denen die Darstellung westlicher Lebensstile dominiert. Marken wie McDonald´s, Apple oder Starbucks sind mittlerweile auf allen Kontinenten erhältlich und häufig sehr begehrt. Dadurch können kleinere lokale Anbieter verdrängt und Kulturen zugunsten westlicher Vorlieben vereinheitlicht werden. Manch einer befürchtet sogar die Entstehung einer einzigen **konsumgeprägten Monokultur**. Es gibt jedoch auch **Gegenargumente**. Zum einen ist der Kulturaustausch nicht so einseitig wie häufig dargestellt. Beispielsweise sind in Deutschland auch deutliche Einflüsse aus anderen Kulturen festzustellen – zum einen durch das globale Marketing ausländischer Firmen (z. B. IKEA aus Schweden oder Nintendo aus Japan), zum anderen durch die unterschiedlichen Einwandererkulturen. Befürworter der Globalisierung argumentieren, dass dadurch die **Vielfalt** eher gesteigert als gemindert wurde (man beachte zum Beispiel das kulinarische Angebot). Die Forschung weist zudem darauf hin, dass viele Konsumenten einen individuellen Mix aus lokalen und globalen Marken konsumieren und letztere gemäß ihrer eigenen Kultur interpretieren und verwenden. Des Weiteren passen viele internationale Konzerne ihr Angebot an Kulturspezifika an, um im Gastland erfolgreich zu sein. Aus diesen Gründen wäre es sicherlich eine etwas verkürzte Interpretation, alleine aus der Präsenz globaler Angebote und Marken wie Nike, Mercedes oder Starbucks in den weltweiten Großstädten eine weitreichende oder sogar vollständige kulturelle Homogenisierung abzuleiten.

7. Unternehmen mit internationalen Expansionsplänen stehen vor der Herausforderung, sich diejenigen Ländermärkte auszusuchen, die für die eigenen Produkte das größte Marktpotenzial versprechen. Letzteres lässt sich anhand diverser quantitativer und qualitativer Kriterien näherungsweise bestimmen. Folgende Kriterien beziehungsweise Indikatoren werden häufig angewendet:

- Demografische Kenngrößen, zum Beispiel Einwohnerzahl, Bevölkerungswachstum, Urbanisierungsgrad, Bevölkerungsdichte/Ballungsräume und Altersstruktur
- Geografische Kenngrößen, zum Beispiel Größe eines Landes sowie topografische und klimatische Bedingungen

- Wirtschaftliche Kenngrößen, zum Beispiel Bruttosozialprodukt pro Einwohner, Einkommensverteilung, Wirtschaftswachstum sowie Spar-/ Investitionsquote
- Technologische Kriterien, zum Beispiel berufliche und technologische Fertigkeiten sowie die vorhandene Produktionstechnologie
- Soziokulturelle Faktoren, zum Beispiel Werte, Lebensstile, ethnische Gruppen und Minderheiten sowie Sprachregionen
- Wirtschaftspolitik und Wirtschaftsplanung, zum Beispiel Ziele der Wirtschaftsstrukturpolitik sowie Priorisierung und Förderung von Branchen

Emerging Markets sind **aufstrebende Märkte**, die durch ein hohes Wirtschaftswachstum, niedrige Lohnkosten, wertvolle Rohstoffe und/oder eine vorteilhafte Altersstruktur charakterisiert sind. Es existieren sehr große Emerging Markets wie China und Indien, aber auch kleinere wie einige Länder in Osteuropa, zum Beispiel Bulgarien und Rumänien. Unternehmen versprechen sich in diesen Märkten **besondere Absatzchancen**, da diese in der Regel noch nicht mit Konsumgütern gesättigt sind. Allerdings ist die Unternehmenstätigkeit auch in diesen Ländern kein Selbstläufer. Neben offensichtlichen Einschränkungen wie beispielsweise mangelnde Infrastruktur oder Währungsrisiken kommen weitere Herausforderungen für das internationale Marketing hinzu. Zum Beispiel sind viele westliche Marken nur für eine sehr kleine Bevölkerungsgruppe erschwinglich. Diese vermögende Verbrauchergruppe wächst zwar, ist aber nicht für alle Unternehmen eine ausreichende Grundlage für einen nachhaltigen Markterfolg. Dies gilt nicht nur für absolute Luxusgüter, wie teure Uhren und Handtaschen, sondern auch für Güter, die aus unserer Sicht Alltagsprodukte darstellen. Dies musste u.a. die Marke Coca-Cola feststellen, nachdem sie in Indien zunächst einheitliche Flaschengrößen und Preise eingeführt hatte, die für das Gros der Bevölkerung schlicht zu teuer waren. Auch Kellog´s konnte sich trotz großer Werbeaufwendungen bei Markteinführung seiner Cerealien nicht gegen die lokale Konkurrenz durchsetzen, da diese immer noch deutlich günstiger war. Der Preis spielt also in Emerging Markets nach wie vor eine große Rolle und muss entsprechend der Kaufkraft und im Wettbewerbsvergleich sorgfältig kalkuliert werden. Der Schlüssel zum Erfolg liegt daher für viele Unternehmen in der Entwicklung von Produkten für breitere Konsumentengruppen, da eine Fokussierung auf ausschließlich urbane, kosmopolitische und kaufkräftige Konsumenten eine zu enge Zielgruppendefinition darstellen kann.

8. Wie aus der Aufgabenstellung hervorgeht, exportiert der Metallwaren-Hersteller bisher seine Waren nach Südamerika. Dies ist der einfachste und risikoärmste Weg, einen Auslandsmarkt zu bedienen, da die gesamte Produktion im Herkunftsland erfolgt und nur geringe Investitionen sowie Anpassungen an Produkten oder in der Organisation notwendig sind. Wenn keine Verkaufsorganisation im Ausland vorliegt und nur mit inländischen Exporteuren zusammengearbeitet wird, spricht man vom **indirekten Export**. Der **direkte Export** ist mit etwas mehr Risiko und eigenen Investitionen verbunden, da die Exporttätigkeit in Eigenregie durchgeführt wird. Dafür steigen aber auch die Gewinnchancen. Beim direkten Export richtet das Unternehmen eine Exportabteilung, die das Auslandsgeschäft organisiert, oder eine Auslandsniederlassung, die vor Ort Vertrieb und Auslieferung verantwortet, ein. Vorteile der Auslandniederlassung sind die verbesserte Präsenz auf dem Auslandsmarkt sowie die Nutzung der Niederlassung als Ausstellungsraum und Kundendienstzentrum. Eine andere Lösung besteht in der gelegentlichen Entsendung von Außendienst-Beauftragten der Zentrale. Weiterhin können im Zielmarkt Importunternehmen mit Vertriebsaufgaben betraut oder selbstständige Verkaufsagenten auf Rechnung der Zentrale tätig werden.

Zu unterscheiden ist der Export von der Markteintrittsform des **Joint Ventures**, welches die Partnerschaft mit einem Unternehmen aus dem Zielland bezeichnet. Innerhalb dieser Markteintrittsform ist die **Lizenzvergabe** eine relativ einfache Methode, international tätig zu werden. In diesem Fall würde der Metallwaren-Hersteller einem Lizenznehmer in Südamerika einen Vertrag zur Bedienung von dessen Heimatmarkt anbieten. Gegen Zahlung einer Lizenzgebühr erhält der Lizenznehmer das Recht, den Herstellungsprozess, die Handelsmarken, die Patente und anderes wichtiges Fach- und Methodenwissen zu nutzen. Ziel ist es, eine Win-Win-Situation für beide Partner zu schaffen. Vorteile für den Lizenzgeber wären in erster Linie der volle Marktzugang bei relativ geringem Risiko, der Lizenznehmer kann auf vorhandene Produktionsmethoden und Fachwissen sowie etablierte Produkte und Markennamen zurückgreifen. Risiken bestehen in der geringeren Kontrolle des Lizenznehmers sowie langfristig im Aufbau eines Konkurrenten nach Ende des Lizenzvertrags. Ähnliche Chancen und Risiken bestehen in der **Auftragsfertigung**, das heißt in der Fremdvergabe der Produktion an einen ausländischen Erzeuger. Eine weitere Variante ist der **Betriebsführungsvertrag**, bei dem der Fokus auf dem Wissenstransfer und nicht auf dem Produktvertrieb in einem Auslandsmarkt liegt. Die Hotelkette Hilton bietet zum Beispiel ausländischen Unternehmen oder Investoren auf eigene Rechnung die Betriebsführung von Hotels und damit auch die Bereitstellung von Management-Kapazitäten an. Da der Metallwaren-Hersteller im vorliegenden Beispiel aber das Ziel verfolgt, den südamerikanischen Markt mit eigenen Produkten zu erschließen, kann diese Option schnell ausgeschlossen werden.

Als letzte Form des Joint Ventures ist noch das **echte Gemeinschaftsunternehmen (joint ownerships)** zu nennen, das entweder durch den Kauf eines Anteils an einem lokalen Unternehmen oder durch die gemeinsame Gründung eines neuen Unternehmens entstehen kann. Gemeinschaftsunternehmen werden häufig dann aufgebaut, wenn ein Unternehmen sich intensiv in einem Auslandsmarkt engagieren möchte, aber alleine nicht über das nötige Know-how und/oder ausreichende finanzielle, technische oder personelle Ressourcen verfügt. In manchen Ländern existieren auch politische Auflagen, die eine eigenständige Unternehmensgründung ohne inländischen Partner be- oder sogar verhindern. Die größte Herausforderung bei der Führung eines echten Gemeinschaftsunternehmens besteht meistens in unterschiedlichen Interessen, Zielen und Unternehmenskulturen der Teilhaber. Hier ist auf eine frühzeitige Abstimmung der Ziele und Erwartungen beider Parteien zu achten.

Das weitreichendste Engagement auf Auslandsmärkten ist die **Direktinvestition**, das heißt die Gründung einer ausländischen Montage- und Produktionsstätte. Vorteile sind regelmäßig geringere Lohn- und Materialkosten sowie Ersparnisse durch kürzere Transportwege. Zudem kann die eigene Produktion und der Vertrieb im Ausland besser kontrolliert werden. Die Entstehung neuer Arbeitsplätze im Gastland kann die Reputation des Unternehmens steigern; zudem können die Beziehungen zur Regierung, zu den Kunden und dem Handel sowie zu weiteren Stakeholdern intensiviert und deren Wünsche besser berücksichtigt werden. Das umfassende Engagement, das Direktinvestitionen mit sich bringen, birgt natürlich auch Risiken, zum Beispiel politische Unsicherheiten durch Regierungswechsel, Währungsrisiken oder Beschränkungen des Kapitalverkehrs. Diese Markeintrittsstrategie ist auch nur dann geeignet, wenn bereits Auslandserfahrungen vorliegen und der Auslandsmarkt groß genug ist.

Südamerika ist sicherlich ein großer, aufstrebender Markt. Dennoch empfiehlt es sich vermutlich nicht, sofort Direktinvestitionen zu tätigen. Für viele Unternehmen hat sich eine schrittweise Erhöhung des Auslandsengagements als erfolgversprechend erwiesen. Wie auch bei dem Metallwaren-Hersteller wird häufig zunächst auf Exporte gesetzt, um erste Erfahrungen bei begrenztem Risiko zu sammeln. Wenn Ihr Arbeitgeber schon über weitreichende Erfahrungen mit dem direkten Export verfügt, kann er prüfen, ob eine Lizenzvergabe, eine Auftragsfertigung oder die Gründung eines Gemeinschaftsunternehmens eine sinnvolle Strategie wäre, um die Zielmärkte effektiver zu bedienen. Existieren hingegen bisher nur erste Erfahrungen mit dem indirekten Export, sollte der Metallwaren-Hersteller zunächst die Einrichtung von Auslandsniederlassungen oder die Beauftragung von lokalen Importunternehmen oder Verkaufsagenten prüfen. So kann sich das Unternehmen nach und nach auf dem südamerikanischen Markt etablieren, Netzwerke aufbauen und vom Know-how der Partner vor Ort profitieren.

9. Im Rahmen der internationalen **Produktpolitik** kommen drei Grundsatzoptionen in Frage (bei unveränderter Kommunikation):

- **Einführung eines unveränderten Produkts:** Das Produkt wird ohne jegliche Änderungen auf dem Auslandsmarkt eingeführt.
- **Produktanpassung:** Bei der Produktanpassung werden Veränderungen am Produkt vorgenommen, um regionale beziehungsweise länderspezifische Bedürfnisse zu befriedigen.
- **Produktneuentwicklung:** Entwicklung eines neuen Produktes für den Zielmarkt

Die Einführung eines unveränderten Produktes ist grundsätzlich sehr attraktiv, da sie in der Regel die kostengünstigste Variante darstellt. Dafür müssen aber die **Verwendungsvoraussetzungen und -gewohnheiten** im Auslandsmarkt mit denen im Heimatmarkt **vergleichbar** sein. Sie müssen beispielsweise herausfinden, wie es um die Wohnsituation der Zielgruppe in China bestellt ist. Haben chinesische

Verbraucher überhaupt den notwendigen Platz, (größere) Maschinen im Haus oder in der Wohnung aufzustellen? Aus Ihrer Erfahrung wissen Sie, dass in Japan aus Platzmangel die Waschmaschine häufig im Freien (z. B. auf den Balkon) deponiert wird und daher Anpassungen an Waschmaschinen westlicher Hersteller nötig waren. Die Waschmaschinen gingen bei kalten Temperaturen nämlich häufig kaputt, da das Restwasser in der Trommel einfror. Des Weiteren müssen Sie sich über technische Rahmenparameter wie elektrische Spannung, Wasserversorgung und Wasserdruck informieren. Nicht zuletzt sind auch die speziellen Wünsche der chinesischen Verbraucher relevant. Vielleicht sind Sie besonders geräuschempfindlich und legen daher Wert auf ein möglichst geräuschloses Schleudern? Gegebenenfalls haben sie auch kein Interesse an 20 unterschiedlichen Waschprogrammen, sondern bevorzugen eine Basisvariante zu einem günstigen Preis? Angesichts der zu erwartenden Unterschiede der deutschen und chinesischen Waschgewohnheiten könnten Sie eine Produktanpassung empfehlen. Eventuell könnten Sie sich auch an älteren (ausgemusterten) Modellen für den deutschen Markt orientieren und diese als erste Vorlage nutzen. Falls Sie zu viele Unterschiede zwischen den deutschen und chinesischen Waschgewohnheiten und -anforderungen finden, kann aber auch die Produktneuentwicklung die Option Ihrer Wahl sein. Diese erfordert zwar in der Regel die größten Investitionen, das Produkt kann so aber sehr genau auf die Bedürfnisse des chinesischen Marktes angepasst werden.

Ähnliche Optionen stehen bei der **Kommunikation** zur Verfügung. Es kann zum einen zu keinerlei signifikanten Anpassungen der Kommunikation, also von Werbebotschaften, Testimonials, Logos oder Farbsprache kommen. Auch bei geringfügigen notwendigen Veränderungen wie Übersetzungen von Slogans und Produktbeschreibungen spricht man von einer international standardisierten Kommunikation. Gerade sprachliche Feinheiten haben in der Vergangenheit schon zu einigen Fehltritten geführt. So klang der Slogan von Kentucky Fried Chicken „finger-lickin good“ in Chinesisch zunächst nach „iss deine Finger auf“; die chinesische Übersetzung des Markennames Coca-Cola wurde je nach regionalem Dialekt als „in die Wachs gefüllte Kaulquappe beißen“ oder „mit Wachs gestopfte Stute“ verstanden, bevor durch eine Umbenennung die passendere Bedeutung „Glückseligkeit im Mund“ gefunden wurde.

Wenn eine umfassendere Modifikation der Kommunikation erfolgen soll, lassen sich zudem folgende Optionen unterscheiden:

- **Kommunikationsanpassung:** Es erfolgt eine Anpassung der Kommunikation bei unverändertem Produkt.
- **Duale Anpassung:** Sowohl Produkt als auch Kommunikation werden angepasst.

Bei der Kommunikationsanpassung werden die Werbebotschaften, die Kommunikationskanäle und -medien speziell an die Bedürfnisse des Auslandsmarktes angepasst. Hierfür sind insbesondere das Kommunikations- und Medienverhalten sowie Werte und Bedürfnisse der Verbraucher maßgeblich. Die chinesische

Kultur gilt zum Beispiel als sehr gemeinschaftsorientiert beziehungsweise kollektivistisch, leistungsorientiert und hierarchiebewusst. Werbeapelle, die sich an die unabhängige, convenience-orientierte Frau wenden, könnten daher gegebenenfalls auf wenig Akzeptanz stoßen. Zudem ist auch zu beachten, dass einige Verbraucher noch keinen Zugang zu Massenmedien haben und somit TV- oder Print-Kampagnen keine großen Reichweiten erzielen. Hier müssen alternative Werbestrategien entwickelt werden, um die Zielgruppe auch tatsächlich erreichen zu können. Da sich die chinesischen Verbraucher und ihre Erreichbarkeit über klassische Massenmedien offenbar signifikant von den deutschen Gegebenheiten unterscheiden, halten Sie eine Anpassung der Werbestrategie für zwingend nötig. Aus Ihrer Sicht kommen daher nur die Strategie der **dualen Anpassung** oder der **Neuproduktentwicklung** mit eigener Kommunikationsstrategie in Frage.